EDA与IC设计

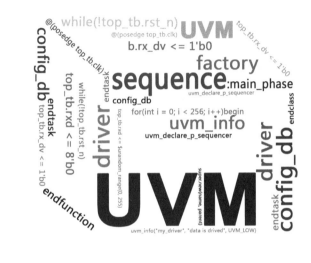

UVM实战

张强 编著

机械工业出版社
CHINA MACHINE PRESS

图书在版编目（CIP）数据

UVM实战 / 张强编著 . —北京：机械工业出版社，2014.6（2024.10 重印）
（电子与嵌入式系统设计丛书）

ISBN 978-7-111-47019-9

Ⅰ . U… Ⅱ . 张… Ⅲ . 硬件描述语言 - 程序设计 Ⅳ . TP312

中国版本图书馆 CIP 数据核字（2014）第 131145 号

　　本书主要介绍 UVM 的使用。全书详尽介绍了 UVM 的 *factory* 机制、*sequence* 机制、*phase* 机制、*objection* 机制及寄存器模型等的使用。此外，本书还试图引导读者思考 UVM 为什么要引入这些机制，从而使读者知其然，更知其所以然。

　　本书以一个完整的示例开篇，使得读者一开始就对如何使用 UVM 搭建验证平台有总体的概念。本书提供大量示例代码，这些代码都经过实际的运行。全书内容力求简单易懂，尽量将 UVM 中的概念与读者已有的概念联系起来。在第 11 章还专门介绍了 OVM 与 UVM 的区别，为那些从 OVM 迁移到 UVM 的用户提供很大帮助。

　　本书主要面向 UVM 的初学者及想对 UVM 追根寻底的中级用户。针对没有面向对象编程基础的用户，本书在附录中简要介绍了面向对象的概念及 SystemVerilog 中区别于其他编程语言的一些特殊语法。

UVM 实战

出版发行：机械工业出版社（北京市西城区百万庄大街 22 号　邮政编码：100037）

责任编辑：迟振春　　　　　　　　　　　　　　责任校对：董纪丽
印　　刷：北京建宏印刷有限公司　　　　　　　版　　次：2024 年 10 月第 1 版第 24 次印刷
开　　本：186mm×240mm　1/16　　　　　　　印　　张：24
书　　号：ISBN 978-7-111-47019-9　　　　　　定　　价：79.00 元

客服电话：（010）88361066　68326294

前　　言

从我参加工作开始，就一直在使用 OVM/UVM，最初是 OVM，后来当 UVM1.0 发布后，我所在的公司迅速切换到 UVM。在学习的过程中，自己尝遍艰辛。当时资料非常匮乏（其实今天依然比较匮乏），能够参考的只有两份，一是《OVM Cookbook》（这本英文资料一直没有在国内出版过），二是 OVM/UVM 官方的英文参考文档。这两份资料所采用的行文方式都是硬生生地不断引入某些概念，并附加一定的代码来阐述这些概念。在这些前后引入的概念之间，几乎没有逻辑关系。有时候看完一整章都不知道该章介绍的内容有何用处，看完整本书也不知道如何搭建一个验证平台。虽然 OVM/UVM 的发行包中附带了一个例子，但是这个例子对于初学者来说实在太复杂，这种复杂使很多用户望而生畏。身边的同事虽然对 OVM/UVM 有一定了解，但是并不深入，知其然却不知其所以然。在这种情况下，我只能通过查看源代码的形式来学习 OVM/UVM。这个过程非常艰苦，但是使得我对整个 UVM 的运行了如指掌，同时在这个过程中我充分领悟到了 OVM/UVM 的设计理念，也为其中的实现拍案叫绝。

我非常渴望将 OVM/UVM 中的美妙实现分享给所有 OVM/UVM 用户，这种想法一直在我脑海盘旋。当时，国内没有任何中文的 UVM 学习文档，同时自己在学习 OVM/UVM 过程中的痛苦记忆犹新。为了使得后来者能够更加容易地学习 OVM/UVM，减轻学习的痛苦，2011 年 8 月初，我忽然有了将我对 OVM/UVM 的理解记录成一份文档的想法。这个想法在诞生后就迅速壮大，我很快列出了提纲，根据这些提纲，经过 4 个多月的写作与完善，终于完成了名为《UVM1.1 应用指南及源代码解析》的文档，并将其放到网上供广大用户免费下载。

在这份文档中，我一开始就尝试着为广大读者呈现出一个完整的 UVM 验证平台。这种行文方式主要是为了避免《OVM Cookbook》及 OVM/UVM 官方参考文档的那种看完整本书都不知道如何搭建验证平台的情况出现。虽然在写作时曾经犹豫过这种方式会有一些激进，但是通过后来读者的反馈证明这种方式是完全可以接受的。

在网上发布这份文档后，我收到了众多用户发来的邮件。有很多用户对我的无私表示感谢，这让我非常欣慰：至少我做的事情帮助了一些人；还有众多的用户指出了整份文档中的一些笔误；除此之外，还有一些用户建议文档的某些部分应该阐述得更加清楚些，并增加某些部分的内容。在这里我衷心地向这些用户表示感谢，由于人数众多，这里不再一一列举出他们的名字。

2013 年，当我重新审视自己两年前写的文档时，发现了其中诸多的不足。大量的笔误自不必提，更多的不足来自于内容上。2011 年的文档中分为明显的前后两部分，前 9 章讲述如何使用 UVM，后 10 章讲述 UVM 的源代码。在给我发来邮件的众多用户中，99% 都是只看前 9 章的。我最初的想法是与广大 OVM/UVM 用户分享读 UVM 源代码的心得，所以后 10 章是我花费大量精力写的，而前 9 章则是顺手而为。这造成了前 9 章太简单，同时里面问题较多，而后 10 章太难、太复杂，没有太多人能看懂。至于介于简单和复杂之间的那部分中等难度的内容，却没有在整本书中覆盖。

恰在此时，机械工业出版社张国强编辑联系到我，询问我是否考虑把整份文档出版。在此之前，已经有众多的读者通过邮件询问关于文档的出版情况。在和张编辑沟通并去除某些疑虑后，我和张编辑达成了出版意向。经过几个月的修改，并增添了大量内容后，形成了本书。与电子版的《UVM1.1 应用指南及源代码解析》相比，这本书有如下特点：

1）增加了一些中等难度的内容，消除了《UVM1.1 应用指南及源代码解析》中太简单内容与太复杂内容之间的空白。比如加入了大量 *factory* 模式的内容，详细阐述了寄存器模型中的后门（BACKDOOR）访问等。新增加的内容及例子几乎占据整本书的 2/3 篇幅。

2）在《UVM1.1 应用指南及源代码解析》中，一开始就给出一个验证平台的例子，但是这个例子是以一个整体的形式呈现在读者面前，而没有说明白这个例子为什么会是这样，这好比从 0 直接跳到了 1，中间没有任何过渡。而在本书中，我将此例一步步拆解，从 0 到 0.1，再到 0.2，一直慢慢增加到 1。在增加每一步时，都尽量讲述明白为什么会这样增加，以方便用户的学习。

3）书中的每一个例子都经过了验证，这些例子都能在本书附带的源代码中找到。用户可以登录机工网站（http://www.cmpreading.com）下载这些源代码并在自己的电脑上运行它们，这会极大提高学习的速度。

4）本书第 11 章专门讲述了从 OVM 到 UVM 的迁移。UVM 是从 OVM 迁移来的，虽然很多公司现在使用的是 UVM，但是由于一些历史遗留问题，在它们的代码库中依然有很多 OVM 式的已经被 UVM 丢弃的用法。通过这一章的学习，用户可以迅速适应这些过时的用法。

这本书能够出版，首先感谢机械工业出版社给我这样一个机会，特别感谢本书的编辑，没有他们的辛苦工作，这本书不可能与广大读者见面。

我要感谢我的父母和姐姐，是他们一直在背后默默地支持我、鼓励我，无论是高潮和低谷，他们都一直在我的身边。

　　我要感谢我在上海工作期间的领导和同事：魏斌、向伟、孙唐、宋亚平、王勇、王天、陈晨、赖琳晖、沈晓、胡晓飞、何刚、鲍敏祺、林健、龙进凯、汪永威、常勇。他们给了我很多写作的灵感和素材。

　　我还要感谢我在杭州工作期间的领导和同事：袁锦辉、吴洪涛、陈国华、梁力、高世超、王旭霞、王兆明、乐东坡、陆礼红、甘滔、潘永斌、陈钰飞、朱明鉴，他们在我写《UVM1.1 应用指南及源代码解析》期间给了我各种各样的帮助。

　　由于时间仓促，同时作者水平所限，书中难免存在错误，恳请广大读者批评指正！

张强

2014 年 4 月

目　　录

前言

第1章　与UVM的第一次接触 ····· 1

1.1　UVM是什么 ··············· 1

1.1.1　验证在现代 IC 流程中的
位置 ················· 1

1.1.2　验证的语言 ··········· 2

1.1.3　何谓方法学 ··········· 3

1.1.4　为什么是 UVM ········· 4

1.1.5　UVM 的发展史 ········· 5

1.2　学了UVM之后能做什么 ····· 6

1.2.1　验证工程师 ··········· 6

1.2.2　设计工程师 ··········· 6

第2章　一个简单的UVM验证平台 ··· 7

2.1　验证平台的组成 ··········· 7

2.2　只有driver的验证平台 ······· 8

*2.2.1　最简单的验证平台 ········ 8

*2.2.2　加入 factory 机制 ······· 13

*2.2.3　加入 objection 机制 ······· 14

*2.2.4　加入 virtual interface ······· 16

2.3　为验证平台加入各个组件 ····· 20

*2.3.1　加入 transaction ··········· 20

*2.3.2　加入 env ··········· 23

*2.3.3　加入 monitor ··········· 25

*2.3.4　封装成 agent ··········· 28

*2.3.5　加入 reference model ······· 32

*2.3.6　加入 scoreboard ··········· 36

*2.3.7　加入 field_automation
机制 ··········· 38

2.4　UVM的终极大作：sequence ······ 41

*2.4.1　在验证平台中加入
sequencer ··········· 41

*2.4.2　sequence 机制 ··········· 44

*2.4.3　default_sequence 的使用 ···· 48

2.5　建造测试用例 ··············· 50

*2.5.1　加入 base_test ··········· 50

*2.5.2　UVM 中测试用例的启动 ···· 52

第3章　UVM基础 ················ 56

3.1　uvm_component与uvm_object ····· 56

3.1.1　uvm_component 派生自
uvm_object ··········· 56

3.1.2　常用的派生自 uvm_object
的类 ··········· 57

3.1.3　常用的派生自
uvm_component 的类 ······ 58

3.1.4　与 uvm_object 相关的宏 ···· 61

3.1.5　与 uvm_component
相关的宏 ··········· 62

3.1.6　uvm_component 的限制 ···· 62

3.1.7　uvm_component 与 uvm_object
的二元结构 ··········· 63

3.2　UVM的树形结构 ··············· 64

3.2.1 uvm_component 中的
parent 参数 ················ 64
3.2.2 UVM 树的根 ··········· 66
3.2.3 层次结构相关函数 ········ 67
3.3 field automation机制 ········ 69
3.3.1 field automation 机制
相关的宏 ············· 69
3.3.2 field automation 机制的
常用函数 ············· 71
*3.3.3 field automation 机制中
标志位的使用 ············ 72
*3.3.4 field automation 中宏与
if 的结合 ············· 74
3.4 UVM中打印信息的控制 ········ 76
*3.4.1 设置打印信息的冗余度
阈值 ················ 76
*3.4.2 重载打印信息的严重性 ····· 78
*3.4.3 UVM_ERROR 到达一定
数量结束仿真 ········· 79
*3.4.4 设置计数的目标 ·········· 80
*3.4.5 UVM 的断点功能 ········ 81
*3.4.6 将输出信息导入文件中 ···· 82
*3.4.7 控制打印信息的行为 ······· 84
3.5 config_db机制 ············· 85
3.5.1 UVM 中的路径 ·········· 85
3.5.2 set 与 get 函数的参数 ····· 87
*3.5.3 省略 get 语句 ············ 88
*3.5.4 跨层次的多重设置 ········ 89
*3.5.5 同一层次的多重设置 ····· 91
*3.5.6 非直线的设置与获取 ······· 93
*3.5.7 config_db 机制对通配符的
支持 ················ 94
*3.5.8 check_config_usage ········ 95
3.5.9 set_config 与 get_config ····· 97

3.5.10 config_db 的调试 ········· 98

第4章 UVM中的TLM1.0
通信 ················· 100
4.1 TLM1.0 ················· 100
4.1.1 验证平台内部的通信 ····· 100
4.1.2 TLM 的定义 ··········· 102
4.1.3 UVM 中的 PORT 与
EXPORT ············· 102
4.2 UVM中各种端口的互连 ······· 104
*4.2.1 PORT 与 EXPORT 的
连接 ··············· 104
*4.2.2 UVM 中的 IMP ·········· 106
*4.2.3 PORT 与 IMP 的连接 ····· 109
*4.2.4 EXPORT 与 IMP 的
连接 ··············· 111
*4.2.5 PORT 与 PORT 的连接 ···· 111
*4.2.6 EXPORT 与 EXPORT 的
连接 ··············· 113
*4.2.7 blocking_get 端口的
使用 ··············· 114
*4.2.8 blocking_transport 端口的
使用 ··············· 116
4.2.9 nonblocking 端口的使用 ··· 117
4.3 UVM中的通信方式 ············ 119
*4.3.1 UVM 中的 analysis
端口 ··············· 119
*4.3.2 一个 component 内有
多个 IMP ············ 121
*4.3.3 使用 FIFO 通信 ········· 124
4.3.4 FIFO 上的端口及调试 ···· 126
*4.3.5 用 FIFO 还是用 IMP ······· 128

第5章 UVM验证平台的运行 ··· 132
5.1 phase机制 ················ 132

*5.1.1　task phase 与 function
　　　　 phase ·················· 132
5.1.2　动态运行 phase ············ 134
*5.1.3　phase 的执行顺序 ········ 134
*5.1.4　UVM 树的遍历 ··········· 139
5.1.5　super.phase 的内容 ······· 140
*5.1.6　build 阶段出现 UVM_
　　　　 ERROR 停止仿真 ········ 141
*5.1.7　phase 的跳转 ············· 142
5.1.8　phase 机制的必要性 ······· 146
5.1.9　phase 的调试 ············· 147
5.1.10　超时退出 ··············· 147
5.2　objection机制 ··············· 148
*5.2.1　objection 与 task phase ····· 148
*5.2.2　参数 phase 的必要性 ······ 152
5.2.3　控制 objection 的最佳
　　　　 选择 ················· 152
5.2.4　set_drain_time 的使用 ····· 154
*5.2.5　objection 的调试 ········· 156
5.3　domain的应用 ·············· 158
5.3.1　domain 简介 ············· 158
*5.3.2　多 domain 的例子 ········ 158
*5.3.3　多 domain 中 phase 的
　　　　 跳转 ················· 161

第6章　UVM中的sequence ···· 163

6.1　sequence基础 ·············· 163
6.1.1　从 driver 中剥离激励
　　　　 产生功能 ············· 163
*6.1.2　sequence 的启动与执行 ···· 165
6.2　sequence的仲裁机制 ·········· 166
*6.2.1　在同一 sequencer 上启动
　　　　 多个 sequence ·········· 166
*6.2.2　sequencer 的 lock 操作 ····· 170

*6.2.3　sequencer 的 grab 操作 ···· 172
6.2.4　sequence 的有效性 ········ 172
6.3　sequence相关宏及其实现 ······ 175
6.3.1　uvm_do 系列宏 ··········· 175
*6.3.2　uvm_create 与 uvm_send ···· 176
*6.3.3　uvm_rand_send 系列宏 ···· 178
*6.3.4　start_item 与 finish_item ···· 178
*6.3.5　pre_do、mid_do 与
　　　　 post_do ··············· 180
6.4　sequence进阶应用 ············ 181
*6.4.1　嵌套的 sequence ·········· 181
*6.4.2　在 sequence 中使用 rand
　　　　 类型变量 ············· 183
*6.4.3　transaction 类型的匹配 ···· 185
*6.4.4　p_sequencer 的使用 ······· 186
*6.4.5　sequence 的派生与继承 ···· 189
6.5　virtual sequence的使用 ········ 190
*6.5.1　带双路输入输出端口的
　　　　 DUT ················· 190
*6.5.2　sequence 之间的简单
　　　　 同步 ················· 191
*6.5.3　sequence 之间的复杂
　　　　 同步 ················· 192
6.5.4　仅在 virtual sequence 中
　　　　 控制 objection ··········· 197
*6.5.5　在 sequence 中慎用
　　　　 fork join_none ··········· 198
6.6　在sequence中使用config_db ···· 200
*6.6.1　在 sequence 中获取参数 ··· 200
*6.6.2　在 sequence 中设置参数 ··· 201
*6.6.3　wait_modified 的使用 ····· 203
6.7　response的使用 ·············· 204
*6.7.1　put_response 与
　　　　 get_response ··········· 204

6.7.2　response 的数量问题 ⋯⋯⋯ 205

*6.7.3　response handler 与另类的
　　　　response ⋯⋯⋯⋯⋯⋯⋯ 206

*6.7.4　rsp 与 req 类型不同 ⋯⋯⋯ 208

6.8　sequence library ⋯⋯⋯⋯⋯ 209

6.8.1　随机选择 sequence ⋯⋯⋯ 209

6.8.2　控制选择算法 ⋯⋯⋯⋯⋯ 211

6.8.3　控制执行次数 ⋯⋯⋯⋯⋯ 213

6.8.4　使用 sequence_library_cfg ⋯ 214

第7章　UVM中的寄存器模型 ⋯ 216

7.1　寄存器模型简介 ⋯⋯⋯⋯⋯ 216

*7.1.1　带寄存器配置总线的
　　　　DUT ⋯⋯⋯⋯⋯⋯⋯⋯⋯ 216

7.1.2　需要寄存器模型才能做的
　　　　事情 ⋯⋯⋯⋯⋯⋯⋯⋯⋯ 218

7.1.3　寄存器模型中的基本
　　　　概念 ⋯⋯⋯⋯⋯⋯⋯⋯⋯ 220

7.2　简单的寄存器模型 ⋯⋯⋯⋯ 221

*7.2.1　只有一个寄存器的寄存器
　　　　模型 ⋯⋯⋯⋯⋯⋯⋯⋯⋯ 221

*7.2.2　将寄存器模型集成到验证
　　　　平台中 ⋯⋯⋯⋯⋯⋯⋯⋯ 224

*7.2.3　在验证平台中使用寄存器
　　　　模型 ⋯⋯⋯⋯⋯⋯⋯⋯⋯ 227

7.3　后门访问与前门访问 ⋯⋯⋯⋯ 229

*7.3.1　UVM 中前门访问的实现 ⋯ 229

7.3.2　后门访问操作的定义 ⋯⋯⋯ 231

*7.3.3　使用 interface 进行后门
　　　　访问操作 ⋯⋯⋯⋯⋯⋯⋯ 233

7.3.4　UVM 中后门访问操作的
　　　　实现：DPI+VPI ⋯⋯⋯⋯ 233

*7.3.5　UVM 中后门访问操作
　　　　接口 ⋯⋯⋯⋯⋯⋯⋯⋯⋯ 235

7.4　复杂的寄存器模型 ⋯⋯⋯⋯⋯ 237

*7.4.1　层次化的寄存器模型 ⋯⋯⋯ 237

*7.4.2　reg_file 的作用 ⋯⋯⋯⋯⋯ 239

*7.4.3　多个域的寄存器 ⋯⋯⋯⋯⋯ 241

*7.4.4　多个地址的寄存器 ⋯⋯⋯⋯ 242

*7.4.5　加入存储器 ⋯⋯⋯⋯⋯⋯⋯ 244

7.5　寄存器模型对DUT的模拟 ⋯⋯ 246

7.5.1　期望值与镜像值 ⋯⋯⋯⋯⋯ 246

7.5.2　常用操作及其对期望值和
　　　　镜像值的影响 ⋯⋯⋯⋯⋯ 247

7.6　寄存器模型中一些内建的
　　　sequence ⋯⋯⋯⋯⋯⋯⋯⋯ 248

*7.6.1　检查后门访问中 hdl 路径
　　　　的 sequence ⋯⋯⋯⋯⋯⋯ 248

*7.6.2　检查默认值的 sequence ⋯⋯ 249

*7.6.3　检查读写功能的
　　　　sequence ⋯⋯⋯⋯⋯⋯⋯ 250

7.7　寄存器模型的高级用法 ⋯⋯⋯ 251

*7.7.1　使用 reg_predictor ⋯⋯⋯⋯ 251

*7.7.2　使用 UVM_PREDICT_
　　　　DIRECT 功能与 mirror
　　　　操作 ⋯⋯⋯⋯⋯⋯⋯⋯⋯ 253

*7.7.3　寄存器模型的随机化与
　　　　update ⋯⋯⋯⋯⋯⋯⋯⋯ 255

7.7.4　扩展位宽 ⋯⋯⋯⋯⋯⋯⋯⋯ 257

7.8　寄存器模型的其他常用函数 ⋯ 257

7.8.1　get_root_blocks ⋯⋯⋯⋯⋯ 257

7.8.2　get_reg_by_offset 函数 ⋯⋯ 258

第8章　UVM中的factory机制 ⋯ 260

8.1　SystemVerilog对重载的支持 ⋯⋯ 260

*8.1.1　任务与函数的重载 ⋯⋯⋯⋯ 260

*8.1.2　约束的重载 ⋯⋯⋯⋯⋯⋯⋯ 261

8.2　使用factory机制进行重载 ⋯⋯⋯ 264

*8.2.1　factory 机制式的重载 …… 264

*8.2.2　重载的方式及种类 …… 268

*8.2.3　复杂的重载 ………… 271

*8.2.4　factory 机制的调试 … 273

8.3　常用的重载 …………… 275

*8.3.1　重载 transaction …… 275

*8.3.2　重载 sequence …… 277

*8.3.3　重载 component …… 278

8.3.4　重载 driver 以实现所有的

测试用例 ………… 279

8.4　factory机制的实现 ………… 280

8.4.1　创建一个类的实例的

方法 ………… 280

*8.4.2　根据字符串来创建

一个类 ………… 281

8.4.3　用 factory 机制创建实例的

接口 ………… 282

8.4.4　factory 机制的本质 …… 284

第9章　UVM中代码的可重

用性 …………… 285

9.1　callback机制 …………… 285

9.1.1　广义的 callback 函数 … 285

9.1.2　callback 机制的必要性 … 286

9.1.3　UVM 中 callback 机制的

原理 ………… 287

*9.1.4　callback 机制的使用 …… 288

*9.1.5　子类继承父类的 callback

机制 ………… 291

9.1.6　使用 callback 函数 / 任务

来实现所有的测试用例 … 292

9.1.7　callback 机制、sequence

机制和 factory 机制 … 293

9.2　功能的模块化：小而美 ……… 294

9.2.1　Linux 的设计哲学：

小而美 ………… 294

9.2.2　小而美与 factory 机制的

重载 ………… 294

9.2.3　放弃建造强大 sequence 的

想法 ………… 295

9.3　参数化的类 …………… 297

9.3.1　参数化类的必要性 …… 297

*9.3.2　UVM 对参数化类的

支持 ………… 298

9.4　模块级到芯片级的代码

重用 …………… 299

*9.4.1　基于 env 的重用 ……… 299

*9.4.2　寄存器模型的重用 …… 302

9.4.3　virtual sequence 与 virtual

sequencer …………… 305

第10章　UVM高级应用 ……… 308

10.1　interface …………… 308

10.1.1　interface 实现 driver 的

部分功能 ………… 308

*10.1.2　可变时钟 ………… 311

10.2　layer sequence …………… 315

*10.2.1　复杂 sequence 的

简单化 ………… 315

*10.2.2　layer sequence 的示例 … 318

*10.2.3　layer sequence 与

try_next_item …………… 321

*10.2.4　错峰技术的使用 …… 324

10.3　sequence的其他问题 ……… 326

*10.3.1　心跳功能的实现 …… 326

10.3.2　只将 virtual_sequence 设置

为 default_sequence …… 329

10.3.3 disable fork 语句对原子
        操作的影响 ·············· 330
10.4 DUT参数的随机化 ··········· 332
  10.4.1 使用寄存器模型随机化
          参数 ················· 332
  *10.4.2 使用单独的参数类 ······· 333
10.5 聚合参数 ················· 335
  10.5.1 聚合参数的定义 ········ 335
  10.5.2 聚合参数的优势与问题 ··· 336
10.6 config_db ················ 340
  10.6.1 换一个 phase 使用
          config_db ·············· 340
  *10.6.2 config_db 的替代者 ······ 341
  *10.6.3 set 函数的第二个参数的
          检查 ················· 345

第11章 OVM到UVM的迁移 ··· 349
11.1 对等的迁移 ················· 349
11.2 一些过时的用法 ············· 349
  *11.2.1 sequence 与 sequencer 的
          factory 机制实现 ········ 349
  11.2.2 sequence 的启动与
          uvm_test_done ··········· 350
  *11.2.3 手动调用 build_phase ···· 351
  11.2.4 纯净的 UVM 环境 ······· 352

附录A SystemVerilog使用
       简介 ····················· 353
附录B DUT代码清单 ··········· 361
附录C UVM命令行参数汇总 ··· 366
附录D UVM常用宏汇总 ······· 369

第 1 章
与 UVM 的第一次接触

1.1 UVM 是什么

1.1.1 验证在现代 IC 流程中的位置

现代 IC（Integrated circuit，集成电路）前端的设计流程如图 1-1 所示。通常的 IC 设计是从一份需求说明书开始的，这份需求说明书一般来自于产品经理（有些公司可能没有单独的职位，而是由其他职位兼任）。从需求说明书开始，IC 工程师会把它们细化为特性列表。设计工程师根据特性列表，将其转化为设计规格说明书，在这份说明书中，设计工程师会详细阐述自己的设计方案，描述清楚接口时序信号，使用多少 RAM 资源，如何进行异常处理等。验证工程师根据特性列表，写出验证规格说明书。在验证规格说明书中，将会说明如何搭建验证平台，如何保证验证完备性，如何测试每一条特性，如何测试异常的情况等。

当设计说明书完成后，设计人员开始使用 Verilog（或者 VHDL，这里以 Verilog 为例）将特性列表转换成 RTL 代码，而验证人员则开始使用验证语言（这里以 SystemVerilog 为例）搭建验证平台，并且着手建造第一个测试用例（test case）。当 RTL 代码完成后，验证人员开始验证这些代码（通常被称为 DUT（Design Under Test），也可以称为 DUV（Design Under Verification），本书统一使用

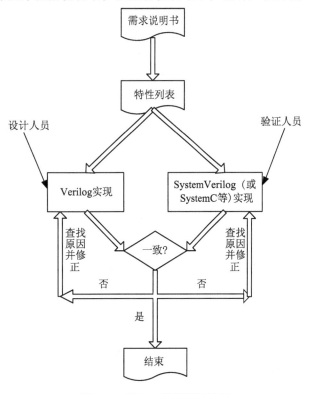

图 1-1 现代 IC 前端设计流程

DUT）的正确性。

验证主要保证从特性列表到 RTL 转变的正确性，包括但不限于以下几点：

❑ DUT 的行为表现是否与特性列表中要求的一致。

❑ DUT 是否实现了所有特性列表中列出的特性。

❑ DUT 对于异常状况的反应是否与特性列表和设计规格说明书中的一致，如中断是否置起。

❑ DUT 是否足够稳健，能够从异常状态中恢复到正常的工作模式。

1.1.2　验证的语言

验证使用的语言五花八门，很难统计出到底有多少种语言曾经被用于验证，且验证这个词是从什么时候开始独立出现的也有待考证。验证是服务于设计的，目前来说，有两种通用的设计语言：Verilog 和 VHDL。伴随着 IC 的发展，Verilog 由于其易用性，在 IC 设计领域占据了主流地位，使用 VHDL 的人越来越少。基于 Verilog 的验证语言主要有如下三种。

1）Verilog：Verilog 是针对设计的语言。Verilog 起源于 20 世纪 80 年代中期，并在 1995 年正式成为 IEEE 标准，即 IEEE Standard 1364™—1995。其后续版本是 2001 年推出的，与 1995 版差异比较大。很多 Verilog 仿真器中都会提供一个选项来决定使用 1995 版还是 2001 版。目前最新的标准是 2005 年推出的，即 IEEE Standard 1364™—2005，它与 2001 版的差距不大。验证起源于设计，在最初的时候是没有专门的验证的，验证与设计合二为一。考虑到这种现状，Verilog 在其中还包含了一个用于验证的子集，其中最典型的语句就是 initial、task 和 function。纯正的设计几乎是用不到这些语句的。通过这些语句的组合，可以给设计施加激励，并观测输出结果是否与期望的一致，达到验证的目的。Verilog 在验证方面最大的问题是功能模块化、随机化验证上的不足，这导致更多的是直接测试用例（即 direct test case，激励是固定的，其行为也是固定的），而不是随机的测试用例（即 random test case，激励在一定范围内是随机的，可以在几种行为间选择一种）。笔者亲身经历过一个使用 Verilog 编写的设计，包含有 6000 多个测试用例。假如使用 SystemVerilog，这个数字至少可以除以 10。

2）SystemC：IC 行业按照摩尔定律快速发展，晶体管的数量越来越多，整个系统越来越复杂。此时，单纯的 Verilog 验证已经难以满足条件。1999 年，OSCI（Open SystemC Initiative）成立，致力于 SystemC 的开发。通常来说，可以笼统地把 IC 分为两类，一类是算法需求比较少的，如网络通信协议；另一类是算法需求非常复杂的，如图形图像处理等。那些对算法要求非常高的设计在使用 Verilog 编写代码之前，会使用 C 或者 C++ 建立一个算法模型，即参考模型（reference model），在验证时需要把此参考模型的输出与 DUT 的输出相比，因此需要在设计中把基于 C++/C 的模型集成到验证平台中。SystemC 本质上是一个 C++ 的库，这种天然的特性使得它在算法类的设计中如鱼得水。当然，在非算法类的设计中，SystemC 也表现得相当良好。SystemC 最大的优势在于它是基于 C++ 的，但这也是它最大的劣势。在 C++ 中，用户需要自己管理内存，指针会把所有人搞得头大，内存泄露是所有 C++ 用户的噩梦。除了内存泄露的问题外，SystemC 在构建异常的测试用例时显得力不从心，因此现在很多公司已经转向使用 SystemVerilog。

3）SystemVerilog：它是一个 Verilog 的扩展集，可以完全兼容 Verilog。它起源于 2002 年，并在 2005 年成为 IEEE 的标准，即 IEEE 1800™—2005，目前最新的版本是 IEEE 1800™—2012。SystemVerilog 刚一推出就受到了热烈欢迎，它具有所有面向对象语言的特性：封装、继承和多态，同时还为验证提供了一些独有的特性，如约束（constraint）、功能覆盖率（functional coverage）。由于其与 Verilog 完全兼容，很多使用 Verilog 的用户可以快速上手，且其学习曲线非常短，因此很多原先使用 Verilog 做验证的工程师们迅速转到 SystemVerilog。在与 SystemC 的对比中，SystemVerilog 也不落下风，它提供了 DPI 接口，可以把 C/C++ 的函数导入 SystemVerilog 代码中，就像这个函数是用 SystemVerilog 写成的一样。与 C++ 相比，SystemVerilog 语言本身提供内存管理机制，用户不用担心内存泄露的问题。除此之外，它还支持系统函数 $system，可以直接调用外部的可执行程序，就像在 Linux 的 shell 下直接调用一样。用户可以把使用 C++ 写成的参考模型编译成可执行文件，使用 $system 函数调用。因此，对于那些用 Verilog 写成的设计来说，SystemVerilog 比 SystemC 更受欢迎，这就类似于用 C++ 来测试 C 写成的代码显然比用 Java 测试更方便、更受欢迎。无论是对算法类或者非算法类的设计，SystemVerilog 都能轻松应付。

1.1.3　何谓方法学

有了 SystemVerilog 之后，是不是足以搭建一个验证平台呢？这个问题的答案是肯定的，只是很难。就像汉语是很优秀的语言一样，自古以来，无数的名人基于它创作出很多优秀的篇章。有很多篇章经过后人的浓缩，变成了一个又一个的成语和典故。在这些篇章的基础上，作家写作的时候稍微引用几句就会让作品增色不少。而如果一个成语都不用，一点语句都不引用，也能写出优秀的文章，但是相对来说比较困难。这些优秀的作品就是汉语的库。同样，SystemVerilog 是一门优秀的语言，但是如果仅仅使用 SystemVerilog 来进行验证显然不够，有很多直接的问题需要考虑，比如：

❑ 验证平台中都有哪些基本的组件，每个组件的行为有哪些？
❑ 验证平台中各个组件之间是如何通信的？
❑ 验证中要组建很多测试用例，这些测试用例如何建立、组织的？
❑ 在建立测试用例的过程中，哪些组件是变的，哪些组件是不变的？

同时，也有一些更高层次的问题需要考虑：

❑ 验证平台中数据流与控制流如何分离？
❑ 验证平台中的寄存器方案如何解决？
❑ 验证平台如何保证是可重用的？

读者可以尝试自己回答这些问题，回答的时候不要空想，要把真正的代码写出来。

何谓方法学？方法学这个词是一个很抽象、很宽泛的概念，很难用简单的词语把它描绘出来。当然了，即使是一本专业讲述方法学的书籍，几百多页，看过之后可能依然会觉得不知所云。

在对方法学的理解上，有三个层次：

第一个层次，在刚刚接触到这个概念时，很容易把方法学和世界观、人生观、价值观等词语联系到一起，认为它是一个哲学的词汇。这种想法是不可避免的，而且，从根本上来说，它是正确的。只是这种理解太过浅显，因为方法学的真谛不在于概念本身，而在于其背后所表示的东西。

第二个层次，当初步学习完本书后，读者会觉得自己以前的想法太天真：方法学怎么会有那么神秘？至少从 UVM 的角度来说，方法学只是一个库。这种理解基本上没错。无论任何抽象的概念，一个程序员要使用它，唯一的方法是把其用代码实现。就如同上面的那些问题，如果能够把它们都完整地规划清楚，那么这就是属于读者自己的验证方法学；如果把思考结果用代码实现，那就是一个包含了验证方法学的库，是读者自己的 UVM！

第三个层次，当读者从事验证工作几年之后，对 UVM 的各种用法信手拈来，就会发现方法学又不仅仅是一个库，库只是方法学的具体实现。从理论上来说，用一个东西表达另外一个东西的时候，只要两者不是一一对应的关系，那么一般会有很多遗漏。自然语言尚且无法完全地表述清楚方法学，而比自然语言更加简单的编程语言，则更加不可能表述清楚了。所以，一个库不能完全地表述清楚一种方法学。在这个阶段，读者再回过头来仔细想想上面的那些问题，想想它们在 UVM 中的实现，就会为 UVM 的优秀而拍案叫绝。

关于什么是方法学这个问题，读者可以不必太过于纠结，因为它属于相对高级的东西，在开始的时候追究这个问题只会增加自己学习 UVM 的难度。把这个问题放在一边，只把它当成一个库，等初步学完本书后再来回味这个问题。

1.1.4 为什么是 UVM

在基于 SystemVerilog 的验证方法学中，目前市面上主要有三种。

VMM（Verification Methodology Manual），这是 Synopsys 在 2006 年推出的，在初期是闭源的。当 OVM 出现后，面对 OVM 的激烈竞争，VMM 开源了。VMM 中集成了寄存器解决方案 RAL（Register Abstraction Layer）。

OVM（Open Verification Methodology），这是 Candence 和 Mentor 在 2008 年推出的，从一开始就是开源的。它引进了 *factory* 机制，功能非常强大，但是它里面没有寄存器解决方案，这是它最大的短板。针对这一情况，Candence 推出了 RGM，补上了这一短板。只是很遗憾的是，RGM 并没有成为 OVM 的一部分，要想使用 RGM，需要额外下载。现在 OVM 已经停止更新，完全被 UVM 代替。

UVM（Universal Verification Methodology），其正式版是在 2011 年 2 月由 Accellera 推出的，得到了 Sysnopsys、Mentor 和 Cadence 的支持。UVM 几乎完全继承了 OVM，同时

又采纳了 Synopsys 在 VMM 中的寄存器解决方案 RAL。同时，UVM 还吸收了 VMM 中的一些优秀的实现方式。可以说，UVM 继承了 VMM 和 OVM 的优点，克服了各自的缺点，代表了验证方法学的发展方向。

在决定一种验证方法学的命运时，有三个主要的问题：

1）EDA 厂商支持吗？得到 EDA 厂商的支持是最重要的。在 IC 设计中，必然要使用一些 EDA 工具，因此，EDA 厂商支持什么，什么就可能获得成功。目前，三大 EDA 厂商 synopsys、Mentor、Cadence 都完美地支持 UVM。UVM 本身就是这三家厂商联合推出的，读者打开任意一个 UVM 的源文件，都能在开头看到这三家公司关于版权的联合声明。

2）现在用的公司多了吗？一种方法学，如果本身比较差，不方便使用，那么即使得到了 EDA 厂商的支持，也不会受到广大验证工程师的欢迎。因此，当方法学刚开始推出时，第一个用户是要冒着很大风险的。但是幸运的是，读者肯定不是这样的"小白鼠"。因为现在市面上很多 IC 设计公司都已经在使用 UVM，并且越来越多的公司开始转向使用 UVM，UVM 已经得到了市场的验证。

3）有更好的验证方法学出现了吗？没有。UVM 是 2011 年推出的，非常年轻，非常有活力。

1.1.5　UVM 的发展史

UVM 的前身是 OVM，由 Mentor 和 Cadence 于 2008 年联合发布。2010 年，Accellera（SystemVerilog 语言标准最初的制定者）把 OVM 采纳为标准，并在此基础上着手推出新一代验证方法学 UVM。为了能够让用户提前适应 UVM，Accellera 于 2010 年 5 月推出了 UVM1.0EA，EA 的全拼是 early adoption，在这个版本里，几乎没有对 OVM 做任何改变，只是单纯地把 ovm_* 前缀变为了 uvm_*。

2011 年 2 月，备受瞩目的 UVM1.0 正式版本发布。此版本加入了源自 Synopsys 的寄存器解决方案。但是，由于发布仓促，此版本中有大量 bug 存在，所以仅仅时隔四个月就又发布了新的版本。

2011 年 6 月，UVM1.1 版发布，这个版本修正了 1.0 中的大量问题，与 1.0 相比有较大差异。

2011 年 12 月，UVM1.1a 发布。

2012 年 5 月，UVM1.1b 发布。

2012 年 10 月，UVM1.1c 发布。

2013 年 3 月，UVM1.1d 发布。

从 UVM1.1 到 UVM1.1d，从版本命名上就可以看出并没有太多的改动。本书所有的例子均基于 UVM1.1d。

1.2 学了 UVM 之后能做什么

1.2.1 验证工程师

验证工程师能够从本书学会如下内容：

❑ 如何用 UVM 搭建验证平台，包括如何使用 *sequence* 机制、*factory* 机制、*callback* 机制、寄存器模型（register model）等。

❑ 一些验证的基本常识，将会散落在各个章节之间。

❑ UVM 的一些高级功能，如何灵活地使用 *sequence* 机制、*factory* 机制等。

❑ 如何编写代码才能保证可重用性。可重用性是目前 IC 界提及最多的几个词汇之一，它包含很多层次。对于个人来说，如何保证自己在这个项目写的代码在下一个项目中依然可以使用，如何保证自己写出来的东西别人能够重用，如何保证子系统级的代码在系统级别依然可以使用；对于同一公司来说，如何保证下一代的产品在验证过程中能最大程度使用前一代产品的代码。

❑ 同样的一件事情有多种实现方式，这多种方式之间分别都有哪些优点和缺点，在权衡利弊之下哪种是最合理的。

❑ 一些 OVM 用法的遗留问题。

可以说，本书特别适合欲使用 UVM 作为平台的广大验证工程师阅读。当前众多 IC 公司在招聘验证人员时，最基本的一条是懂得 UVM，学完本书并熟练使用其中的例子后，读者可以满足绝大多数公司对 UVM 的要求。

1.2.2 设计工程师

在 IC 设计领域，有一句很有名的话是"验证与设计不分家"。甚至目前在一些 IC 公司里，依然存在着同一个人兼任设计人员与验证人员的情况。验证与设计只是从不同的角度来做同一件事情而已。验证工程师应该更多地学习些设计的知识，从项目的早期就参与进去，而不要抱着"只搭平台只建测试用例，调试都交给设计人员"的想法。同样，设计工程师也有必要学习一点验证的知识。一个一点不懂验证的设计工程师不是一个好的设计工程师。考虑到设计人员可能没有任何的 SystemVerilog 基础，本书在附录 A 中专门讲述 SystemVerilog 的使用。设计人员可以在读本书之前学习一下附录 A，以更好地理解本书。另外，本书与其他书最大的不同在于，本书开始就提供了一个完整的、用 UVM 搭建的例子，设计人员只要学习完第 2 章的例子，再把它和自己公司的验证环境结合一下，就可以搭建简单的测试用例了。而其他书，则通常需要看完整本书才能达到同样的目的。

第 2 章
一个简单的 UVM 验证平台

2.1　验证平台的组成

　　验证用于找出 DUT 中的 bug，这个过程通常是把 DUT 放入一个验证平台中来实现的。一个验证平台要实现如下基本功能：

- ❏ 验证平台要模拟 DUT 的各种真实使用情况，这意味着要给 DUT 施加各种激励，有正常的激励，也有异常的激励；有这种模式的激励，也有那种模式的激励。激励的功能是由 *driver* 来实现的。
- ❏ 验证平台要能够根据 DUT 的输出来判断 DUT 的行为是否与预期相符合，完成这个功能的是记分板（scoreboard，也被称为 checker，本书统一以 scoreboard 来称呼）。既然是判断，那么牵扯到两个方面：一是判断什么，需要把什么拿来判断，这里很明显是 DUT 的输出；二是判断的标准是什么。
- ❏ 验证平台要收集 DUT 的输出并把它们传递给 *scoreboard*，完成这个功能的是 *monitor*。
- ❏ 验证平台要能够给出预期结果。在记分板中提到了判断的标准，判断的标准通常就是预期。假设 DUT 是一个加法器，那么当在它的加数和被加数中分别输入 1，即输入 1+1 时，期望 DUT 输出 2。当 DUT 在计算 1+1 的结果时，验证平台也必须相应完成同样的过程，也计算一次 1+1。在验证平台中，完成这个过程的是参考模型（reference model）。

　　一个简单的验证平台框图如图 2-1 所示。在 UVM 中，引入了 *agent* 和 *sequence* 的概念，因此 UVM 中验证平台的典型框图如图 2-2 所示。

　　从下一节开始，将从只有一个 *driver* 的最简单的验证平台开始，一步一步搭建如图 2-2 所示的验证平台。

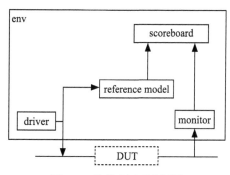

图 2-1　简单验证平台框图

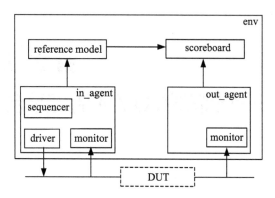

图 2-2　典型 UVM 验证平台框图

2.2　只有 driver 的验证平台

driver 是验证平台最基本的组件,是整个验证平台数据流的源泉。本节以一个简单的
DUT 为例,说明一个只有 *driver* 的 UVM 验证平台是如何搭建的。

*2.2.1　最简单的验证平台[⊖]

在本章中,假设有如下的 DUT 定义:

代码清单　2-1

文件: src/ch2/dut/dut.sv[⊜]

```
 1 module dut(clk,
 2            rst_n,
 3            rxd,
 4            rx_dv,
 5            txd,
 6            tx_en);
 7 input clk;
 8 input rst_n;
 9 input[7:0] rxd;
10 input rx_dv;
11 output [7:0] txd;
12 output tx_en;
13
14 reg[7:0] txd;
15 reg tx_en;
16
17 always @(posedge clk) begin
```

⊖　所有带星号 (*) 的章节表示本节提供源代码,可登录华章网站 (http://www.hzbook.com) 获取。

⊜　本书各章节中有大量源代码。如果在 "文件" 关键字后有相应的文件名及路径,表明此段代码可以从本书
的源码包中找到。

```
18      if(!rst_n) begin
19         txd <= 8'b0;
20         tx_en <= 1'b0;
21      end
22      else begin
23         txd <= rxd;
24         tx_en <= rx_dv;
25      end
26 end
27 endmodule
```

这个 DUT 的功能非常简单，通过 rxd 接收数据，再通过 txd 发送出去。其中 rx_dv 是接收的数据有效指示，tx_en 是发送的数据有效指示。本章中所有例子都是基于这个 DUT。

UVM 中的 *driver* 应该如何搭建？UVM 是一个库，在这个库中，几乎所有的东西都是使用类（class）来实现的。*driver*、*monitor*、*reference model*、*scoreboard* 等组成部分都是类。类是像 SystemVerilog 这些面向对象编程语言中最伟大的发明之一，是面向对象的精髓所在。类有函数（function），另外还可以有任务（task），通过这些函数和任务可以完成 *driver* 的输出激励功能，完成 *monitor* 的监测功能，完成参考模型的计算功能，完成 *scoreboard* 的比较功能。类中可以有成员变量，这些成员变量可以控制类的行为，如控制 *driver* 的行为等。当要实现一个功能时，首先应该想到的是从 UVM 的某个类派生出一个新的类，在这个新的类中实现所期望的功能。所以，使用 UVM 的第一条原则是：验证平台中所有的组件应该派生自 UVM 中的类。

UVM 验证平台中的 *driver* 应该派生自 uvm_driver，一个简单的 *driver* 如下例所示：

代码清单　2-2

```
文件: src/ch2/section2.2/2.2.1/my_driver.sv
 3 class my_driver extends uvm_driver;
 4
 5    function new(string name = "my_driver", uvm_component parent = null);
 6       super.new(name, parent);
 7    endfunction
 8    extern virtual task main_phase(uvm_phase phase);
 9 endclass
10
11 task my_driver::main_phase(uvm_phase phase);
12    top_tb.rxd <= 8'b0;
13    top_tb.rx_dv <= 1'b0;
14    while(!top_tb.rst_n)
15       @(posedge top_tb.clk);
16    for(int i = 0; i < 256; i++)begin
17       @(posedge top_tb.clk);
18       top_tb.rxd <= $urandom_range(0, 255);
19       top_tb.rx_dv <= 1'b1;
20       `uvm_info("my_driver", "data is drived", UVM_LOW)
21    end
```

```
22      @(posedge top_tb.clk);
23      top_tb.rx_dv <= 1'b0;
24 endtask
```

这个 *driver* 的功能非常简单，只是向 rxd 上发送 256 个随机数据，并将 rx_dv 信号置为
高电平。当数据发送完毕后，将 rx_dv 信号置为低电平。在这个 *driver* 中，有两点应该引
起注意：

❑ 所有派生自 uvm_driver 的类的 new 函数有两个参数，一个是 string 类型的 name，
一个是 uvm_component 类型的 parent。关于 name 参数，比较好理解，就是名字而
已；至于 parent 则比较难以理解，读者可暂且放在一边，下文会有介绍。事实上，
这两个参数是由 uvm_component 要求的，每一个派生自 uvm_component 或其派生
类的类在其 new 函数中要指明两个参数：name 和 parent，这是 uvm_component 类
的一大特征。而 uvm_driver 是一个派生自 uvm_component 的类，所以也会有这两个
参数。

❑ *driver* 所做的事情几乎都在 main_phase 中完成。UVM 由 *phase* 来管理验证平台的运
行，这些 *phase* 统一以 xxxx_phase 来命名，且都有一个类型为 uvm_phase、名字为
phase 的参数。main_phase 是 uvm_driver 中预先定义好的一个任务。因此几乎可以
简单地认为，实现一个 *driver* 等于实现其 main_phase。

上述代码中还出现了 uvm_info 宏。这个宏的功能与 Verilog 中 display 语句的功能类
似，但是它比 display 语句更加强大。它有三个参数，第一个参数是字符串，用于把打印的
信息归类；第二个参数也是字符串，是具体需要打印的信息；第三个参数则是冗余级别。
在验证平台中，某些信息是非常关键的，这样的信息可以设置为 UVM_LOW，而有些信息
可有可无，就可以设置为 UVM_HIGH，介于两者之间的就是 UVM_MEDIUM。UVM 默
认只显示 UVM_MEDIUM 或者 UVM_LOW 的信息，本书 3.4.1 节会讲述如何显示 UVM_
HIGH 的信息。本节中 uvm_info 宏打印的结果如下：

```
UVM_INFO my_driver.sv(20) @ 48500000: drv [my_driver] data is drived
```

在 uvm_info 宏打印的结果中有如下几项：

❑ UVM_INFO 关键字：表明这是一个 uvm_info 宏打印的结果。除了 uvm_info 宏外，
还有 uvm_error 宏、uvm_warning 宏，后文中将会介绍。

❑ my_driver.sv(20)：指明此条打印信息的来源，其中括号里的数字表示原始的 uvm_
info 打印语句在 my_driver.sv 中的行号。

❑ 48500000：表明此条信息的打印时间。

❑ drv：这是 *driver* 在 UVM 树中的路径索引。UVM 采用树形结构，对于树中任何一
个结点，都有一个与其相应的字符串类型的路径索引。路径索引可以通过 get_full_
name 函数来获取，把下列代码加入任何 UVM 树的结点中就可以得知当前结点的路
径索引：

代码清单　2-3

```
$display("the full name of current component is: %s", get_full_name());
```

❑ [my_driver]：方括号中显示的信息即调用 uvm_info 宏时传递的第一个参数。

❑ data is drived：表明宏最终打印的信息。

可见，uvm_info 宏非常强大，它包含了打印信息的物理文件来源、逻辑结点信息（在 UVM 树中的路径索引）、打印时间、对信息的分类组织及打印的信息。读者在搭建验证平台时应该尽量使用 uvm_info 宏取代 display 语句。

定义 my_driver 后需要将其实例化。这里需要注意类的定义与类的实例化的区别。所谓类的定义，就是用编辑器写下：

代码清单　2-4

```
classs A;
...
endclass
```

而所谓类的实例化指的是通过 new 创造出 A 的一个实例。如：

代码清单　2-5

```
A a_inst;
a_inst = new();
```

类的定义类似于在纸上写下一纸条文，然后把这些条文通知给 SystemVerilog 的仿真器：验证平台可能会用到这样的一个类，请做好准备工作。而类的实例化在于通过 new() 来通知 SystemVerilog 的仿真器：请创建一个 A 的实例。仿真器接到 new 的指令后，就会在内存中划分一块空间，在划分前，会首先检查是否已经预先定义过这个类，在已经定义过的情况下，按照定义中所指定的"条文"分配空间，并且把这块空间的指针返回给 a_inst，之后就可以通过 a_inst 来查看类中的各个成员变量，调用成员函数 / 任务等。对大部分的类来说，如果只定义而不实例化，是没有任何意义的[⊖]；而如果不定义就直接实例化，仿真器将会报错。

对 my_driver 实例化并且最终搭建的验证平台如下：

代码清单　2-6

```
文件: src/ch2/section2.2/2.2.1/top_tb.sv
 1 `timescale 1ns/1ps
 2 `include "uvm_macros.svh"
 3
 4 import uvm_pkg::*;
 5 `include "my_driver.sv"
 6
 7 module top_tb;
 8
```

⊖　这里的例外是一些静态类，其成员变量都是静态的，不实例化也可以正常使用。

```
 9 reg clk;
10 reg rst_n;
11 reg[7:0] rxd;
12 reg rx_dv;
13 wire[7:0] txd;
14 wire tx_en;
15
16 dut my_dut(.clk(clk),
17             .rst_n(rst_n),
18             .rxd(rxd),
19             .rx_dv(rx_dv),
20             .txd(txd),
21             .tx_en(tx_en));
22
23 initial begin
24    my_driver drv;
25    drv = new("drv", null);
26    drv.main_phase(null);
27    $finish();
28 end
29
30 initial begin
31    clk = 0;
32    forever begin
33       #100 clk = ~clk;
34    end
35 end
36
37 initial begin
38    rst_n = 1'b0;
39    #1000;
40    rst_n = 1'b1;
41 end
42
43 endmodule
```

第 2 行把 uvm_macros.svh 文件通过 include 语句包含进来。这是 UVM 中的一个文件，里面包含了众多的宏定义，只需要包含一次。

第 4 行通过 import 语句将整个 uvm_pkg 导入验证平台中。只有导入了这个库，编译器在编译 my_driver.sv 文件时才会认识其中的 uvm_driver 等类名。

第 24 和 25 行定义一个 my_driver 的实例并将其实例化。注意这里调用 new 函数时，其传入的名字参数为 drv，前文介绍 uvm_info 宏的打印信息时出现的代表路径索引的 drv 就是在这里传入的参数 drv。另外传入的 parent 参数为 null，在真正的验证平台中，这个参数一般不是 null，这里暂且使用 null。

第 26 行显式地调用 my_driver 的 main_phase。在 main_phase 的声明中，有一个 uvm_phase 类型的参数 phase，在真正的验证平台中，这个参数是不需要用户理会的。本节的验证平台还算不上一个完整的 UVM 验证平台，所以暂且传入 null。

第 27 行调用 finish 函数结束整个仿真，这是一个 Verilog 中提供的函数。

运行这个例子，可以看到"data is drived"被输出了 256 次。

*2.2.2　加入 factory 机制

上一节给出了一个只有 *driver*、使用 UVM 搭建的验证平台。严格来说这根本就不算是 UVM 验证平台，因为 UVM 的特性几乎一点都没有用到。像上节中 my_driver 的实例化及 drv.main_phase 的显式调用，即使不使用 UVM，只使用简单的 SystemVerilog 也可以完成。本节将会为读者展示在初学者看来感觉最神奇的一点：自动创建一个类的实例并调用其中的函数（function）和任务（task）。

要使用这个功能，需要引入 UVM 的 *factory* 机制：

代码清单　2-7

```
文件: src/ch2/section2.2/2.2.2/my_driver.sv
 3 class my_driver extends uvm_driver;
 4
 5    `uvm_component_utils(my_driver)
 6    function new(string name = "my_driver", uvm_component parent = null);
 7       super.new(name, parent);
 8       `uvm_info("my_driver", "new is called", UVM_LOW);
 9    endfunction
10    extern virtual task main_phase(uvm_phase phase);
11 endclass
12
13 task my_driver::main_phase(uvm_phase phase);
14    `uvm_info("my_driver", "main_phase is called", UVM_LOW);
15    top_tb.rxd <= 8'b0;
16    top_tb.rx_dv <= 1'b0;
17    while(!top_tb.rst_n)
18       @(posedge top_tb.clk);
19    for(int i = 0; i < 256; i++)begin
20       @(posedge top_tb.clk);
21       top_tb.rxd <= $urandom_range(0, 255);
22       top_tb.rx_dv <= 1'b1;
23       `uvm_info("my_driver", "data is drived", UVM_LOW);
24    end
25    @(posedge top_tb.clk);
26    top_tb.rx_dv <= 1'b0;
27 endtask
```

factory 机制的实现被集成在了一个宏中：uvm_component_utils。这个宏所做的事情非常多，其中之一就是将 my_driver 登记在 UVM 内部的一张表中，这张表是 *factory* 功能实现的基础。只要在定义一个新的类时使用这个宏，就相当于把这个类注册到了这张表中。那么 *factory* 机制到底是什么？这个宏还做了哪些事情呢？这些属于 UVM 中的高级问题，

本书会在后文一一展开。

在给 *driver* 中加入 *factory* 机制后，还需要对 top_tb 做一些改动：

代码清单 2-8

```
文件: src/ch2/section2.2/2.2.2/top_tb.sv
  7 module top_tb;
  ...
 36 initial begin
 37    run_test("my_driver");
 38 end
 39
 40 endmodule
```

这里使用一个 run_test 语句替换掉了代码清单 2-6 中第 23 到 28 行的 my_driver 实例化及 main_phase 的显式调用。运行这个新的验证平台，会输出如下语句：

```
new is called
main_phased is called
```

一个 run_test 语句会创建一个 my_driver 的实例，并且会自动调用 my_driver 的 main_phase。仔细观察 run_test 语句，会发现传递给它的是一个字符串。UVM 根据这个字符串创建了其所代表类的一个实例。如果没有 UVM，读者自己能够实现同样的功能吗？

根据类名创建一个类的实例，这是 uvm_component_utils 宏所带来的效果，同时也是 *factory* 机制给读者的最初印象。只有在类定义时声明了这个宏，才能使用这个功能。所以从某种程度上来说，这个宏起到了注册的作用。只有经过注册的类，才能使用这个功能，否则根本不能使用。请记住一点：所有派生自 uvm_component 及其派生类的类都应该使用 uvm_component_utils 宏注册。

除了根据一个字符串创建类的实例外，上述代码中另外一个神奇的地方是 main_phase 被自动调用了。在 UVM 验证平台中，只要一个类使用 uvm_component_utils 注册且此类被实例化了，那么这个类的 main_phase 就会自动被调用。这也就是为什么上一节中会强调实现一个 *driver* 等于实现其 main_phase。所以，在 *driver* 中，最重要的就是实现 main_phase。

上面的例子中，只输出到 "main_phase is called"。令人沮丧的是，根本没有输出 "data is drived"，而按照预期，它应该输出 256 次。关于这个问题，牵涉 UVM 的 *objection* 机制。

*2.2.3 加入 objection 机制

在上一节中，虽然输出了 "main_phase is called"，但是 "data is drived" 并没有输出。而 main_phase 是一个完整的任务，没有理由只执行第一句，而后面的代码不执行。看上去似乎 main_phase 在执行的过程中被外力 "杀死" 了，事实上也确实如此。

UVM 中通过 *objection* 机制来控制验证平台的关闭。细心的读者可能发现，在上节的例子中，并没有如 2.2.1 节所示显式地调用 finish 语句来结束仿真。但是在运行上节例子时，仿真平台确实关闭了。在每个 *phase* 中，UVM 会检查是否有 *objection* 被提起（raise_objection），如果有，那么等待这个 *objection* 被撤销（drop_objection）后停止仿真；如果没有，则马上结束当前 *phase*。

加入了 *objection* 机制的 *driver* 如下所示：

代码清单　2-9

```
文件: src/ch2/section2.2/2.2.3/my_driver.sv
13 task my_driver::main_phase(uvm_phase phase);
14   phase.raise_objection(this);
15   `uvm_info("my_driver", "main_phase is called", UVM_LOW);
16   top_tb.rxd <= 8'b0;
17   top_tb.rx_dv <= 1'b0;
18   while(!top_tb.rst_n)
19     @(posedge top_tb.clk);
20   for(int i = 0; i < 256; i++)begin
21     @(posedge top_tb.clk);
22     top_tb.rxd <= $urandom_range(0, 255);
23     top_tb.rx_dv <= 1'b1;
24     `uvm_info("my_driver", "data is drived", UVM_LOW);
25   end
26   @(posedge top_tb.clk);
27   top_tb.rx_dv <= 1'b0;
28   phase.drop_objection(this);
29 endtask
```

在开始学习时，读者可以简单地将 drop_objection 语句当成是 finish 函数的替代者，只是在 drop_objection 语句之前必须先调用 raise_objection 语句，raise_objection 和 drop_objection 总是成对出现。加入 *objection* 机制后再运行验证平台，可以发现"data is drived"按照预期输出了 256 次。

raise_objection 语句必须在 main_phase 中第一个消耗仿真时间[⊖]的语句之前。如 $display 语句是不消耗仿真时间的，这些语句可以放在 raise_objection 之前，但是类似 @(posedge top.clk) 等语句是要消耗仿真时间的。按照如下的方式使用 raise_objection 是无法起到作用的：

代码清单　2-10

```
task my_driver::main_phase(uvm_phase phase);
  @(posedge top_tb.clk);
  phase.raise_objection(this);
  `uvm_info("my_driver", "main_phase is called", UVM_LOW);
  top_tb.rxd <= 8'b0;
  top_tb.rx_dv <= 1'b0;
  while(!top_tb.rst_n)
```

⊖ 所谓仿真时间，是指 $time 函数打印出的时间。与之相对的还有实际仿真中所消耗的 CPU 时间，通常说一个测试用例的运行时间即指 CPU 时间，为了与仿真时间相区分，本书统一把这种时间称为运行时间。

```
      @(posedge top_tb.clk);
   for(int i = 0; i < 256; i++)begin
      @(posedge top_tb.clk);
      top_tb.rxd <= $urandom_range(0, 255);
      top_tb.rx_dv <= 1'b1;
      `uvm_info("my_driver", "data is drived", UVM_LOW);
   end
   @(posedge top_tb.clk);
   top_tb.rx_dv <= 1'b0;
   phase.drop_objection(this);
endtask
```

*2.2.4   加入 virtual interface

在前几节的例子中，*driver* 中等待时钟事件（@posedge top.clk）、给 DUT 中输入端口赋值（top.rx_dv <= 1'b1）都是使用绝对路径，绝对路径的使用大大减弱了验证平台的可移植性。一个最简单的例子就是假如 clk 信号的层次从 top.clk 变成了 top.clk_inst.clk，那么就需要对 *driver* 中的相关代码做大量修改。因此，从根本上来说，应该尽量杜绝在验证平台中使用绝对路径。

避免绝对路径的一个方法是使用宏：

代码清单   2-11

```
`define TOP top_tb
task my_driver::main_phase(uvm_phase phase);
   phase.raise_objection(this);
   `uvm_info("my_driver", "main_phase is called", UVM_LOW);
   `TOP.rxd <= 8'b0;
   `TOP.rx_dv <= 1'b0;
   while(!`TOP.rst_n)
      @(posedge `TOP.clk);
   for(int i = 0; i < 256; i++)begin
      @(posedge `TOP.clk);
      `TOP.rxd <= $urandom_range(0, 255);
      `TOP.rx_dv <= 1'b1;
      `uvm_info("my_driver", "data is drived", UVM_LOW);
   end
   @(posedge `TOP.clk);
   `TOP.rx_dv <= 1'b0;
   phase.drop_objection(this);
endtask
```

这样，当路径修改时，只需要修改宏的定义即可。但是假如 clk 的路径变为了 top_tb.clk_inst.clk，而 rst_n 的路径变为了 top_tb.rst_inst.rst_n，那么单纯地修改宏定义是无法起到作用的。

避免绝对路径的另外一种方式是使用 *interface*。在 SystemVerilog 中使用 *interface* 来连接验证平台与 DUT 的端口。*interface* 的定义比较简单：

代码清单　2-12

```
文件: src/ch2/section2.2/2.2.4/my_if.sv
 4 interface my_if(input clk, input rst_n);
 5
 6   logic [7:0] data;
 7   logic valid;
 8 endinterface
```

定义了 *interface* 后，在 top_tb 中实例化 DUT 时，就可以直接使用：

代码清单　2-13

```
文件: src/ch2/section2.2/2.2.4/top_tb.sv
17 my_if input_if(clk, rst_n);
18 my_if output_if(clk, rst_n);
19
20 dut my_dut(.clk(clk),
21            .rst_n(rst_n),
22            .rxd(input_if.data),
23            .rx_dv(input_if.valid),
24            .txd(output_if.data),
25            .tx_en(output_if.valid));
```

那么如何在 *driver* 中使用 *interface* 呢？一种想法是在 *driver* 中声明如下语句，然后再通过赋值的形式将 top_tb 中的 input_if 传递给它：

代码清单　2-14

```
class my_driver extends uvm_driver;
  my_if  drv_if;
  ...
endclass
```

读者可以试一下，这样的使用方式是会报语法错误的，因为 my_driver 是一个类，在类中不能使用上述方式声明一个 *interface*，只有在类似 top_tb 这样的模块（module）中才可以。在类中使用的是 *virtual interface*：

代码清单　2-15

```
文件: src/ch2/section2.2/2.2.4/my_driver.sv
 3 class my_driver extends uvm_driver;
 4
 5   virtual my_if vif;
```

在声明了 vif 后，就可以在 main_phase 中使用如下方式驱动其中的信号：

代码清单　2-16

```
文件: src/ch2/section2.2/2.2.4/my_driver.sv
23 task my_driver::main_phase(uvm_phase phase);
24   phase.raise_objection(this);
25   `uvm_info("my_driver", "main_phase is called", UVM_LOW);
26   vif.data <= 8'b0;
```

```
27      vif.valid <= 1'b0;
28      while(!vif.rst_n)
29        @(posedge vif.clk);
30      for(int i = 0; i < 256; i++)begin
31        @(posedge vif.clk);
32        vif.data <= $urandom_range(0, 255);
33        vif.valid <= 1'b1;
34        `uvm_info("my_driver", "data is drived", UVM_LOW);
35      end
36      @(posedge vif.clk);
37      vif.valid <= 1'b0;
38      phase.drop_objection(this);
39  endtask
```

可以清楚看到，代码中的绝对路径已经消除了，大大提高了代码的可移植性和可重用性。

剩下的最后一个问题就是，如何把 top_tb 中的 input_if 和 my_driver 中的 vif 对应起来呢？最简单的方法莫过于直接赋值。此时一个新的问题又摆在了面前：在 top_tb 中，通过 run_test 语句建立了一个 my_driver 的实例，但是应该如何引用这个实例呢？不可能像引用 my_dut 那样直接引用 my_driver 中的变量：top_tb.my_dut.xxx 是可以的，但是 top_tb.my_driver.xxx 是不可以的。这个问题的终极原因在于 UVM 通过 run_test 语句实例化了一个脱离了 top_tb 层次结构的实例，建立了一个新的层次结构。

对于这种脱离了 top_tb 层次结构，同时又期望在 top_tb 中对其进行某些操作的实例，UVM 引进了 config_db 机制。在 config_db 机制中，分为 set 和 get 两步操作。所谓 set 操作，读者可以简单地理解成是 "寄信"，而 get 则相当于是 "收信"。在 top_tb 中执行 set 操作：

代码清单 2-17

文件: src/ch2/section2.2/2.2.4/top_tb.sv
```
44  initial begin
45    uvm_config_db#(virtual my_if)::set(null, "uvm_test_top", "vif", input_if);
46  end
```

在 my_driver 中，执行 get 操作：

代码清单 2-18

文件: src/ch2/section2.2/2.2.4/my_driver.sv
```
13  virtual function void build_phase(uvm_phase phase);
14    super.build_phase(phase);
15    `uvm_info("my_driver", "build_phase is called", UVM_LOW);
16    if(!uvm_config_db#(virtual my_if)::get(this, "", "vif", vif))
17      `uvm_fatal("my_driver", "virtual interface must be set for vif!!!")
18  endfunction
```

这里引入了 build_phase。与 main_phase 一样，build_phase 也是 UVM 中内建的一个 phase。当 UVM 启动后，会自动执行 build_phase。build_phase 在 new 函数之后 main_phase 之前执行。在 build_phase 中主要通过 config_db 的 set 和 get 操作来传递一些数据，

以及实例化成员变量等。需要注意的是，这里需要加入 super.build_phase 语句，因为在其父类的 build_phase 中执行了一些必要的操作，这里必须显式地调用并执行它。build_phase 与 main_phase 不同的一点在于，build_phase 是一个函数 *phase*，而 main_phase 是一个任务 *phase*，build_phase 是不消耗仿真时间的。build_phase 总是在仿真时间（$time 函数打印出的时间）为 0 时执行。

在 build_phase 中出现了 uvm_fatal 宏，uvm_fatal 宏是一个类似于 uvm_info 的宏，但是它只有两个参数，这两个参数与 uvm_info 宏的前两个参数的意义完全一样。与 uvm_info 宏不同的是，当它打印第二个参数所示的信息后，会直接调用 Verilog 的 finish 函数来结束仿真。uvm_fatal 的出现表示验证平台出现了重大问题而无法继续下去，必须停止仿真并做相应的检查。所以对于 uvm_fatal 来说，uvm_info 中出现的第三个参数的冗余度级别是完全没有意义的，只要是 uvm_fatal 打印的信息，就一定是非常关键的，所以无需设置第三个参数。

config_db 的 set 和 get 函数都有四个参数，这两个函数的第三个参数必须完全一致。set 函数的第四个参数表示要将哪个 *interface* 通过 config_db 传递给 my_driver，get 函数的第四个参数表示把得到的 *interface* 传递给哪个 my_driver 的成员变量。set 函数的第二个参数表示的是路径索引，即在 2.2.1 节介绍 uvm_info 宏时提及的路径索引。在 top_tb 中通过 run_test 创建了一个 my_driver 的实例，那么这个实例的名字是什么呢？答案是 uvm_test_top：UVM 通过 run_test 语句创建一个名字为 uvm_test_top 的实例。读者可以通过把代码清单 2-3 中的语句插入 my_driver（build_phase 或者 main_phase）中来验证。

无论传递给 run_test 的参数是什么，创建的实例的名字都为 uvm_test_top。由于 set 操作的目标是 my_driver，所以 set 函数的第二个参数就是 uvm_test_top。set 函数的第一个参数 null 以及 get 函数的第一和第二个参数可以暂时放在一边，后文会详细说明。

set 函数与 get 函数让人疑惑的另外一点是其古怪的写法。使用双冒号是因为这两个函数都是静态函数，而 uvm_config_db#(virtual my_if) 则是一个参数化的类，其参数就是要寄信的类型，这里是 virtual my_if。假如要向 my_driver 的 var 变量传递一个 int 类型的数据，那么可以使用如下方式：

代码清单　2-19

```
initial begin
    uvm_config_db#(int)::set(null, "uvm_test_top", "var", 100);
end
```

而在 my_driver 中应该使用如下方式：

代码清单　2-20

```
class my_driver extends uvm_driver;
    int var;
    virtual function void build_phase(uvm_phase phase);
        super.build_phase(phase);
        `uvm_info("my_driver", "build_phase is called", UVM_LOW);
```

```
     if(!uvm_config_db#(virtual my_if)::get(this, "", "vif", vif))
       `uvm_fatal("my_driver", "virtual interface must be set for vif!!!")
     if(!uvm_config_db#(int)::get(this, "", "var", var))
       `uvm_fatal("my_driver", "var must be set!!!")
   endfunction
```

从这里可以看出，可以向 my_driver 中"寄"许多信。上文列举的两个例子是 top_tb 向 my_driver 传递了两个不同类型的数据，其实也可以传递相同类型的不同数据。假如 my_driver 中需要两个 my_if，那么可以在 top_tb 中这么做：

代码清单　2-21

```
initial begin
  uvm_config_db#(virtual my_if)::set(null, "uvm_test_top", "vif", input_if);
  uvm_config_db#(virtual my_if)::set(null, "uvm_test_top", "vif2", output_if);
end
```

在 my_driver 中这么做：

代码清单　2-22

```
virtual my_if vif;
virtual my_if vif2;
virtual function void build_phase(uvm_phase phase);
  super.build_phase(phase);
  `uvm_info("my_driver", "build_phase is called", UVM_LOW);
  if(!uvm_config_db#(virtual my_if)::get(this, "", "vif", vif))
    `uvm_fatal("my_driver", "virtual interface must be set for vif!!!")
  if(!uvm_config_db#(virtual my_if)::get(this, "", "vif2", vif2))
    `uvm_fatal("my_driver", "virtual interface must be set for vif2!!!")
endfunction
```

2.3　为验证平台加入各个组件

*2.3.1　加入 transaction

在 2.2 节中，所有的操作都是基于信号级的。从本节开始将引入 *reference model*、*monitor*、*scoreboard* 等验证平台的其他组件。在这些组件之间，信息的传递是基于 *transaction* 的，因此，本节将先引入 *transaction* 的概念。

transaction 是一个抽象的概念。一般来说，物理协议中的数据交换都是以帧或者包为单位的，通常在一帧或者一个包中要定义好各项参数，每个包的大小不一样。很少会有协议是以 bit 或者 byte 为单位来进行数据交换的。以以太网为例，每个包的大小至少是 64byte。这个包中要包括源地址、目的地址、包的类型、整个包的 CRC 校验数据等。*transaction* 就是用于模拟这种实际情况，一笔 *transaction* 就是一个包。在不同的验证平台中，会有不同的 *transaction*。一个简单的 *transaction* 的定义如下：

```
文件: src/ch2/section2.3/2.3.1/my_transaction.sv
   4 class my_transaction extends uvm_sequence_item;
   5
   6     rand bit[47:0] dmac;
   7     rand bit[47:0] smac;
   8     rand bit[15:0] ether_type;
   9     rand byte      pload[];
  10     rand bit[31:0] crc;
  11
  12     constraint pload_cons{
  13        pload.size >= 46;
  14        pload.size <= 1500;
  15     }
  16
  17     function bit[31:0] calc_crc();
  18        return 32'h0;
  19     endfunction
  20
  21     function void post_randomize();
  22        crc = calc_crc;
  23     endfunction
  24
  25     `uvm_object_utils(my_transaction)
  26
  27     function new(string name = "my_transaction");
  28        super.new(name);
  29     endfunction
  30 endclass
```

其中 dmac 是 48bit 的以太网目的地址，smac 是 48bit 的以太网源地址，ether_type 是以太网类型，pload 是其携带数据的大小，通过 pload_cons 约束可以看到，其大小被限制在46 ～ 1500byte，CRC 是前面所有数据的校验值。由于 CRC 的计算方法稍显复杂，且其代码在网络上随处可见，因此这里只是在 post_randomize 中加了一个空函数 calc_crc，有兴趣的读者可以将其补充完整。post_randomize 是 SystemVerilog 中提供的一个函数，当某个类的实例的 randomize 函数被调用后，post_randomize 会紧随其后无条件地被调用。

在 *transaction* 定义中，有两点值得引起注意：一是 my_transaction 的基类是 uvm_sequence_item。在 UVM 中，所有的 *transaction* 都要从 uvm_sequence_item 派生，只有从 uvm_sequence_item 派生的 *transaction* 才可以使用后文讲述的 UVM 中强大的 *sequence* 机制。二是这里没有使用 uvm_component_utils 宏来实现 *factory* 机制，而是使用了 uvm_object_utils。从本质上来说，my_transaction 与 my_driver 是有区别的，在整个仿真期间，my_driver 是一直存在的，my_transaction 不同，它有生命周期。它在仿真的某一时间产生，经过 *driver* 驱动，再经过 *reference model* 处理，最终由 *scoreboard* 比较完成后，其生命周期就结束了。一般来说，这种类都是派生自 uvm_object 或者 uvm_object 的派生类，uvm_

sequence_item 的祖先就是 uvm_object。UVM 中具有这种特征的类都要使用 uvm_object_
utils 宏来实现。

当完成 *transaction* 的定义后，就可以在 my_driver 中实现基于 *transaction* 的驱动：

代码清单　2-24

```
文件: src/ch2/section2.3/2.3.1/my_driver.sv
22 task my_driver::main_phase(uvm_phase phase);
23    my_transaction tr;
...
29    for(int i = 0; i < 2; i++) begin
30       tr = new("tr");
31       assert(tr.randomize() with {pload.size == 200;});
32       drive_one_pkt(tr);
33    end
...
36 endtask
37
38 task my_driver::drive_one_pkt(my_transaction tr);
39    bit [47:0] tmp_data;
40    bit [7:0] data_q[$];
41
42    //push dmac to data_q
43    tmp_data = tr.dmac;
44    for(int i = 0; i < 6; i++) begin
45       data_q.push_back(tmp_data[7:0]);
46       tmp_data = (tmp_data >> 8);
47    end
48    //push smac to data_q
...
54    //push ether_type to data_q
...
60    //push payload to data_q
...
64    //push crc to data_q
65    tmp_data = tr.crc;
66    for(int i = 0; i < 4; i++) begin
67       data_q.push_back(tmp_data[7:0]);
68       tmp_data = (tmp_data >> 8);
69    end
70
71    `uvm_info("my_driver", "begin to drive one pkt", UVM_LOW);
72    repeat(3) @(posedge vif.clk);
73
74    while(data_q.size() > 0) begin
75       @(posedge vif.clk);
76       vif.valid <= 1'b1;
77       vif.data <= data_q.pop_front();
78    end
79
```

```
80      @(posedge vif.clk);
81      vif.valid <= 1'b0;
82      `uvm_info("my_driver", "end drive one pkt", UVM_LOW);
83 endtask
```

在 main_phase 中，先使用 randomize 将 tr 随机化，之后通过 drive_one_pkt 任务将 tr
的内容驱动到 DUT 的端口上。在 drive_one_pkt 中，先将 tr 中所有的数据压入队列 data_q
中，之后再将 data_q 中所有的数据弹出并驱动。将 tr 中的数据压入队列 data_q 中的过程相
当于打包成一个 byte 流的过程。这个过程还可以使用 SystemVerilog 提供的流操作符实现。具
体请参照 SystemVerilog 语言标准 IEEE Std 1800™—2012（IEEE Standard for SystemVerilog—
Unified Hardware Design, Specification, and Verification Language）的 11.4.14 节。

*2.3.2　加入 env

在验证平台中加入 *reference model*、*scoreboard* 等之前，思考一个问题：假设这些组件
已经定义好了，那么在验证平台的什么位置对它们进行实例化呢？在 top_tb 中使用 run_test
进行实例化显然是不行的，因为 run_test 函数虽然强大，但也只能实例化一个实例；如果在
top_tb 中使用 2.2.1 节中实例化 *driver* 的方式显然也不可行，因为 run_test 相当于在 top_tb
结构层次之外建立一个新的结构层次，而 2.2.1 节的方式则是基于 top_tb 的层次结构，如果
基于此进行实例化，那么 run_test 的引用也就没有太大的意义了；如果在 *driver* 中进行实例
化则更加不合理。

这个问题的解决方案是引入一个容器类，在这个容器类中实例化 *driver*、*monitor*、
reference model 和 *scoreboard* 等。在调用 run_test 时，传递的参数不再是 my_driver，而是这
个容器类，即让 UVM 自动创建这个容器类的实例。在 UVM 中，这个容器类称为 uvm_env：

代码清单　2-25

```
文件：src/ch2/section2.3/2.3.2/my_env.sv
 4 class my_env extends uvm_env;
 5
 6   my_driver drv;
 7
 8   function new(string name = "my_env", uvm_component parent);
 9     super.new(name, parent);
10   endfunction
11
12   virtual function void build_phase(uvm_phase phase);
13     super.build_phase(phase);
14     drv = my_driver::type_id::create("drv", this);
15   endfunction
16
17   `uvm_component_utils(my_env)
18 endclass
```

所有的 *env* 应该派生自 uvm_env，且与 my_driver 一样，容器类在仿真中也是一直存在的，使用 uvm_component_utils 宏来实现 *factory* 的注册。

在 my_env 的定义中，最让人难以理解的是第 14 行 drv 的实例化。这里没有直接调用 my_driver 的 new 函数，而是使用了一种古怪的方式。这种方式就是 *factory* 机制带来的独特的实例化方式。只有使用 *factory* 机制注册过的类才能使用这种方式实例化；只有使用这种方式实例化的实例，才能使用后文要讲述的 *factory* 机制中最为强大的重载功能。验证平台中的组件在实例化时都应该使用 type_name::type_id::create 的方式。

在 drv 实例化时，传递了两个参数，一个是名字 drv，另外一个是 this 指针，表示 my_env。回顾一下 my_driver 的 new 函数：

代码清单　2-26

```
function new(string name = "my_driver", uvm_component parent = null);
    super.new(name, parent);
endfuncti
```

这个 new 函数有两个参数，第一个参数是实例的名字，第二个则是 parent。由于 my_driver 在 uvm_env 中实例化，所以 my_driver 的父结点（parent）就是 my_env。通过 parent 的形式，UVM 建立起了树形的组织结构。在这种树形的组织结构中，由 run_test 创建的实例是树根（这里是 my_env），并且树根的名字是固定的，为 uvm_test_top，这在前文中已经讲述过；在树根之后会生长出枝叶（这里只有 my_driver），长出枝叶的过程需要在 my_env 的 build_phase 中手动实现。无论是树根还是树叶，都必须由 uvm_component 或者其派生类继承而来。整棵 UVM 树的结构如图 2-3 所示。

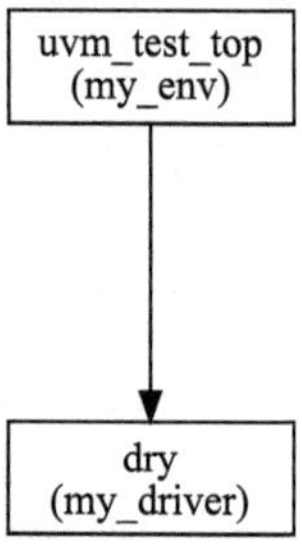

当加入了 my_env 后，整个验证平台中存在两个 build_phase，一个是 my_env 的，一个是 my_driver 的。那么这两个 build_phase 按照何种顺序执行呢？在 UVM 的树形结构中，build_phase 的执行遵照从树根到树叶的顺序，即先执行 my_env 的 build_phase，再执行 my_driver 的 build_phase。当把整棵树的 build_phase 都执行完毕后，再执行后面的 *phase*。

my_driver 在验证平台中的层次结构发生了变化，它一跃从树根变成了树叶，所以在 top_tb 中使用 config_db 机制传递 virtual my_if 时，要改变相应的路径；同时，run_test 的参数也从 my_driver 变为了 my_env：

图 2-3　UVM 树的生长：
加入 *env*

代码清单　2-27

```
文件: src/ch2/section2.3/2.3.2/top_tb.sv
42 initial begin
43   run_test("my_env");
44 end
45
46 initial begin
47   uvm_config_db#(virtual my_if)::set(null, "uvm_test_top.drv", "vif", inp ut_if);
48 end
```

　　set 函数的第二个参数从 uvm_test_top 变为了 uvm_test_top.drv，其中 uvm_test_top 是 UVM 自动创建的树根的名字，而 drv 则是在 my_env 的 build_phase 中实例化 drv 时传递过去的名字。如果在实例化 drv 时传递的名字是 my_drv，那么 set 函数的第二个参数中也应该是 my_drv：

代码清单　2-28

```
class my_env extends uvm_env
  ...
  drv = my_driver::type_id::create("my_drv", this);
  ...
endclass

module top_tb;
...
initial begin
  uvm_config_db#(virtual my_if)::set(null, "uvm_test_top.my_drv", "vif", inpu t_if);
end
endmodule
```

*2.3.3　加入 monitor

　　验证平台必须监测 DUT 的行为，只有知道 DUT 的输入输出信号变化之后，才能根据这些信号变化来判定 DUT 的行为是否正确。

　　验证平台中实现监测 DUT 行为的组件是 *monitor*。*driver* 负责把 *transaction* 级别的数据转变成 DUT 的端口级别，并驱动给 DUT，*monitor* 的行为与其相对，用于收集 DUT 的端口数据，并将其转换成 *transaction* 交给后续的组件如 *reference model*、*scoreboard* 等处理。

　　一个 *monitor* 的定义如下：

代码清单　2-29

```
文件: src/ch2/section2.3/2.3.3/my_monitor.sv
 3 class my_monitor extends uvm_monitor;
 4
 5    virtual my_if vif;
 6
 7    `uvm_component_utils(my_monitor)
 8    function new(string name = "my_monitor", uvm_component parent = null);
 9       super.new(name, parent);
10    endfunction
11
12    virtual function void build_phase(uvm_phase phase);
13       super.build_phase(phase);
14       if(!uvm_config_db#(virtual my_if)::get(this, "", "vif", vif))
15          `uvm_fatal("my_monitor", "virtual interface must be set for vif!!!")
16    endfunction
17
18    extern task main_phase(uvm_phase phase);
```

```
19      extern task collect_one_pkt(my_transaction tr);
20 endclass
21
22 task my_monitor::main_phase(uvm_phase phase);
23    my_transaction tr;
24    while(1) begin
25       tr = new("tr");
26       collect_one_pkt(tr);
27    end
28 endtask
29
30 task my_monitor::collect_one_pkt(my_transaction tr);
31    bit[7:0] data_q[$];
32    int psize;
33    while(1) begin
34      @(posedge vif.clk);
35      if(vif.valid) break;
36    end
37
38    `uvm_info("my_monitor", "begin to collect one pkt", UVM_LOW);
39    while(vif.valid) begin
40      data_q.push_back(vif.data);
41      @(posedge vif.clk);
42    end
43    //pop dmac
44    for(int i = 0; i < 6; i++) begin
45       tr.dmac = {tr.dmac[39:0], data_q.pop_front()};
46    end
47    //pop smac
...
51    //pop ether_type
...
58    //pop payload
...
62    //pop crc
63    for(int i = 0; i < 4; i++) begin
64       tr.crc = {tr.crc[23:0], data_q.pop_front()};
65    end
66    `uvm_info("my_monitor", "end collect one pkt, print it:", UVM_LOW);
67    tr.my_print();
68 endtask
```

有几点需要注意的是：第一，所有的 *monitor* 类应该派生自 uvm_monitor ；第二，与 *driver* 类似，在 my_monitor 中也需要有一个 virtual my_if；第三，uvm_monitor 在整个仿真中是一直存在的，所以它是一个 *component*，要使用 uvm_component_utils 宏注册；第四，由于 *monitor* 需要时刻收集数据，永不停歇，所以在 main_phase 中使用 while(1) 循环来实现这一目的。

在查阅 collect_one_pkt 的代码时，可以与 my_driver 的 drv_one_pkt 对比来看，两者代

码非常相似。当收集完一个 *transaction* 后，通过 my_print 函数将其打印出来。my_print 在 my_transaction 中定义如下：

代码清单 2-30

```
文件: src/ch2/section2.3/2.3.3/my_transaction.sv
31    function void my_print();
32      $display("dmac = %0h", dmac);
33      $display("smac = %0h", smac);
34      $display("ether_type = %0h", ether_type);
35      for(int i = 0; i < pload.size; i++) begin
36        $display("pload[%0d] = %0h", i, pload[i]);
37      end
38      $display("crc = %0h", crc);
39    endfunction
```

当完成 *monitor* 的定义后，可以在 *env* 中对其进行实例化：

代码清单 2-31

```
文件: src/ch2/section2.3/2.3.3/my_env.sv
 4 class my_env extends uvm_env;
 5
 6   my_driver drv;
 7   my_monitor i_mon;
 8
 9   my_monitor o_mon;
...
15   virtual function void build_phase(uvm_phase phase);
16     super.build_phase(phase);
17     drv = my_driver::type_id::create("drv", this);
18     i_mon = my_monitor::type_id::create("i_mon", this);
19     o_mon = my_monitor::type_id::create("o_mon", this);
20   endfunction
...
23 endclass
```

需要引起注意的是这里实例化了两个 *monitor*，一个用于监测 DUT 的输入口，一个用于监测 DUT 的输出口。DUT 的输出口设置一个 *monitor* 没有任何疑问，但是在 DUT 的输入口设置一个 *monitor* 有必要吗？由于 *transaction* 是由 *driver* 产生并输出到 DUT 的端口上，所以 *driver* 可以直接将其交给后面的 *reference model*。在 2.1 节所示的框图中，也是使用这样的策略。所以是否使用 monitor，这个答案仁者见仁，智者见智。这里还是推荐使用 *monitor*，原因是：第一，在一个大型的项目中，*driver* 根据某一协议发送数据，而 *monitor* 根据这种协议收集数据，如果 *driver* 和 *monitor* 由不同人员实现，那么可以大大减少其中任何一方对协议理解的错误；第二，在后文将会看到，在实现代码重用时，使用 *monitor* 是非常有必要的。

现在，整棵 UVM 树的结构如图 2-4 所示。

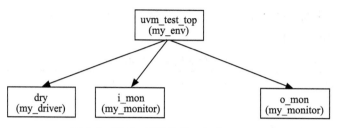

图 2-4   UVM 树的生长：加入 *monitor*

在 *env* 中实例化 *monitor* 后，要在 top_tb 中使用 config_db 将 input_if 和 output_if 传递给两个 *monitor*：

代码清单   2-32

文件：src/ch2/section2.3/2.3.3/top_tb.sv

```
47 initial begin
48    uvm_config_db#(virtual my_if)::set(null, "uvm_test_top.drv", "vif", input_
      if);
49    uvm_config_db#(virtual my_if)::set(null, "uvm_test_top.i_mon", "vif",
      input_if);
50    uvm_config_db#(virtual my_if)::set(null, "uvm_test_top.o_mon", "vif",
      output_if);
51 end
```

*2.3.4   封装成 agent

上一节在验证平台中加入 *monitor* 时，读者看到了 *driver* 和 *monitor* 之间的联系：两者之间的代码高度相似。其本质是因为二者处理的是同一种协议，在同样一套既定的规则下做着不同的事情。由于二者的这种相似性，UVM 中通常将二者封装在一起，成为一个 *agent*。因此，不同的 *agent* 就代表了不同的协议。

代码清单   2-33

文件：src/ch2/section2.3/2.3.4/my_agent.sv

```
 4 class my_agent extends uvm_agent ;
 5    my_driver      drv;
 6    my_monitor     mon;
 7
 8    function new(string name, uvm_component parent);
 9      super.new(name, parent);
10    endfunction
11
12    extern virtual function void build_phase(uvm_phase phase);
13    extern virtual function void connect_phase(uvm_phase phase);
14
15    `uvm_component_utils(my_agent)
16 endclass
17
```

```
18
19 function void my_agent::build_phase(uvm_phase phase);
20   super.build_phase(phase);
21   if (is_active == UVM_ACTIVE) begin
22    drv = my_driver::type_id::create("drv", this);
23   end
24   mon = my_monitor::type_id::create("mon", this);
25 endfunction
26
27 function void my_agent::connect_phase(uvm_phase phase);
28   super.connect_phase(phase);
29 endfunction
```

所有的 *agent* 都要派生自 uvm_agent 类，且其本身是一个 *component*，应该使用 uvm_component_utils 宏来实现 *factory* 注册。

这里最令人困惑的可能是 build_phase 中为何根据 is_active 这个变量的值来决定是否创建 driver 的实例。is_active 是 uvm_agent 的一个成员变量，从 UVM 的源代码中可以找到它的原型如下：

代码清单　2-34

来源：UVM 源代码
　uvm_active_passive_enum is_active = UVM_ACTIVE;

而 uvm_active_passive_enum 是一个枚举类型变量，其定义为：

代码清单　2-35

来源：UVM 源代码
　typedef enum bit { UVM_PASSIVE=0, UVM_ACTIVE=1 } uvm_active_passive_enum;

这个枚举变量仅有两个值：UVM_PASSIVE 和 UVM_ACTIVE。在 uvm_agent 中，is_active 的值默认为 UVM_ACTIVE，在这种模式下，是需要实例化 *driver* 的。那么什么是 UVM_PASSIVE 模式呢？以本章的 DUT 为例，如图 2-5 所示，在输出端口上不需要驱动任何信号，只需要监测信号。在这种情况下，端口上是只需要 *monitor* 的，所以 *driver* 可以不用实例化。

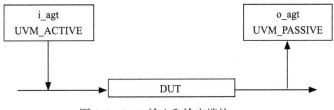

图 2-5　DUT 输入和输出端的 *agent*

在把 *driver* 和 *monitor* 封装成 *agent* 后，在 *env* 中需要实例化 *agent*，而不需要直接实例化 *driver* 和 *monitor* 了：

代码清单　2-36

```
文件: src/ch2/section2.3/2.3.4/my_env.sv
 4 class my_env extends uvm_env;
 5
 6   my_agent  i_agt;
 7   my_agent  o_agt;
...
13   virtual function void build_phase(uvm_phase phase);
14     super.build_phase(phase);
15     i_agt = my_agent::type_id::create("i_agt", this);
16     o_agt = my_agent::type_id::create("o_agt", this);
17     i_agt.is_active = UVM_ACTIVE;
18     o_agt.is_active = UVM_PASSIVE;
19   endfunction
...
22 endclass
```

　　完成 i_agt 和 o_agt 的声明后，在 my_env 的 build_phase 中对它们进行实例化后，需要指定各自的工作模式是 active 模式还是 passive 模式。现在，整棵 UVM 树变为了如图 2-6 所示形式。

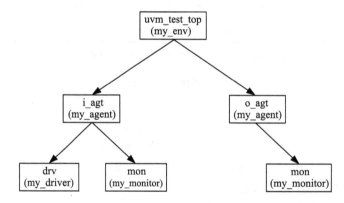

图 2-6　UVM 树的生长：加入 *agent*

　　由于 *agent* 的加入，*driver* 和 *monitor* 的层次结构改变了，在 top_tb 中使用 config_db 设置 virtual my_if 时要注意改变路径：

代码清单　2-37

```
文件: src/ch2/section2.3/2.3.4/top_tb.sv
48 initial begin
49   uvm_config_db#(virtual my_if)::set(null, "uvm_test_top.i_agt.drv", "vif",
       input_if);
50   uvm_config_db#(virtual my_if)::set(null, "uvm_test_top.i_agt.mon", "vif",
       input_if);
51   uvm_config_db#(virtual my_if)::set(null, "uvm_test_top.o_agt.mon", "vif",
       output_if);
52 end
```

在加入了 my_agent 后，UVM 的树形结构越来越清晰。首先，只有 uvm_component 才能作为树的结点，像 my_transaction 这种使用 uvm_object_utils 宏实现的类是不能作为 UVM 树的结点的。其次，在 my_env 的 build_phase 中，创建 i_agt 和 o_agt 的实例是在 build_phase 中；在 *agent* 中，创建 *driver* 和 *monitor* 的实例也是在 build_phase 中。按照前文所述的 build_phase 的从树根到树叶的执行顺序，可以建立一棵完整的 UVM 树。UVM 要求 UVM 树最晚在 build_phase 时段完成，如果在 build_phase 后的某个 *phase* 实例化一个 *component*：

代码清单　2-38

```
class my_env extends uvm_env;
  ...
  virtual function void build_phase(uvm_phase phase);
    super.build_phase(phase);
  endfunction

  virtual task main_phase(uvm_phase phase);
    i_agt = my_agent::type_id::create("i_agt", this);
    o_agt = my_agent::type_id::create("o_agt", this);
    i_agt.is_active = UVM_ACTIVE;
    o_agt.is_active = UVM_PASSIVE;
  endtask
endclass
```

如上所示，将在 my_env 的 build_phase 中的实例化工作移动到 main_phase 中，UVM 会给出如下错误提示：

```
UVM_FATAL @ 0: i_agt [ILLCRT] It is illegal to create a component ('i_agt' under
'uvm_test_top') after the build phase has ended.
```

那么是不是只能在 build_phase 中执行实例化的动作呢？答案是否定的。其实还可以在 new 函数中执行实例化的动作。如可以在 my_agent 的 new 函数中实例化 *driver* 和 *monitor*：

代码清单　2-39

```
function new(string name, uvm_component parent);
  super.new(name, parent);
  if (is_active == UVM_ACTIVE) begin
    drv = my_driver::type_id::create("drv", this);
  end
  mon = my_monitor::type_id::create("mon", this);
endfunction
```

这样引起的一个问题是无法通过直接赋值的方式向 uvm_agent 传递 is_active 的值。在 my_env 的 build_phase（或者 new 函数）中，向 i_agt 和 o_agt 的 is_active 赋值，根本不会产生效果。因此 i_agt 和 o_agt 都工作在 active 模式（is_active 的默认值是 UVM_ACTIVE），这与预想差距甚远。要解决这个问题，可以在 my_agent 实例化之前使用 config_db 语句传递 is_active 的值：

代码清单   2-40

```
class my_env extends uvm_env;
  virtual function void build_phase(uvm_phase phase);
    super.build_phase(phase);
    uvm_config_db#(uvm_active_passive_enum)::set(this, "i_agt", "is_active", UVM_
ACTIVE);
    uvm_config_db#(uvm_active_passive_enum)::set(this, "o_agt", "is_active", UVM_
PASSIVE);
    i_agt = my_agent::type_id::create("i_agt", this);
    o_agt = my_agent::type_id::create("o_agt", this);
  endfunction
endclass

class my_agent extends uvm_agent ;
  function new(string name, uvm_component parent);
    super.new(name, parent);
    uvm_config_db#(uvm_active_passive_enum)::get(this, "", "is_active", is_active);
    if (is_active == UVM_ACTIVE) begin
     drv = my_driver::type_id::create("drv", this);
    end
    mon = my_monitor::type_id::create("mon", this);
  endfunction
endclass
```

只是 UVM 中约定俗成的还是在 build_phase 中完成实例化工作。因此，强烈建议仅在 build_phase 中完成实例化。

*2.3.5   加入 reference model

在 2.1 节中讲述验证平台的框图时曾经说过，*reference model* 用于完成和 DUT 相同的功能。*reference model* 的输出被 *scoreboard* 接收，用于和 DUT 的输出相比较。DUT 如果很复杂，那么 *reference model* 也会相当复杂。本章的 DUT 很简单，所以 *reference model* 也相当简单：

代码清单   2-41

```
文件：src/ch2/section2.3/2.3.5/my_model.sv
 4 class my_model extends uvm_component;
 5
 6    uvm_blocking_get_port #(my_transaction)   port;
 7    uvm_analysis_port #(my_transaction)   ap;
 8
 9    extern function new(string name, uvm_component parent);
10    extern function void build_phase(uvm_phase phase);
11    extern virtual  task main_phase(uvm_phase phase);
12
13    `uvm_component_utils(my_model)
```

```
14 endclass
15
16 function my_model::new(string name, uvm_component parent);
17    super.new(name, parent);
18 endfunction
19
20 function void my_model::build_phase(uvm_phase phase);
21    super.build_phase(phase);
22    port = new("port", this);
23    ap = new("ap", this);
24 endfunction
25
26 task my_model::main_phase(uvm_phase phase);
27    my_transaction tr;
28    my_transaction new_tr;
29    super.main_phase(phase);
30    while(1) begin
31      port.get(tr);
32      new_tr = new("new_tr");
33      new_tr.my_copy(tr);
34      `uvm_info("my_model", "get one transaction, copy and print it:", UVM_LOW)
35      new_tr.my_print();
36      ap.write(new_tr);
37    end
38 endtask
```

在 my_model 的 main_phase 中，只是单纯地复制一份从 i_agt 得到的 tr，并传递给后级的 *scoreboard* 中。my_copy 是一个在 my_transaction 中定义的函数，其代码为：

代码清单　2-42

文件：src/ch2/section2.3/2.3.5/my_transaction.sv
```
41    function void my_copy(my_transaction tr);
42      if(tr == null)
43        `uvm_fatal("my_transaction", "tr is null!!!!")
44      dmac = tr.dmac;
45      smac = tr.smac;
46      ether_type = tr.ether_type;
47      pload = new[tr.pload.size()];
48      for(int i = 0; i < pload.size(); i++) begin
49        pload[i] = tr.pload[i];
50      end
51      crc = tr.crc;
52    endfunction
```

这里实现了两个 my_transaction 的复制。

完成 my_model 的定义后，需要将其在 my_env 中实例化。其实例化方式与 *agent*、*driver* 相似，这里不具体列出代码。在加入 my_model 后，整棵 UVM 树变成了如图 2-7 所示的形式。

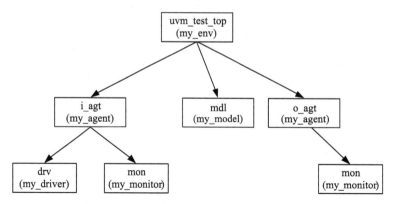

图 2-7　UVM 树的生长：加入 *reference model*

　　my_model 并不复杂，这其中令人感兴趣的是 my_transaction 的传递方式。my_model 是从 i_agt 中得到 my_transaction，并把 my_transaction 传递给 my_scoreboard。在 UVM 中，通常使用 TLM（Transaction Level Modeling）实现 *component* 之间 *transaction* 级别的通信。

　　要实现通信，有两点是值得考虑的：第一，数据是如何发送的？第二，数据是如何接收的？在 UVM 的 *transaction* 级别的通信中，数据的发送有多种方式，其中一种是使用 uvm_analysis_port。在 my_monitor 中定义如下变量：

代码清单　2-43

文件：src/ch2/section2.3/2.3.5/my_monitor.sv
```
  7    uvm_analysis_port #(my_transaction)  ap;
```

uvm_analysis_port 是一个参数化的类，其参数就是这个 analysis_port 需要传递的数据的类型，在本节中是 my_transaction。

　　声明了 ap 后，需要在 *monitor* 的 build_phase 中将其实例化：

代码清单　2-44

文件：src/ch2/section2.3/2.3.5/my_monitor.sv
```
 14    virtual function void build_phase(uvm_phase phase);
 ...
 18       ap = new("ap", this);
 19    endfunction
```

　　在 main_phase 中，当收集完一个 *transaction* 后，需要将其写入 ap 中：

代码清单　2-45

```
task my_monitor::main_phase(uvm_phase phase);
  my_transaction tr;
  while(1) begin
    tr = new("tr");
    collect_one_pkt(tr);
```

```
        ap.write(tr);
    end
endtask
```

write 是 uvm_analysis_port 的一个内建函数。到此，在 my_monitor 中需要为 *transaction* 通信准备的工作已经全部完成。

UVM 的 *transaction* 级别通信的数据接收方式也有多种，其中一种就是使用 uvm_blocking_get_port。这也是一个参数化的类，其参数是要在其中传递的 *transaction* 的类型。在 my_model 的第 6 行中，定义了一个端口，并在 build_phase 中对其进行实例化。在 main_phase 中，通过 port.get 任务来得到从 i_agt 的 *monitor* 中发出的 *transaction*。

在 my_monitor 和 my_model 中定义并实现了各自的端口之后，通信的功能并没有实现，还需要在 my_env 中使用 fifo 将两个端口联系在一起。在 my_env 中定义一个 fifo，并在 build_phase 中将其实例化：

代码清单　2-46

```
文件: src/ch2/section2.3/2.3.5/my_env.sv
10    uvm_tlm_analysis_fifo #(my_transaction) agt_mdl_fifo;
...
23    agt_mdl_fifo = new("agt_mdl_fifo", this);
```

fifo 的类型是 uvm_tlm_analysis_fifo，它本身也是一个参数化的类，其参数是存储在其中的 *transaction* 的类型，这里是 my_transaction。

之后，在 connect_phase 中将 fifo 分别与 my_monitor 中的 analysis_port 和 my_model 中的 blocking_get_port 相连：

代码清单　2-47

```
文件: src/ch2/section2.3/2.3.5/my_env.sv
31 function void my_env::connect_phase(uvm_phase phase);
32   super.connect_phase(phase);
33   i_agt.ap.connect(agt_mdl_fifo.analysis_export);
34   mdl.port.connect(agt_mdl_fifo.blocking_get_export);
35 endfunction
```

这里引入了 connect_phase。与 build_phase 及 main_phase 类似，connect_phase 也是 UVM 内建的一个 *phase*，它在 build_phase 执行完成之后马上执行。但是与 build_phase 不同的是，它的执行顺序并不是从树根到树叶，而是从树叶到树根——先执行 *driver* 和 *monitor* 的 connect_phase，再执行 *agent* 的 connect_phase，最后执行 *env* 的 connect_phase。

为什么这里需要一个 fifo 呢？不能直接把 my_monitor 中的 analysis_port 和 my_model 中的 blocking_get_port 相连吗？由于 analysis_port 是非阻塞性质的，ap.write 函数调用完成后马上返回，不会等待数据被接收。假如当 write 函数调用时，blocking_get_port 正在忙于其他事情，而没有准备好接收新的数据时，此时被 write 函数写入的 my_transaction 就需要一个暂存的位置，这就是 fifo。

在如上的连接中，用到了 i_agt 的一个成员变量 ap，它的定义与 my_monitor 中 ap 的定义完全一样：

代码清单 2-48

```
文件: src/ch2/section2.3/2.3.5/my_agent.sv
   8   uvm_analysis_port #(my_transaction)  ap;
```

与 my_monitor 中的 ap 不同的是，不需要对 my_agent 中的 ap 进行实例化，而只需要在 my_agent 的 connect_phase 中将 *monitor* 的值赋给它，换句话说，这相当于是一个指向 my_monitor 的 ap 的指针：

代码清单 2-49

```
文件: src/ch2/section2.3/2.3.5/my_agent.sv
  29 function void my_agent::connect_phase(uvm_phase phase);
  30    super.connect_phase(phase);
  31    ap = mon.ap;
  32 endfunction
```

根据前面介绍的 connect_phase 的执行顺序，my_agent 的 connect_phase 的执行顺序早于 my_env 的 connect_phase 的执行顺序，从而可以保证执行到 i_agt.ap.connect 语句时，i_agt.ap 不是一个空指针。

*2.3.6 加入 scoreboard

在验证平台中加入了 *reference model* 和 *monitor* 之后，最后一步是加入 *scoreboard*。my_scoreboard 的代码如下：

代码清单 2-50

```
文件: src/ch2/section2.3/2.3.6/my_scoreboard.sv
   3 class my_scoreboard extends uvm_scoreboard;
   4   my_transaction  expect_queue[$];
   5   uvm_blocking_get_port #(my_transaction)  exp_port;
   6   uvm_blocking_get_port #(my_transaction)  act_port;
   7   `uvm_component_utils(my_scoreboard)
   8
   9   extern function new(string name, uvm_component parent = null);
  10   extern virtual function void build_phase(uvm_phase phase);
  11   extern virtual task main_phase(uvm_phase phase);
  12 endclass
  13
  14 function my_scoreboard::new(string name, uvm_component parent = null);
  15   super.new(name, parent);
  16 endfunction
  17
  18 function void my_scoreboard::build_phase(uvm_phase phase);
  19   super.build_phase(phase);
  20   exp_port = new("exp_port", this);
```

```
21   act_port = new("act_port", this);
22 endfunction
23
24 task my_scoreboard::main_phase(uvm_phase phase);
25   my_transaction  get_expect,  get_actual, tmp_tran;
26   bit result;
27
28   super.main_phase(phase);
29   fork
30     while (1) begin
31       exp_port.get(get_expect);
32       expect_queue.push_back(get_expect);
33     end
34     while (1) begin
35       act_port.get(get_actual);
36       if(expect_queue.size() > 0) begin
37         tmp_tran = expect_queue.pop_front();
38         result = get_actual.my_compare(tmp_tran);
39         if(result) begin
40           `uvm_info("my_scoreboard", "Compare SUCCESSFULLY", UVM_LOW);
41         end
42         else begin
43           `uvm_error("my_scoreboard", "Compare FAILED");
44           $display("the expect pkt is");
45           tmp_tran.my_print();
46           $display("the actual pkt is");
47           get_actual.my_print();
48         end
49       end
50       else begin
51         `uvm_error("my_scoreboard", "Received from DUT, while Expect Que ue
         is empty");
52         $display("the unexpected pkt is");
53         get_actual.my_print();
54       end
55     end
56   join
57 endtask
```

　　my_scoreboard 要 比 较 的 数 据 一 是 来 源 于 *reference model*，二 是 来 源 于 o_agt 的 *monitor*。前者通过 exp_port 获取，而后者通过 act_port 获取。在 main_phase 中通过 fork 建立起了两个进程，一个进程处理 exp_port 的数据，当收到数据后，把数据放入 expect_ queue 中；另外一个进程处理 act_port 的数据，这是 DUT 的输出数据，当收集到这些数据 后，从 expect_queue 中弹出之前从 exp_port 收到的数据，并调用 my_transaction 的 my_ compare 函数。采用这种比较处理方式的前提是 exp_port 要比 act_port 先收到数据。由于 DUT 处理数据需要延时，而 *reference model* 是基于高级语言的处理，一般不需要延时，因 此可以保证 exp_port 的数据在 act_port 的数据之前到来。

act_port 和 o_agt 的 ap 的连接方式及 exp_port 和 *reference model* 的 ap 的连接方式与 2.3.5 节讲述的 i_agt 的 ap 和 *reference model* 的端口的连接方式类似，这里不再赘述。

代码清单 2-50 中的第 38 行用到了 my_compare 函数，这是一个在 my_transaction 中定义的函数，其原型为：

代码清单 2-51

文件: src/ch2/section2.3/2.3.6/my_scoreboard.sv

```
54    function bit my_compare(my_transaction tr);
55      bit result;
56
57      if(tr == null)
58        `uvm_fatal("my_transaction", "tr is null!!!!")
59      result = ((dmac == tr.dmac) &&
60               (smac == tr.smac) &&
61               (ether_type == tr.ether_type) &&
62               (crc == tr.crc));
63      if(pload.size() != tr.pload.size())
64        result = 0;
65      else
66        for(int i = 0; i < pload.size(); i++) begin
67          if(pload[i] != tr.pload[i])
68            result = 0;
69        end
70      return result;
71    endfunction
```

它逐字段比较两个 my_transaction，并给出最终的比较结果。

完成 my_scoreboard 的定义后，也需要在 my_env 中将其实例化。此时，整棵 UVM 树变为如图 2-8 所示的形式。

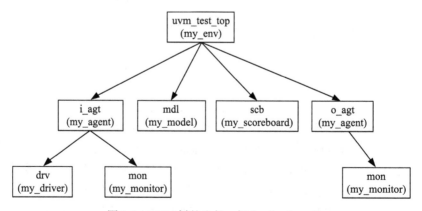

图 2-8 UVM 树的生长：加入 *scoreboard*

*2.3.7 加入 field_automation 机制

在 2.3.3 节中引入 my_mointor 时，在 my_transaction 中加入了 my_print 函数；在 2.3.5

节中引入 *reference model* 时，加入了 my_copy 函数；在 2.3.6 节引入 *scoreboard* 时，加入了 my_compare 函数。上述三个函数虽然各自不同，但是对于不同的 *transaction* 来说，都是类似的：它们都需要逐字段地对 *transaction* 进行某些操作。

那么有没有某种简单的方法，可以通过定义某些规则自动实现这三个函数呢？答案是肯定的。这就是 UVM 中的 field_automation 机制，使用 uvm_field 系列宏实现：

代码清单　2-52

```
文件: src/ch2/section2.3/2.3.7/my_transaction.sv
 4 class my_transaction extends uvm_sequence_item;
 5
 6    rand bit[47:0] dmac;
 7    rand bit[47:0] smac;
 8    rand bit[15:0] ether_type;
 9    rand byte      pload[];
10    rand bit[31:0] crc;
...
25    `uvm_object_utils_begin(my_transaction)
26      `uvm_field_int(dmac, UVM_ALL_ON)
27      `uvm_field_int(smac, UVM_ALL_ON)
28      `uvm_field_int(ether_type, UVM_ALL_ON)
29      `uvm_field_array_int(pload, UVM_ALL_ON)
30      `uvm_field_int(crc, UVM_ALL_ON)
31    `uvm_object_utils_end
...
37 endclass
```

这 里 使 用 uvm_object_utils_begin 和 uvm_object_utils_end 来 实 现 my_transaction 的 *factory* 注册，在这两个宏中间，使用 uvm_field 宏注册所有字段。uvm_field 系列宏随着 *transaction* 成员变量的不同而不同，如上面的定义中出现了针对 bit 类型的 uvm_field_int 及针对 byte 类型动态数组的 uvm_field_array_int。3.3.1 节列出了所有的 uvm_field 系列宏。

当使用上述宏注册之后，可以直接调用 copy、compare、print 等函数，而无需自己定义。这极大地简化了验证平台的搭建，提高了效率：

代码清单　2-53

```
文件: src/ch2/section2.3/2.3.7/my_model.sv
26 task my_model::main_phase(uvm_phase phase);
27   my_transaction tr;
28   my_transaction new_tr;
29   super.main_phase(phase);
30   while(1) begin
31     port.get(tr);
32     new_tr = new("new_tr");
33     new_tr.copy(tr);
34     `uvm_info("my_model", "get one transaction, copy and print it:", UVM_LOW)
35     new_tr.print();
36     ap.write(new_tr);
37   end
38 endtask
```

代码清单　2-54

文件: src/ch2/section2.3/2.3.7/my_scoreboard.sv

```
...
34      while (1) begin
35        act_port.get(get_actual);
36        if(expect_queue.size() > 0) begin
37          tmp_tran = expect_queue.pop_front();
38          result = get_actual.compare(tmp_tran);
39          if(result) begin
40            `uvm_info("my_scoreboard", "Compare SUCCESSFULLY", UVM_LOW);
41          end
...
```

引入 field_automation 机制的另外一大好处是简化了 *driver* 和 *monitor*。在 2.3.1 节及 2.3.3 节中,my_driver 的 drv_one_pkt 任务和 my_monitor 的 collect_one_pkt 任务代码很长,但是几乎都是一些重复性的代码。使用 field_automation 机制后,drv_one_pkt 任务可以简化为:

代码清单　2-55

文件: src/ch2/section2.3/2.3.7/my_driver.sv

```
38 task my_driver::drive_one_pkt(my_transaction tr);
39   byte unsigned      data_q[];
40   int  data_size;
41
42   data_size = tr.pack_bytes(data_q) / 8;
43   `uvm_info("my_driver", "begin to drive one pkt", UVM_LOW);
44   repeat(3) @(posedge vif.clk);
45   for ( int i = 0; i < data_size; i++ ) begin
46     @(posedge vif.clk);
47     vif.valid <= 1'b1;
48     vif.data <= data_q[i];
49   end
50
51   @(posedge vif.clk);
52   vif.valid <= 1'b0;
53   `uvm_info("my_driver", "end drive one pkt", UVM_LOW);
54 endtask
```

第 42 行调用 pack_bytes 将 tr 中所有的字段变成 byte 流放入 data_q 中,在 2.3.1 节中是手工地将所有字段放入 data_q 中的。pack_bytes 极大地减少了代码量。在把所有的字段变成 byte 流放入 data_q 中时,字段按照 uvm_field 系列宏书写的顺序排列。在上述代码中是先放入 dmac,再依次放入 smac、ether_type、pload、crc。假如 my_transaction 定义时各个字段的顺序如下:

代码清单　2-56

```
`uvm_object_utils_begin(my_transaction)
  `uvm_field_int(smac, UVM_ALL_ON)
```

```
    `uvm_field_int(dmac, UVM_ALL_ON)
    `uvm_field_int(ether_type, UVM_ALL_ON)
    `uvm_field_array_int(pload, UVM_ALL_ON)
    `uvm_field_int(crc, UVM_ALL_ON)
`uvm_object_utils_end
```

那么将会先放入 smac，再依次放入 dmac、ether_type、pload、crc。
my_monitor 的 collect_one_pkt 可以简化成：

代码清单　2-57

```
文件: src/ch2/section2.3/2.3.7/my_monitor.sv
34 task my_monitor::collect_one_pkt(my_transaction tr);
35   byte unsigned data_q[$];
36   byte unsigned data_array[];
37   logic [7:0] data;
38   logic valid = 0;
39   int data_size;
...
46   `uvm_info("my_monitor", "begin to collect one pkt", UVM_LOW);
47   while(vif.valid) begin
48     data_q.push_back(vif.data);
49     @(posedge vif.clk);
50   end
51   data_size  = data_q.size();
52   data_array = new[data_size];
53   for ( int i = 0; i < data_size; i++ ) begin
54     data_array[i] = data_q[i];
55   end
56   tr.pload = new[data_size - 18]; //da sa, e_type, crc
57   data_size = tr.unpack_bytes(data_array) / 8;
58   `uvm_info("my_monitor", "end collect one pkt", UVM_LOW);
59 endtask
```

这里使用 unpack_bytes 函数将 data_q 中的 byte 流转换成 tr 中的各个字段。unpack_bytes 函数的输入参数必须是一个动态数组，所以需要先把收集到的、放在 data_q 中的数据复制到一个动态数组中。由于 tr 中的 pload 是一个动态数组，所以需要在调用 unpack_bytes 之前指定其大小，这样 unpack_bytes 函数才能正常工作。

2.4 UVM 的终极大作：sequence

*2.4.1 在验证平台中加入 sequencer

sequence 机制用于产生激励，它是 UVM 中最重要的机制之一。在本书前面所有的例子中，激励都是在 *driver* 中产生的，但是在一个规范化的 UVM 验证平台中，*driver* 只负责驱动 *transaction*，而不负责产生 *transaction*。*sequence* 机制有两大组成部分，一是 *sequence*，二是 *sequencer*。本节先介绍如何在验证平台中加入 *sequencer*。一个 *sequencer* 的定义如下：

代码清单　2-58

```
文件: src/ch2/section2.4/2.4.1/my_sequencer.sv
 4 class my_sequencer extends uvm_sequencer #(my_transaction);
 5
 6    function new(string name, uvm_component parent);
 7       super.new(name, parent);
 8    endfunction
 9
10    `uvm_component_utils(my_sequencer)
11 endclass
```

sequencer 的定义非常简单，派生自 uvm_sequencer，并且使用 uvm_component_utils 宏来注册到 *factory* 中。uvm_sequencer 是一个参数化的类，其参数是 my_transaction，即此 *sequencer* 产生的 *transaction* 的类型。

sequencer 产生 transaction，而 *driver* 负责接收 *transaction*。在前文的例子中，定义 my_driver 时都是直接从 uvm_driver 中派生：

代码清单　2-59

```
class my_driver extends uvm_driver;
```

但实际上，这种定义方法并不多见，由于 uvm_driver 也是一个参数化的类，应该在定义 *driver* 时指明此 *driver* 要驱动的 *transaction* 的类型：

代码清单　2-60

```
文件: src/ch2/section2.4/2.4.1/my_driver.sv
 3 class my_driver extends uvm_driver#(my_transaction);
```

这样定义的好处是可以直接使用 uvm_driver 中的某些预先定义好的成员变量，如 uvm_driver 中有成员变量 req，它的类型就是传递给 uvm_driver 的参数，在这里就是 my_transaction，可以直接使用 req：

代码清单　2-61

```
文件: src/ch2/section2.4/2.4.1/my_driver.sv
22 task my_driver::main_phase(uvm_phase phase);
23    phase.raise_objection(this);
24    vif.data <= 8'b0;
25    vif.valid <= 1'b0;
26    while(!vif.rst_n)
27       @(posedge vif.clk);
28    for(int i = 0; i < 2; i++) begin
29       req = new("req");
30       assert(req.randomize() with {pload.size == 200;});
31       drive_one_pkt(req);
32    end
33    repeat(5) @(posedge vif.clk);
34    phase.drop_objection(this);
35 endtask
```

这里依然是在 *driver* 中产生激励，下一节中将会把激励产生的功能从 *driver* 中移除。

在完成 *sequencer* 的定义后，由于 *sequencer* 与 *driver* 的关系非常密切，因此要把其加入 *agent* 中：

代码清单　2-62

```
文件: src/ch2/section2.4/2.4.1/my_agent.sv
 4 class my_agent extends uvm_agent ;
 5    my_sequencer    sqr;
 6    my_driver       drv;
 7    my_monitor      mon;
 8
 9    uvm_analysis_port #(my_transaction)  ap;
...
19 endclass
20
21
22 function void my_agent::build_phase(uvm_phase phase);
23    super.build_phase(phase);
24    if (is_active == UVM_ACTIVE) begin
25       sqr = my_sequencer::type_id::create("sqr", this);
26       drv = my_driver::type_id::create("drv", this);
27    end
28    mon = my_monitor::type_id::create("mon", this);
29 endfunction
30
31 function void my_agent::connect_phase(uvm_phase phase);
32    super.connect_phase(phase);
33    ap = mon.ap;
34 endfunction
```

在加入 *sequencer* 后，整个 UVM 树的结构变成如图 2-9 所示的形式。

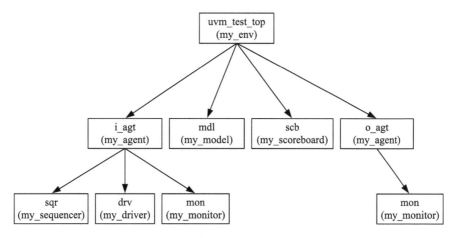

图 2-9　UVM 树的生长：加入 *sequencer*

*2.4.2　sequence 机制

在加入 *sequencer* 后，整棵 UVM 树如图 2-9 所示，验证平台如图 2-2 所示，是一个完整的验证平台。但是在这个验证平台框图中，却找不到 *sequence* 的位置。相对于图 2-2 所示的验证平台来说，*sequence* 处于一个比较特殊的位置，如图 2-10 所示。

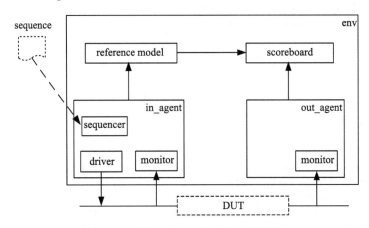

图 2-10　带 *sequence* 的 UVM 验证平台

sequence 不属于验证平台的任何一部分，但是它与 *sequencer* 之间有密切的联系，这点从二者的名字就可以看出来。只有在 *sequencer* 的帮助下，*sequence* 产生出的 *transaction* 才能最终送给 *driver*；同样，*sequencer* 只有在 *sequence* 出现的情况下才能体现其价值，如果没有 *sequence*，*sequencer* 就几乎没有任何作用。*sequence* 就像是一个弹夹，里面的子弹是 *transaction*，而 *sequencer* 是一把枪。弹夹只有放入枪中才有意义，枪只有在放入弹夹后才能发挥威力。

除了联系外，*sequence* 与 *sequencer* 还有显著的区别。从本质上来说，*sequencer* 是一个 uvm_component，而 *sequence* 是一个 uvm_object。与 my_transaction 一样，*sequence* 也有其生命周期。它的生命周期比 my_transaction 要更长一些，其内的 *transaction* 全部发送完毕后，它的生命周期也就结束了。这就好比一个弹夹，其里面的子弹用完后就没有任何意义了。因此，一个 *sequence* 应该使用 uvm_object_utils 宏注册到 *factory* 中：

代码清单　2-63

```
文件: src/ch2/section2.4/2.4.2/my_sequence.sv
 4 class my_sequence extends uvm_sequence #(my_transaction);
 5   my_transaction m_trans;
 6
 7   function new(string name= "my_sequence");
 8     super.new(name);
 9   endfunction
10
11   virtual task body();
12     repeat (10) begin
```

```
13        `uvm_do(m_trans)
14     end
15     #1000;
16   endtask
17
18   `uvm_object_utils(my_sequence)
19 endclass
```

　　每一个 *sequence* 都应该派生自 uvm_sequence，并且在定义时指定要产生的 *transaction* 的类型，这里是 my_transaction。每一个 *sequence* 都有一个 body 任务，当一个 *sequence* 启动之后，会自动执行 body 中的代码。在上面的例子中，用到了一个全新的宏：uvm_do。这个宏是 UVM 中最常用的宏之一，它用于：①创建一个 my_transaction 的实例 m_trans；②将其随机化；③最终将其送给 *sequencer*。如果不使用 uvm_do 宏，也可以直接使用 start_item 与 finish_item 的方式产生 *transaction*，6.3.4 节将讲述这种方式。对于初学者来说，使用 uvm_do 宏即可。

　　一个 *sequence* 在向 *sequencer* 发送 *transaction* 前，要先向 *sequencer* 发送一个请求，*sequencer* 把这个请求放在一个仲裁队列中。作为 *sequencer*，它需做两件事情：第一，检测仲裁队列里是否有某个 *sequence* 发送 *transaction* 的请求；第二，检测 *driver* 是否申请 *transaction*。

　　1）如果仲裁队列里有发送请求，但是 *driver* 没有申请 *transaction*，那么 *sequencer* 将会一直处于等待 *driver* 的状态，直到 *driver* 申请新的 *transaction*。此时，*sequencer* 同意 *sequence* 的发送请求，*sequence* 在得到 *sequencer* 的批准后，产生出一个 *transaction* 并交给 *sequencer*，后者把这个 *transaction* 交给 *driver*。

　　2）如果仲裁队列中没有发送请求，但是 *driver* 向 *sequencer* 申请新的 *transaction*，那么 *sequencer* 将会处于等待 *sequence* 的状态，一直到有 *sequence* 递交发送请求，*sequencer* 马上同意这个请求，*sequence* 产生 *transaction* 并交给 *sequencer*，最终 *driver* 获得这个 *transaction*。

　　3）如果仲裁队列中有发送请求，同时 *driver* 也在向 *sequencer* 申请新的 *transaction*，那么将会同意发送请求，*sequence* 产生 *transaction* 并交给 *sequencer*，最终 *driver* 获得这个 *transaction*。

　　driver 如何向 *sequencer* 申请 *transaction* 呢？在 uvm_driver 中有成员变量 seq_item_port，而在 uvm_sequencer 中有成员变量 seq_item_export，这两者之间可以建立一个"通道"，通道中传递的 *transaction* 类型就是定义 my_sequencer 和 my_driver 时指定的 *transaction* 类型，在这里是 my_transaction，当然了，这里并不需要显式地指定"通道"的类型，UVM 已经做好了。在 my_agent 中，使用 connect 函数把两者联系在一起：

代码清单　2-64

文件：src/ch2/section2.4/2.4.2/my_agent.sv
```
31 function void my_agent::connect_phase(uvm_phase phase);
```

```
32    super.connect_phase(phase);
33    if (is_active == UVM_ACTIVE) begin
34      drv.seq_item_port.connect(sqr.seq_item_export);
35    end
36    ap = mon.ap;
37 endfunction
```

当把二者连接好之后，就可以在 *driver* 中通过 get_next_item 任务向 *sequencer* 申请新的 *transaction*：

代码清单　2-65

```
文件: src/ch2/section2.4/2.4.2/my_driver.sv
22 task my_driver::main_phase(uvm_phase phase);
23    vif.data <= 8'b0;
24    vif.valid <= 1'b0;
25    while(!vif.rst_n)
26      @(posedge vif.clk);
27    while(1) begin
28      seq_item_port.get_next_item(req);
29      drive_one_pkt(req);
30      seq_item_port.item_done();
31    end
32 endtask
```

在如上的代码中，一个最显著的特征是使用了 while(1) 循环，因为 *driver* 只负责驱动 *transaction*，而不负责产生，只要有 *transaction* 就驱动，所以必须做成一个无限循环的形式。这与 *monitor*、*reference model* 和 *scoreboard* 的情况非常类似。

通过 get_next_item 任务来得到一个新的 req，并且驱动它，驱动完成后调用 item_done 通知 *sequencer*。这里为什么会有一个 item_done 呢？当 *driver* 使用 get_next_item 得到一个 *transaction* 时，*sequencer* 自己也保留一份刚刚发送出的 *transaction*。当出现 *sequencer* 发出了 *transaction*，而 *driver* 并没有得到的情况时，*sequencer* 会把保留的这份 *transaction* 再发送出去。那么 *sequencer* 如何知道 *driver* 是否已经成功得到 *transaction* 呢？如果在下次调用 get_next_item 前，item_done 被调用，那么 *sequencer* 就认为 *driver* 已经得到了这个 *transaction*，将会把这个 *transaction* 删除。换言之，这其实是一种为了增加可靠性而使用的握手机制。

在 *sequence* 中，向 *sequencer* 发送 *transaction* 使用的是 uvm_do 宏。这个宏什么时候会返回呢？uvm_do 宏产生了一个 *transaction* 并交给 *sequencer*，*driver* 取走这个 *transaction* 后，uvm_do 并不会立刻返回执行下一次的 uvm_do 宏，而是等待在那里，直到 *driver* 返回 item_done 信号。此时，uvm_do 宏才算是执行完毕，返回后开始执行下一个 uvm_do，并产生新的 *transaction*。

在实现了 *driver* 后，接下来的问题是：*sequence* 如何向 *sequencer* 中送出 *transaction* 呢？前面已经定义了 *sequence*，只需要在某个 *component*（如 my_sequencer、my_env）的

main_phase 中启动这个 *sequence* 即可。以在 my_env 中启动为例：

代码清单 2-66

```
文件: src/ch2/section2.4/2.4.2/my_env.sv
48 task my_env::main_phase(uvm_phase phase);
49   my_sequence seq;
50   phase.raise_objection(this);
51   seq = my_sequence::type_id::create("seq");
52   seq.start(i_agt.sqr);
53   phase.drop_objection(this);
54 endtask
```

首先创建一个 my_sequence 的实例 seq，之后调用 start 任务。start 任务的参数是一个 *sequencer* 指针，如果不指明此指针，则 *sequence* 不知道将产生的 *transaction* 交给哪个 *sequencer*。

这里需要引起关注的是 *objection*，在 UVM 中，*objection* 一般伴随着 *sequence*，通常只在 *sequence* 出现的地方才提起和撤销 *objection*。如前面所说，*sequence* 是弹夹，当弹夹里面的子弹用光之后，可以结束仿真了。

也可以在 *sequencer* 中启动 *sequence*：

代码清单 2-67

```
task my_sequencer::main_phase(uvm_phase phase);
  my_sequence seq;
  phase.raise_objection(this);
  seq = my_sequence::type_id::create("seq");
  seq.start(this);
  phase.drop_objection(this);
endtask
```

在 *sequencer* 中启动与在 my_env 中启动相比，唯一区别是 seq.start 的参数变为了 this。

另外，在代码清单 2-65 的第 28 行使用了 get_next_item。其实，除 get_next_item 之外，还可以使用 try_next_item。get_next_item 是阻塞的，它会一直等到有新的 *transaction* 才会返回；try_next_item 则是非阻塞的，它尝试着询问 *sequencer* 是否有新的 *transaction*，如果有，则得到此 *transaction*，否则就直接返回。

使用 try_next_item 的 *driver* 的代码如下：

代码清单 2-68

```
task my_driver::main_phase(uvm_phase phase);
  vif.data <= 8'b0;
  vif.valid <= 1'b0;
  while(!vif.rst_n)
    @(posedge vif.clk);
  while(1) begin
    seq_item_port.try_next_item(req);
    if(req == null)
```

```
      @(posedge vif.clk);
    else begin
      drive_one_pkt(req);
      seq_item_port.item_done();
    end
  end
endtask
```

相比于 get_next_item, try_next_item 的行为更加接近真实 *driver* 的行为: 当有数据时,
就驱动数据, 否则总线将一直处于空闲状态。

*2.4.3 default_sequence 的使用

在上一节的例子中, *sequence* 是在 my_env 的 main_phase 中手工启动的, 作为示例使
用这种方式足够了, 但是在实际应用中, 使用最多的还是通过 default_sequence 的方式启动
sequence。

使用 default_sequence 的方式非常简单, 只需要在某个 *component* (如 my_env) 的
build_phase 中设置如下代码即可:

代码清单 2-69

```
文件: src/ch2/section2.4/2.4.3/my_env.sv
 19   virtual function void build_phase(uvm_phase phase);
 20     super.build_phase(phase);
...
 30     uvm_config_db#(uvm_object_wrapper)::set(this,
 31                               "i_agt.sqr.main_phase",
 32                               "default_sequence",
 33                               my_sequence::type_id::get());
 34
 35   endfunction
```

这是除了在 top_tb 中通过 config_db 设置 *virtual interface* 后再一次用到 config_db 的
功能。与在 top_tb 中不同的是, 这里 set 函数的第一个参数由 null 变成了 this, 而第二个代
表路径的参数则去除了 uvm_test_top。事实上, 第二个参数是相对于第一个参数的相对路
径, 由于上述代码是在 my_env 中, 而 my_env 本身已经是 uvm_test_top 了, 且第一个参
数被设置为了 this, 所以第二个参数中就不需要 uvm_test_top 了。在 top_tb 中设置 *virtual
interface* 时, 由于 top_tb 不是一个类, 无法使用 this 指针, 所以设置 set 的第一个参数为
null, 第二个参数使用绝对路径 uvm_test_top.xxx。

另外, 在第二个路径参数中, 出现了 main_phase。这是 UVM 在设置 default_sequence
时的要求。由于除了 main_phase 外, 还存在其他任务 *phase*, 如 configure_phase、reset_
phase 等, 所以必须指定是哪个 *phase*, 从而使 *sequencer* 知道在哪个 *phase* 启动这个
sequence。

至于 set 的第三个和第四个参数, 以及 uvm_config_db#(uvm_object_wrapper) 中为什么

是 uvm_object_wrapper 而不是 uvm_sequence 或者其他，则纯粹是由于 UVM 的规定，用户在使用时照做即可。

其实，除了在 my_env 的 build_phase 中设置 default_sequence 外，还可以在其他地方设置，比如 top_tb：

代码清单　2-70

```
module top_tb;
...
initial begin
  uvm_config_db#(uvm_object_wrapper)::set(null,
                                "uvm_test_top.i_agt.sqr.main_phase",
                                "default_sequence",
                                my_sequence::type_id::get());
end
endmodule
```

这种情况下 set 函数的第一个参数和第二个参数应该改变一下。另外，还可以在其他的 *component* 里设置，如 my_agent 的 build_phase 里：

代码清单　2-71

```
function void my_agent::build_phase(uvm_phase phase);
  super.build_phase(phase);
  ...
  uvm_config_db#(uvm_object_wrapper)::set(this,
                                "sqr.main_phase",
                                "default_sequence",
                                my_sequence::type_id::get());
endfunction
```

只需要正确地设置 set 的第二个参数即可。

config_db 通常都是成对出现的。在 top_tb 中通过 set 设置 *virtual interface*，而在 *driver* 或者 *monitor* 中通过 *get* 函数得到 *virtual interface*。那么在这里是否需要在 *sequencer* 中手工写一些 get 相关的代码呢？答案是否定的。UVM 已经做好了这些，读者无需再把时间花在这上面。

使用 default_sequence 启动 *sequence* 的方式取代了上一节代码清单 2-66 中在 *sequencer* 的 main_phase 中手工启动 *sequence* 的相关语句，但是新的问题出现了：在上一节启动 *sequence* 前后，分别提起和撤销 *objection*，此时使用 default_sequence 又如何提起和撤销 *objection* 呢？

在 uvm_sequence 这个基类中，有一个变量名为 starting_phase，它的类型是 uvm_phase，*sequencer* 在启动 default_sequence 时，会自动做如下相关操作：

代码清单　2-72

```
task my_sequencer::main_phase(uvm_phase phase);
  ...
```

```
      seq.starting_phase = phase;
      seq.start(this);
      ...
   endtask
```

因此，可以在 *sequence* 中使用 starting_phase 进行提起和撤销 *objection*：

代码清单　2-73 [注]

```
文件: src/ch2/section2.4/2.4.3/my_sequence.sv
    4 class my_sequence extends uvm_sequence #(my_transaction);
    5   my_transaction m_trans;
    ...
   11   virtual task body();
   12     if(starting_phase != null)
   13       starting_phase.raise_objection(this);
   14     repeat (10) begin
   15       `uvm_do(m_trans)
   16     end
   17     #1000;
   18     if(starting_phase != null)
   19       starting_phase.drop_objection(this);
   20   endtask
   21
   22   `uvm_object_utils(my_sequence)
   23 endclass
```

从而，*objection* 完全与 *sequence* 关联在了一起，在其他任何地方都不必再设置 *objection*。

2.5　建造测试用例

*2.5.1　加入 base_test

　　UVM 使用的是一种树形结构，在本书的例子中，最初这棵树的树根是 my_driver，后来由于要放置其他 *component*，树根变成了 my_env。但是在一个实际应用的 UVM 验证平台中，my_env 并不是树根，通常来说，树根是一个基于 uvm_test 派生的类。本节先讲述 base_test，真正的测试用例都是基于 base_test 派生的一个类。

代码清单　2-74

```
文件: src/ch2/section2.5/2.5.1/base_test.sv
    4 class base_test extends uvm_test;
    5
    6   my_env          env;
    7
    8   function new(string name = "base_test", uvm_component parent = null);
```

　　[注]　在本书即将出版时，UVM1.2 发布，优化了 starting_phase 的功能，其使用方式也有所变更，读者可以参考
　　　　UVM1.2 的文档。

```
 9        super.new(name,parent);
10     endfunction
11
12     extern virtual function void build_phase(uvm_phase phase);
13     extern virtual function void report_phase(uvm_phase phase);
14     `uvm_component_utils(base_test)
15 endclass
16
17
18 function void base_test::build_phase(uvm_phase phase);
19     super.build_phase(phase);
20     env = my_env::type_id::create("env", this);
21     uvm_config_db#(uvm_object_wrapper)::set(this,
22                                      "env.i_agt.sqr.main_phase",
23                                      "default_sequence",
24                                      my_sequence::type_id::get());
25 endfunction
26
27 function void base_test::report_phase(uvm_phase phase);
28     uvm_report_server server;
29     int err_num;
30     super.report_phase(phase);
31
32     server = get_report_server();
33     err_num = server.get_severity_count(UVM_ERROR);
34
35     if (err_num != 0) begin
36         $display("TEST CASE FAILED");
37     end
38     else begin
39         $display("TEST CASE PASSED");
40     end
41 endfunction
```

base_test 派 生 自 uvm_test, 使 用 uvm_component_utils 宏 来 注 册 到 *factory* 中。 在 build_phase 中实例化 my_env, 并设置 *sequencer* 的 default_sequence。需要注意的是, 这里 设置了 default_sequence, 其他地方就不需要再设置了。

除了实例化 *env* 外, base_test 中做的事情在不同的公司各不相同。上面的代码中出现 了 report_phase, 在 report_phase 中根据 UVM_ERROR 的数量来打印不同的信息。一些日 志分析工具可以根据打印的信息来判断 DUT 是否通过了某个测试用例的检查。report_phase 也是 UVM 内建的一个 *phase*, 它在 main_phase 结束之后执行。

除了上述操作外, 还通常在 base_test 中做如下事情: 第一, 设置整个验证平台的超时 退出时间; 第二, 通过 config_db 设置验证平台中某些参数的值。这些根据不同的验证平台 及不同的公司而不同, 没有统一的答案。

在把 my_env 放入 base_test 中之后, UVM 树的层次结构变为如图 2-11 所示的形式。

top_tb 中 run_test 的参数从 my_env 变成了 base_test, 并且 config_db 中设置 *virtual interface* 的路径参数要做如下改变:

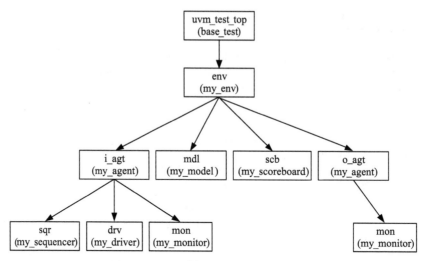

图 2-11 UVM 树的生长：加入 base_test

代码清单 2-75

```
文件: src/ch2/section2.5/2.5.1/top_tb.sv
49 initial begin
50   run_test("base_test");
51 end
52
53 initial begin
54   uvm_config_db#(virtual my_if)::set(null, "uvm_test_top.env.i_agt.drv", "vif",
       input_if);
55   uvm_config_db#(virtual my_if)::set(null, "uvm_test_top.env.i_agt.mon","vif",
       input_if);
56   uvm_config_db#(virtual my_if)::set(null, "uvm_test_top.env.o_agt.mon","vif",
       output_if);
57 end
```

*2.5.2 UVM 中测试用例的启动

要测试一个 DUT 是否按照预期工作，需要对其施加不同的激励，这些激励被称为测试向量或 pattern。一种激励作为一个测试用例，不同的激励就是不同的测试用例。测试用例的数量是衡量验证人员工作成果的最直接目标。

伴随着验证的进行，测试用例的数量一直在增加，在增加的过程中，很重要的一点是保证后加的测试用例不影响已经建好的测试用例。在前面所有的例子中，通过设置 default_sequence 的形式启动 my_sequence。假如现在有另外一个 my_sequence2，如何在不影响 my_sequence 的前提下将其启动呢？最理想的办法是在命令行中指定参数来启动不同的测试用例。

无论是在 my_env 中设置 default_sequence，还是在 base_test 中或者 top_tb 中设置，都必须修改相关的设置代码才能启动 my_sequence2，这与预期相去甚远。为了解决这个问题，先来看两个不同的测试用例。my_case0 的定义如下：

代码清单　2-76

```
文件: src/ch2/section2.5/2.5.2/my_case0.sv
 3 class case0_sequence extends uvm_sequence #(my_transaction);
 4   my_transaction m_trans;
 …
10   virtual task body();
11     if(starting_phase != null)
12       starting_phase.raise_objection(this);
13     repeat (10) begin
14       `uvm_do(m_trans)
15     end
16     #100;
17     if(starting_phase != null)
18       starting_phase.drop_objection(this);
19   endtask
 …
22 endclass
23
24
25 class my_case0 extends base_test;
26
27   function new(string name = "my_case0", uvm_component parent = null);
28     super.new(name,parent);
29   endfunction
30   extern virtual function void build_phase(uvm_phase phase);
31   `uvm_component_utils(my_case0)
32 endclass
33
34
35 function void my_case0::build_phase(uvm_phase phase);
36   super.build_phase(phase);
37
38   uvm_config_db#(uvm_object_wrapper)::set(this,
39                                    "env.i_agt.sqr.main_phase",
40                                    "default_sequence",
41                                    case0_sequence::type_id::get());
42 endfunction
```

my_case1 的定义如下：

代码清单　2-77

```
文件: src/ch2/section2.5/2.5.2/my_case1.sv
 3 class case1_sequence extends uvm_sequence #(my_transaction);
 4   my_transaction m_trans;
 …
10   virtual task body();
11     if(starting_phase != null)
12       starting_phase.raise_objection(this);
13     repeat (10) begin
14       `uvm_do_with(m_trans, { m_trans.pload.size() == 60;})
15     end
16     #100;
17     if(starting_phase != null)
18       starting_phase.drop_objection(this);
```

```
19     endtask
...
22 endclass
23
24 class my_case1 extends base_test;
25
26     function new(string name = "my_case1", uvm_component parent = null);
27         super.new(name,parent);
28     endfunction
29
30     extern virtual function void build_phase(uvm_phase phase);
31     `uvm_component_utils(my_case1)
32 endclass
33
34
35 function void my_case1::build_phase(uvm_phase phase);
36     super.build_phase(phase);
37
38     uvm_config_db#(uvm_object_wrapper)::set(this,
39                                     "env.i_agt.sqr.main_phase",
40                                     "default_sequence",
41                                     case1_sequence::type_id::get());
42 endfunction
```

在 case1_sequence 中出现了 uvm_do_with 宏，它是 uvm_do 系列宏中的一个，用于在随机化时提供对某些字段的约束。

要启动 my_case0，需要在 top_tb 中更改 run_test 的参数：

代码清单　2-78

```
initial begin
  run_test("my_case0");
end
```

而要启动 my_case1，也需要更改：

代码清单　2-79

```
initial begin
  run_test("my_case1");
end
```

当 my_case0 运行的时候需要修改代码，重新编译后才能运行；当 my_case1 运行时也需如此，这相当不方便。事实上，UVM 提供对不加参数的 run_test 的支持：

代码清单　2-80

```
文件：src/ch2/section2.5/2.5.2/top_tb.sv
 50 initial begin
 51   run_test();
 52 end
```

在这种情况下，UVM 会利用 UVM_TESTNAME 从命令行中寻找测试用例的名字，创建它的实例并运行。如下所示的代码可以启动 my_case0：

代码清单 2-81

```
<sim command> ··· +UVM_TESTNAME=my_case0
```

而如下所示的代码可以启动 my_case1：

代码清单 2-82

```
<sim command> ··· +UVM_TESTNAME=my_case1
```

整个启动及执行的流程如图 2-12 所示。

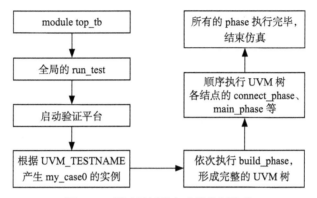

图 2-12　测试用例的启动及执行流程

启动后，整棵 UVM 树的结构如图 2-13 所示。

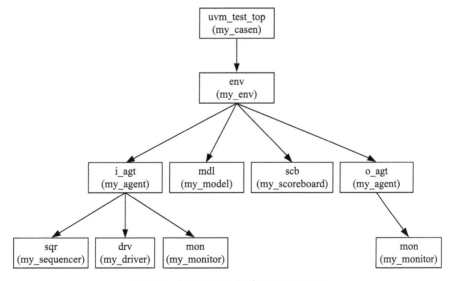

图 2-13　每个测试用例建立的 UVM 树

图 2-13 与图 2-11 的唯一区别在于树根的类型从 base_test 变成了 my_casen。

第 3 章
UVM 基 础

3.1 uvm_component 与 uvm_object

component 与 *object* 是 UVM 中两大最基本的概念，也是初学者最容易混淆的两个概念。本节将介绍 uvm_object 与 uvm_component 的区别和联系。

3.1.1 uvm_component 派生自 uvm_object

通过对第 2 章搭建的验证平台的学习，读者应对 UVM 有了较直观的认识，不少读者会认为 uvm_component 与 uvm_object 是两个对等的概念。当创建一个类的时候，比如定义一个 *sequence* 类，一个 *driver* 类，要么这个类派生自 uvm_component（或者 uvm_component 的派生类，如 uvm_driver），要么这个类派生自 uvm_object（或者 uvm_object 的派生类，如 uvm_sequence），似乎 uvm_object 与 uvm_component 是对等的概念，其实不然。

uvm_object 是 UVM 中最基本的类，读者能想到的几乎所有的类都继承自 uvm_object，包括 uvm_component。uvm_component 派生自 uvm_object 这个事实会让很多人惊讶，而这个事实说明了 uvm_component 拥有 uvm_object 的特性，同时又有自己的一些特质。但是 uvm_component 的一些特性，uvm_object 则不一定具有。这是面向对象编程中经常用到的一条规律。

uvm_component 有两大特性是 uvm_object 所没有的，一是通过在 new 的时候指定 parent 参数来形成一种树形的组织结构，二是有 *phase* 的自动执行特点。图 3-1 列出了 UVM 中常用类的继承关系。

从图中可以看出，从 uvm_object 派生出了两个分支，所有的 UVM 树的结点都是由 uvm_component 组成的，只有基于 uvm_component 派生的类才可能成为 UVM 树的结点；最左边分支的类或者直接派生自 uvm_object 的类，是不可能以结点的形式出现在 UVM 树上的。

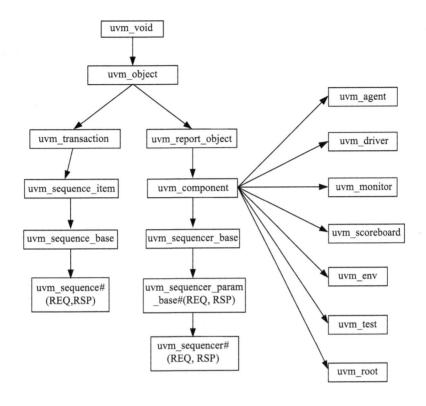

图 3-1　UVM 中常用类的继承关系

3.1.2　常用的派生自 uvm_object 的类

既然 uvm_object 是最基本的类，那么其能力恰恰也是最差的，当然了，其扩展性也是最好的。恰如一个婴儿，其能力很差，但是可以把其尽量培养成书法家、艺术家等。

到目前为止 uvm_object 依然是一个相当抽象的类。验证平台中用到的哪些类会派生自 uvm_object？答案是除了派生自 uvm_component 类之外的类，几乎所有的类都派生自 uvm_object。换个说法，除了 *driver*、*monitor*、*agent*、*model*、*scoreboard*、*env*、*test* 之外的几乎所有的类，本质上都是 uvm_object，如 *sequence*、*sequence_item*、*transaction*、*config* 等。

如果读者现在依然对 uvm_object 很迷茫的话，那么举一个更加通俗点的例子，uvm_object 是一个分子，用这个分子可以搭建成许许多多的东西，如既可以搭建成动物，还可以搭建成植物，更加可以搭建成没有任何意识的岩石、空气等。uvm_component 就是由其搭建成的一种高级生命，而 sequence_item 则是由其搭建成的血液，它流通在各个高级生命（uvm_component）之间，*sequence* 则是众多 sequence_item 的组合，*config* 则是由其搭建成的用于规范高级生命（uvm_component）行为方式的准则。

在验证平台中经常遇到的派生自 uvm_object 的类有：

uvm_sequence_item：读者定义的所有的 transaction 要从 uvm_sequence_item 派生。transaction 就是封装了一定信息的一个类，本书中的 my_transaction 就是将一个 mac 帧中的各个字段封装在了一起，包括目的地址、源地址、帧类型、帧的数据、FCS 校验和等。driver 从 *sequencer* 中得到 *transaction*，并且把其转换成端口上的信号。从图 3-1 中可以看出，虽然 UVM 中有一个 uvm_transaction 类，但是在 UVM 中，不能从 uvm_transaction 派生一个 *transaction*，而要从 uvm_sequence_item 派生。事实上，uvm_sequence_item 是从 uvm_*transaction* 派生而来的，因此，uvm_sequence_item 相比 uvm_transaction 添加了很多实用的成员变量和函数 / 任务，从 uvm_sequence_item 直接派生，就可以使用这些新增加的成员变量和函数 / 任务。

uvm_sequence：所 有 的 *sequence* 要 从 uvm_sequence 派 生 一 个。*sequence* 就 是 sequence_item 的组合。*sequence* 直接与 *sequencer* 打交道，当 *driver* 向 *sequencer* 索要数据时，*sequencer* 会检查是否有 *sequence* 要发送数据。当发现有 sequence_item 待发送时，会把此 sequence_item 交给 *driver*。

config：所有的 *config* 一般直接从 uvm_object 派生。*config* 的主要功能就是规范验证平台的行为方式。如规定 *driver* 在读取总线时地址信号要持续几个时钟，片选信号从什么时候开始有效等。这里要注意 *config* 与 config_db 的区别。在上一章中已经见识了使用 config_db 进行参数配置，这里的 *config* 其实指的是把所有的参数放在一个 *object* 中，如 10.5 节所示。然后通过 config_db 的方式设置给所有需要这些参数的 *component*。

除了上面几种类是派生自 uvm_object 外，还有下面几种：

uvm_reg_item：它派生自 uvm_sequence_item，用于 *register model* 中。

uvm_reg_map、uvm_mem、uvm_reg_field、uvm_reg、uvm_reg_file、uvm_reg_block 等与寄存器相关的众多的类都是派生自 uvm_object，它们都是用于 *register model*。

uvm_phase：它派生自 uvm_object，其主要作用为控制 uvm_component 的行为方式，使得 uvm_component 平滑地在各个不同的 *phase* 之间依次运转。

除了这些之外，其实还有很多。不过其他的一些并不那么重要，这里不再一一列出。

3.1.3　常用的派生自 uvm_component 的类

与 uvm_object 相比，派生自 uvm_component 的类比较少，且在上一章的验证平台中已经全部用到过。

uvm_driver：所 有 的 *driver* 都 要 派 生 自 uvm_driver。*driver* 的 功 能 主 要 就 是 向 *sequencer* 索要 sequence_item(transaction)，并且将 sequence_item 里的信息驱动到 DUT 的端口上，这相当于完成了从 *transaction* 级别到 DUT 能够接受的端口级别信息的转换。与 uvm_component 相比，uvm_driver 多了如下几个成员变量：

代码清单 3-1

```
来源：UVM 源代码
  uvm_seq_item_pull_port #(REQ, RSP) seq_item_port;
  uvm_seq_item_pull_port #(REQ, RSP) seq_item_prod_if; // alias
  uvm_analysis_port #(RSP) rsp_port;
  REQ req;
  RSP rsp;
```

在函数 / 任务上，uvm_driver 并没有做过多的扩展。

uvm_monitor：所有的 *monitor* 都要派生自 uvm_monitor。*monitor* 做的事情与 *driver* 相反，*driver* 向 DUT 的 pin 上发送数据，而 *monitor* 则是从 DUT 的 pin 上接收数据，并且把接收到的数据转换成 *transaction* 级别的 sequence_item，再把转换后的数据发送给 *scoreboard*，供其比较。与 uvm_component 相比，uvm_monitor 几乎没有做任何扩充。uvm_monitor 的定义如下：

代码清单 3-2

```
来源：UVM 源代码
 34 virtual class uvm_monitor extends uvm_component;
 ...
 42   function new (string name, uvm_component parent);
 43     super.new(name, parent);
 44   endfunction
 45
 46   const static string type_name = "uvm_monitor";
 47
 48   virtual function string get_type_name ();
 49     return type_name;
 50   endfunction
 51
 52 endclass
```

虽然从理论上来说所有的 *monitor* 要从 uvm_monitor 派生。但是实际上如果从 uvm_component 派生，也没有任何问题。

uvm_sequencer：所有的 *sequencer* 都要派生自 uvm_sequencer。*sequencer* 的功能就是组织管理 *sequence*，当 *driver* 要求数据时，它就把 *sequence* 生成的 sequence_item 转发给 *driver*。与 uvm_component 相比，uvm_sequencer 做了相当多的扩展，具体的会在第 6 章中介绍。

uvm_scoreboard：一般的 *scoreboard* 都要派生自 uvm_scoreboard。*scoreboard* 的功能就是比较 *reference model* 和 *monitor* 分别发送来的数据，根据比较结果判断 DUT 是否正确工作。与 uvm_monitor 类似，uvm_scoreboard 也几乎没有在 uvm_component 的基础上做扩展：

代码清单 3-3

```
来源：UVM 源代码
 36 virtual class uvm_scoreboard extends uvm_component;
```

```
...
44  function new (string name, uvm_component parent);
45    super.new(name, parent);
46  endfunction
47
48  const static string type_name = "uvm_scoreboard";
49
50  virtual function string get_type_name ();
51    return type_name;
52  endfunction
53
54 endclass
```

所以，当定义自己的 *scoreboard* 时，可以直接从 uvm_component 派生。

reference model：UVM 中并没有针对 *reference model* 定义一个类。所以通常来说，*reference model* 都是直接派生自 uvm_component。*reference model* 的作用就是模仿 DUT，完成与 DUT 相同的功能。DUT 是用 Verilog 写成的时序电路，而 *reference model* 则可以直接使用 SystemVerilog 高级语言的特性，同时还可以通过 DPI 等接口调用其他语言来完成与 DUT 相同的功能。

uvm_agent：所有的 *agent* 要派生自 uvm_agent。与前面几个比起来，uvm_agent 的作用并不是那么明显。它只是把 *driver* 和 *monitor* 封装在一起，根据参数值来决定是只实例化 *monitor* 还是要同时实例化 *driver* 和 *monitor*。*agent* 的使用主要是从可重用性的角度来考虑的。如果在做验证平台时不考虑可重用性，那么 *agent* 其实是可有可无的。与 uvm_component 相比，uvm_agent 的最大改动在于引入了一个变量 is_active：

代码清单　3-4

```
来源：UVM 源代码
39 virtual class uvm_agent extends uvm_component;
40   uvm_active_passive_enum is_active = UVM_ACTIVE;
...
58   function void build_phase(uvm_phase phase);
59     int active;
60     super.build_phase(phase);
61   if(get_config_int("is_active", active)) is_active = uvm_active_passive_
     enum' (active);
62   endfunction
```

get_config_int 是 uvm_config_db#(int)::get 的另一种写法，这种写法最初出现在 OVM 中，本书将在 3.5.9 节详细地讲述这种写法。由于 is_active 是一个枚举变量，从代码清单 2-35 可以看出，其两个取值为固定值 0 或者 1。所以在上面的代码中可以以 int 类型传递给 uvm_agent，并针对传递过来的数据做强制类型转换。

uvm_env：所有的 *env*（environment 的缩写）要派生自 uvm_env。*env* 将验证平台上用到的固定不变的 *component* 都封装在一起。这样，当要运行不同的测试用例时，只要在测试用例中实例化此 *env* 即可。uvm_env 也并没有在 uvm_component 的基础上做过多扩展：

代码清单 3-5

```
来源：UVM 源代码
33 virtual class uvm_env extends uvm_component;
...
41   function new (string name="env", uvm_component parent=null);
42     super.new(name,parent);
43   endfunction
44
45   const static string type_name = "uvm_env";
46
47   virtual function string get_type_name ();
48     return type_name;
49   endfunction
50
51 endclass
```

uvm_test：所有的测试用例要派生自 uvm_test 或其派生类，不同的测试用例之间差异很大，所以从 uvm_test 派生出来的类各不相同。任何一个派生出的测试用例中，都要实例化 env，只有这样，当测试用例在运行的时候，才能把数据正常地发给 DUT，并正常地接收 DUT 的数据。uvm_test 也几乎没有做任何扩展：

代码清单 3-6

```
来源：UVM 源代码
62 virtual class uvm_test extends uvm_component;
...
70   function new (string name, uvm_component parent);
71     super.new(name,parent);
72   endfunction
73
74   const static string type_name = "uvm_test";
75
76   virtual function string get_type_name ();
77     return type_name;
78   endfunction
79
80 endclass
```

3.1.4 与 uvm_object 相关的宏

在 UVM 中与 uvm_object 相关的 *factory* 宏有如下几个：

uvm_object_utils：它用于把一个直接或间接派生自 uvm_object 的类注册到 *factory* 中。

uvm_object_param_utils：它用于把一个直接或间接派生自 uvm_object 的参数化的类注册到 *factory* 中。所谓参数化的类，是指类似于如下的类：

代码清单 3-7

```
class A#(int WIDTH=32) extends uvm_object;
```

参数化的类在代码可重用性中经常用到。如果允许，尽可能使用参数化的类，它可以提高代码的可移植性。

uvm_object_utils_begin：这个宏在第 2 章介绍 my_transaction 时出现过，当需要使用 field_automation 机制时，需要使用此宏。如果使用了此宏，而又没有把任何字段使用 uvm_field 系列宏实现，那么会出现什么情况呢？

代码清单　3-8

```
`uvm_object_utils_begin(my_object)
`uvm_object_utils_end
```

答案是不会出现任何问题，这样的写法完全正确，可以尽情使用。

uvm_object_param_utils_begin：与 uvm_object_utils_begin 宏一样，只是它适用于参数化的且其中某些成员变量要使用 field_automation 机制实现的类。

uvm_object_utils_end：它总是与 uvm_object_*_begin 成对出现，作为 *factory* 注册的结束标志。

3.1.5   与 uvm_component 相关的宏

在 UVM 中与 uvm_component 相关的 *factory* 宏有如下几个：

uvm_component_utils：它用于把一个直接或间接派生自 uvm_component 的类注册到 *factory* 中。

uvm_component_param_utils：它用于把一个直接或间接派生自 uvm_component 的参数化的类注册到 factory 中。

uvm_component_utils_begin：这个宏与 uvm_object_utils_begin 相似，它用于同时需要使用 *factory* 机制和 field_automation 机制注册的类。在类似于 my_transaction 这种类中使用 field_automation 机制可以让人理解，可是在 *component* 中使用 field_automation 机制有必要吗？ uvm_component 派生自 uvm_object，所以对于 *object* 拥有的如 compare、print 函数都可以直接使用。但是 filed_automation 机制对于 uvm_component 来说最大的意义不在于此，而在于可以自动地使用 config_db 来得到某些变量的值。具体的可以参考 3.5.3 节的介绍。

uvm_component_param_utils_begin：与 uvm_component_utils_begin 宏一样，只是它适用于参数化的，且其中某些成员变量要使用 field_automation 机制实现的类。

uvm_component_utils_end：它总是与 uvm_component_*_begin 成对出现，作为 *factory* 注册的结束标志。

3.1.6   uvm_component 的限制

uvm_component 是从 uvm_object 派生来的。从理论上来说，uvm_component 应该具有 uvm_object 的所有的行为特征。但是，由于 uvm_component 是作为 UVM 树的结点存在的，这一特性使得它失去了 uvm_object 的某些特征。

在 uvm_object 中有 clone 函数，它用于分配一块内存空间，并把另一个实例复制到这块新的内存空间中。clone 函数的使用方式如下：

代码清单　3-9

```
class A extends uvm_object;
...
endclass

class my_env extends uvm_env;
  virtual function void build_phase(uvm_phase phase);
    A a1;
    A a2;
    a1 = new("a1");
    a1.data = 8'h9;
    $cast(a2, a1.clone());
  endfunction
endclass
```

上述的 clone 函数无法用于 uvm_component 中，因为一旦使用后，新 clone 出来的类，其 parent 参数无法指定。

copy 函数也是 uvm_object 的一个函数，在使用 copy 前，目标实例必须已经使用 new 函数分配好了内存空间，而使用 clone 函数时，目标实例可以只是一个空指针。换言之，clone = new + copy。

虽然 uvm_component 无法使用 clone 函数，但是可以使用 copy 函数。因为在调用 copy 之前，目标实例已经完成了实例化，其 parent 参数已经指定了。

uvm_component 的另外一个限制是，位于同一个父结点下的不同的 *component*，在实例化时不能使用相同的名字。如下的方式中都使用名字"a1"是会出错的：

代码清单　3-10

```
class A extends uvm_component;
...
endclass

class my_env extends uvm_env;
  virtual function void build_phase(uvm_phase phase);
    A a1;
    A a2;
    a1 = new("a1", this);
    a2 = new("a1", this);
  endfunction
endclass
```

3.1.7　uvm_component 与 uvm_object 的二元结构

为什么 UVM 中会分成 uvm_component 与 uvm_object 两大类呢？从古至今，人类在探索世界的时候，总是在不断寻找规律，并且通过寻找到的规律来把所遇到的事物、所看到的现象分类。因为世界太复杂，只有把有共性的万物分类，从而按照类别来认识万物，这样才能大大降低人类认识世界的难度。比如世界的生命有千万种，但是只有动物和植物两类。遇到一个生命的时候，人们会不自觉地判断它是一个动物还是植物，并且把动物或植物的特性预加到这种生命的身上，接下来用动物或者植物的方法来研究这个生命，从而加快对于这个生命的认知过程。

UVM 很明显吸收了这种哲学，先分类，然后分别管理。想像一下，假如 UVM 中不分 uvm_object 与 uvm_component，所有的东西都是 uvm_object，那是多么恐怖的一件事情？这相当于直接与分子打交道！废时废力，不易于使用。

SystemVerilog 作为一门编程语言，相当于提供了最基本的原子，其使用起来相当麻烦。为了减少这种麻烦，UVM 出现了。但是假如 UVM 中全部都是 uvm_object 的话，也就是全部都是分子，分子虽然比原子好用一些，但是依然处于普通人的承受范围之外。只有把分子组合成一个又一个生命体的时候，用起来才会比较顺手。

uvm_component 那么好用，为什么不把所有的东西都做成 uvm_component 的形式呢？因为 uvm_component 是高级生命体，有其自己鲜明的特征。验证平台中并不是所有的东西都有这种鲜明的特征。一个简单的例子：uvm_component 在整个仿真中是一直存在的，但是假如要发送一个 *transaction*（激励）给 DUT，此 *transaction*（激励）可能只需要几毫秒就可以发送完。发送完了，此 *transaction*（激励）的生命周期几乎就结束了，根本没有必要在整个仿真中一直持续下去。生命是多样化的，要既允许 uvm_component 这样的高级生命存在，也要允许 *transaction* 这种如流星一闪而逝的东西存在。

3.2 UVM 的树形结构

在第 2 章中曾经提到过，UVM 采用树形的组织结构来管理验证平台的各个部分。*sequencer*、*driver*、*monitor*、*agent*、*model*、*scoreboard*、*env* 等都是树的一个结点。为什么要用树的形式来组织呢？因为作为一个验证平台，它必须能够掌握自己治下的所有"人口"，只有这样做了，才利于管理大家统一步伐做事情，而不会漏掉谁。树形结构是实现这种管理的一种比较简单的方式。

3.2.1 uvm_component 中的 parent 参数

UVM 通过 uvm_component 来实现树形结构。所有的 UVM 树的结点本质上都是一个 uvm_component。每个 uvm_component 都有一个特点：它们在 new 的时候，需要指定一个类型为 uvm_component、名字是 parent 的变量：

代码清单 3-11

```
function new(string name, uvm_component parent);
```

一般在使用时，parent 通常都是 this。假设 A 和 B 均派生自 uvm_component，在 A 中实例化一个 B：

代码清单　3-12

```
class B extends uvm_component;
 ...
endclass
class A extends uvm_component;
  B b_inst;
  virtual function void build_phase(uvm_phase phase);
    b_inst = new("b_inst", this);
  endfunction
endclass
```

在 b_inst 实例化的时候，把 this 指针传递给了它，代表 A 是 b_inst 的 parent。为什么要指定这么一个 parent 呢？一种常见的观点是，b_inst 是 A 的成员变量，自然而然的，A 就是 b_inst 的 parent 了，无需再在调用 new 函数的时候指定，即 b_inst 在实例化时可以这样写：

代码清单　3-13

```
b_inst = new("b_inst");
```

这种写法看似可行，其实忽略了一点，b_inst 是 A 的成员变量，那么在 SystemVerilog 仿真器一级，这种关系是确定的、可知的。假定有下面的类：

代码清单　3-14

```
class C extends uvm_component;
  A a_inst;
  function void test();
    ...
    a_inst.b_inst = ...;
    a_inst.d_inst = ...;
    ...
  endfunction
endclass
```

可以在 C 类的 test 函数中使用 a_inst.b_inst 来得到 B 的值或者给 B 赋值，但是不能用 a_inst.d_inst 来给 D 赋值。因为 D 根本就不存在于 A 里面。SystemVerilog 仿真器会检测这种成员变量的从属关系，但是关键问题是它即使检测到了后也不会告诉 A：你有一个成员变量 b_inst，没有一个成员变量 d_inst。A 是属于用户写出来的代码，仿真器只负责检查这些代码的合理性，它不会主动发消息给代码，所以 A 根本就没有办法知道自己有这么一个孩子。

换个角度来说，如果在 test 中想得到 A 中所有孩子的指针，应该怎么办？读者可能会说，因为 A 是自己写出的，它就只有一个孩子，并且孩子的名字叫 b_inst，所以可以直接使用 a_inst.b_inst 就可以了。问题是，假设要把整棵 UVM 树遍历一下（参照 5.1.4 节 UVM 树的遍历），即要找到每个结点及结点的孩子的指针，那如何写呢？似乎根本就没有办法实现。

解决这个问题的方法是，当 b_inst 实例化的时候，指定一个 parent 的变量，同时在每一个 *component* 的内部维护一个数组 m_children，当 b_inst 实例化时，就把 b_inst 的指针加入到 A 的 m_children 数组中。只有这样才能让 A 知道 b_inst 是自己的孩子，同时也才能让 b_inst 知道 A 是自己的父母。当 b_inst 有了自己的孩子时，即在 b_inst 的 m_children 中加入孩子的指针。

3.2.2　UVM 树的根

UVM 是以树的形式组织在一起的，作为一棵树来说，其树根在哪里？其树叶又是哪些呢？从第 2 章的例子来看，似乎树根应该就是 uvm_test。在测试用例里实例化 *env*，在 *env* 里实例化 *scoreboard*、*reference model*、*agent*、在 *agent* 里面实例化 *sequencer*、*driver* 和 *monitor*。*scoreboard*、*reference model*、*sequencer*、*driver* 和 *monitor* 都是树的叶子，树到此为止，没有更多的叶子了。

关于叶子的判断是正确的，但是关于树根的推断是错误的。UVM 中真正的树根是一个称为 uvm_top 的东西，完整的 UVM 树如图 3-2 所示。

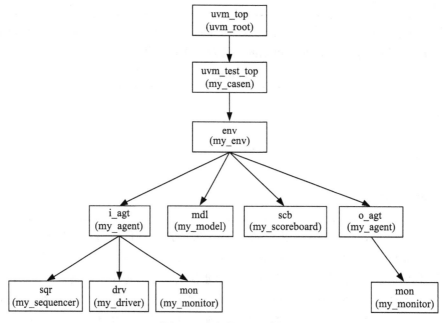

图 3-2　完整的 UVM 树

uvm_top 是一个全局变量，它是 uvm_root 的一个实例（而且也是唯一的一个实例⊖，它

⊖　设计模式中鼎鼎大名的 singleton 单态模式。

的实现方式非常巧妙），而 uvm_root 派生自 uvm_component，所以 uvm_top 本质上是一个 uvm_component，它是树的根。uvm_test_top 的 parent 是 uvm_top，而 uvm_top 的 parent 则是 null。UVM 为什么不以 uvm_test 派生出来的测试用例（即 uvm_test_top）作为树根，而是搞了这么一个奇怪的东西作为树根呢？

在之前的例子中，所有的 *component* 在实例化时将 this 指针传递给 parent 参数，如 my_env 在 base_test 中的实例化：

代码清单　3-15

```
env  =  my_env::type_id::create("env", this);
```

但是，假如不按照上面的写法，向 parent 参数传递一个 null 会如何呢？

代码清单　3-16

```
env  =  my_env::type_id::create("env", null);
```

如果一个 *component* 在实例化时，其 parent 被设置为 null，那么这个 *component* 的 parent 将会被系统设置为系统中唯一的 uvm_root 的实例 uvm_top，如图 3-3 所示。

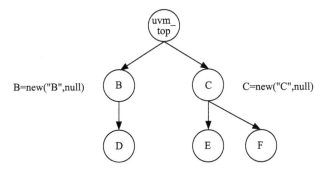

B=new("B",null)　　　　　　　　　　　　C=new("C",null)

图 3-3　parent 为 null 的 UVM 树

可见，uvm_root 的存在可以保证整个验证平台中只有一棵树，所有结点都是 uvm_top 的子结点。

在验证平台中，有时候需要得到 uvm_top，由于 uvm_top 是一个全局变量，可以直接使用 uvm_top。除此之外，还可以使用如下的方式得到它的指针：

代码清单　3-17

```
uvm_root top;
top=uvm_root::get();
```

3.2.3　层次结构相关函数

UVM 提供了一系列的接口函数用于访问 UVM 树中的结点。这其中最主要的是以下几个：

get_parent 函数，用于得到当前实例的 parent，其函数原型为：

代码清单　3-18

来源：UVM 源代码
```
extern virtual function uvm_component get_parent ();
```

与 get_parent 相对的就是 get_child 函数：

代码清单　3-19

来源：UVM 源代码
```
extern function uvm_component get_child (string name);
```

与 get_parent 不同的是，get_child 需要一个 string 类型的参数 name，表示此 child 实例在实例化时指定的名字。因为一个 *component* 只有一个 parent，所以 get_parent 不需要指定参数；而可能有多个 child，所以必须指定 name 参数。

为了得到所有的 child，可以使用 get_children 函数：

代码清单　3-20

来源：UVM 源代码
```
extern function void get_children(ref uvm_component children[$]);
```

它的使用方式为：

代码清单　3-21

```
uvm_component array[$];
my_comp.get_children(array);
foreach(array[i])
  do_something(array[i]);
```

除了一次性得到所有的 child 外，还可以使用 get_first_child 和 get_next_child 的组合依次得到所有的 child：

代码清单　3-22

```
string name;
uvm_component child;
if (comp.get_first_child(name))
  do begin
    child = comp.get_child(name);
    child.print();
  end while (comp.get_next_child(name));
```

这两个函数的使用依赖于一个 string 类型的 name。在这两个函数的原型中，name 是作为 ref 类型传递的：

代码清单　3-23

来源：UVM 源代码
```
extern function int get_first_child (ref string name);
extern function int get_next_child (ref string name);
```

name 只是用于 get_first_child 和 get_next_child 之间及不同次调用 get_next_child 时互

相之间传递信息。读者无需为 name 赋任何初始值，也没有必要在使用这两个函数过程中对其做任何赋值操作。

get_num_children 函数用于返回当前 *component* 所拥有的 child 的数量：

代码清单　3-24

```
来源：UVM 源代码
extern function int get_num_children ();
```

3.3　field automation 机制

3.3.1　field automation 机制相关的宏

在第 2 章介绍 filed_automation 机制时出现了 uvm_field 系列宏，这里系统地把它们介绍一下。最简单的 uvm_field 系列宏有如下几种：

代码清单　3-25

```
来源：UVM 源代码
`define uvm_field_int(ARG,FLAG)
`define uvm_field_real(ARG,FLAG)
`define uvm_field_enum(T,ARG,FLAG)
`define uvm_field_object(ARG,FLAG)
`define uvm_field_event(ARG,FLAG)
`define uvm_field_string(ARG,FLAG)
```

上述几个宏分别用于要注册的字段是整数、实数、枚举类型、直接或间接派生自 uvm_object 的类型、事件及字符串类型。这里除了枚举类型外，都是两个参数。对于枚举类型来说，需要有三个参数。假如有枚举类型 tb_bool_e，同时有变量 tb_flag，那么在使用 *field automation* 机制时应该使用如下方式实现：

代码清单　3-26

```
typedef enum {TB_TRUE, TB_FALSE} tb_bool_e;
...
tb_bool_e tb_flag;
...
`uvm_field_enum(tb_bool_e, tb_flag, UVM_ALL_ON)
```

与动态数组有关的 uvm_field 系列宏有：

代码清单　3-27

```
来源：UVM 源代码
`define uvm_field_array_enum(ARG,FLAG)
`define uvm_field_array_int(ARG,FLAG)
`define uvm_field_array_object(ARG,FLAG)
`define uvm_field_array_string(ARG,FLAG)
```

这里只有 4 种，相比于前面的 uvm_field 系列宏少了 event 类型和 real 类型。另外一个重要的变化是 enum 类型的数组里也只有两个参数。

与静态数组相关的 uvm_field 系列宏有：

代码清单 3-28

来源：UVM 源代码
```
`define uvm_field_sarray_int(ARG,FLAG)
`define uvm_field_sarray_enum(ARG,FLAG)
`define uvm_field_sarray_object(ARG,FLAG)
`define uvm_field_sarray_string(ARG,FLAG)
```

与队列相关的 uvm_field 系列宏有：

代码清单 3-29

来源：UVM 源代码
```
`define uvm_field_queue_enum(ARG,FLAG)
`define uvm_field_queue_int(ARG,FLAG)
`define uvm_field_queue_object(ARG,FLAG)
`define uvm_field_queue_string(ARG,FLAG)
```

同样的，这里也是 4 种，且对于 enum 类型来说，也只需要两个参数。

联合数组是 SystemVerilog 中定义的一种非常有用的数据类型，在验证平台中经常使用。UVM 对其提供了良好的支持，与联合数组相关的 uvm_field 宏有：

代码清单 3-30

来源：UVM 源代码
```
`define uvm_field_aa_int_string(ARG, FLAG)
`define uvm_field_aa_string_string(ARG, FLAG)
`define uvm_field_aa_object_string(ARG, FLAG)
`define uvm_field_aa_int_int(ARG, FLAG)
`define uvm_field_aa_int_int_unsigned(ARG, FLAG)
`define uvm_field_aa_int_integer(ARG, FLAG)
`define uvm_field_aa_int_integer_unsigned(ARG, FLAG)
`define uvm_field_aa_int_byte(ARG, FLAG)
`define uvm_field_aa_int_byte_unsigned(ARG, FLAG)
`define uvm_field_aa_int_shortint(ARG, FLAG)
`define uvm_field_aa_int_shortint_unsigned(ARG, FLAG)
`define uvm_field_aa_int_longint(ARG, FLAG)
`define uvm_field_aa_int_longint_unsigned(ARG, FLAG)
`define uvm_field_aa_string_int(ARG, FLAG)
`define uvm_field_aa_object_int(ARG, FLAG)
```

这里一共出现了 15 种。联合数组有两大识别标志，一是索引的类型，二是存储数据的类型。在这一系列 uvm_field 系列宏中，出现的第一个类型是存储数据类型，第二个类型是索引类型，如 uvm_field_aa_int_string 用于声明那些存储的数据是 int，而其索引是 string 类型的联合数组。

3.3.2　field automation 机制的常用函数

field automation 功能非常强大，它主要提供了如下函数。

copy 函数用于实例的复制，其原型为：

代码清单　3-31

来源：UVM 源代码
```
extern function void copy (uvm_object rhs);
```

如果要把某个 A 实例复制到 B 实例中，那么应该使用 B.copy(A)。在使用此函数前，B 实例必须已经使用 new 函数分配好了内存空间。

compare 函数用于比较两个实例是否一样，其原型为：

代码清单　3-32

来源：UVM 源代码
```
extern function bit compare (uvm_object rhs, uvm_comparer comparer=null);
```

如果要比较 A 与 B 是否一样，可以使用 A.compare(B)，也可以使用 B.compare(A)。当两者一致时，返回 1；否则为 0。

pack_bytes 函数用于将所有的字段打包成 byte 流，其原型为：

代码清单　3-33

来源：UVM 源代码
```
extern function int pack_bytes (ref byte unsigned bytestream[],
                    input uvm_packer packer=null);
```

在第 2 章的例子中已经用过这个函数，这里不多做介绍。

unpack_bytes 函数用于将一个 byte 流逐一恢复到某个类的实例中，其原型为：

代码清单　3-34

来源：UVM 源代码
```
extern function int unpack_bytes (ref byte unsigned bytestream[],
                    input uvm_packer packer=null);
```

pack 函数用于将所有的字段打包成 bit 流，其原型为：

代码清单　3-35

来源：UVM 源代码
```
extern function int pack (ref bit bitstream[],
                    input uvm_packer packer=null);
```

pack 函数的使用与 pack_bytes 类似。

unpack 函数用于将一个 bit 流逐一恢复到某个类的实例中，其原型为：

代码清单　3-36

来源：UVM 源代码
```
extern function int unpack (ref bit bitstream[],
                    input uvm_packer packer=null);
```

unpack 的使用与 unpack_bytes 类似。

pack_ints 函数用于将所有的字段打包成 int（4 个 byte，或者 dword）流，其原型为：

代码清单　3-37

来源：UVM 源代码
```
extern function int pack_ints (ref int unsigned intstream[],
                      input uvm_packer packer=null);
```

unpack_ints 函数用于将一个 int 流逐一恢复到某个类的实例中，其原型为：

代码清单　3-38

来源：UVM 源代码
```
extern function int unpack_ints (ref int unsigned intstream[],
                      input uvm_packer packer=null);
```

print 函数用于打印所有的字段。

clone 函数，3.1.6 节中有过介绍，其原型是：

代码清单　3-39

来源：UVM 源代码
```
extern virtual function uvm_object clone ();
```

它的使用方式可以参考 3.1.6 节。

除了上述函数之外，*field automation* 机制还提供自动得到使用 config_db::set 设置的参数的功能，这点请参照 3.5.3 节。

*3.3.3　field automation 机制中标志位的使用

考虑实现这样一种功能：给 DUT 施加一种 CRC 错误的异常激励。实现这个功能的一种方法是在 my_transaction 中添加一个 crc_err 的标志位：

代码清单　3-40

```
文件: src/ch3/section3.3/3.3.3/my_transaction.sv
  4  class my_transaction extends uvm_sequence_item;
  5
  6    rand bit[47:0] dmac;
  7    rand bit[47:0] smac;
  8    rand bit[15:0] ether_type;
  9    rand byte      pload[];
 10    rand bit[31:0] crc;
 11    rand bit       crc_err;
...
 22    function void post_randomize();
 23      if(crc_err)
 24        ;//do nothing
 25      else
 26        crc = calc_crc;
 27    endfunction
...
 42  endclass
```

这样，在 post_randomize 中计算 CRC 前先检查一下 crc_err 字段，如果为 1，那么直接使用随机值，否则使用真实的 CRC。

在 *sequence* 中可以使用如下方式产生 CRC 错误的激励：

代码清单 3-41

```
`uvm_do_with(tr, {tr.crc_err == 1;})
```

只是，对于多出来的这个字段，是不是也应该用 uvm_field_int 宏来注册呢？如果不使用宏注册的话，那么当调用 print 函数时，在显示结果中就看不到其值，但是如果使用了宏，结果就是这个根本就不需要在 pack 和 unpack 操作中出现的字段出现了。这会带来极大的问题。

UVM 考虑到了这一点，它采用在后面的控制域中加入 UVM_NOPACK 的形式来实现：

代码清单 3-42

```
文件: src/ch3/section3.3/3.3.3/my_transaction.sv
29     `uvm_object_utils_begin(my_transaction)
30       `uvm_field_int(dmac, UVM_ALL_ON)
31       `uvm_field_int(smac, UVM_ALL_ON)
32       `uvm_field_int(ether_type, UVM_ALL_ON)
33       `uvm_field_array_int(pload, UVM_ALL_ON)
34       `uvm_field_int(crc, UVM_ALL_ON)
35       `uvm_field_int(crc_err, UVM_ALL_ON | UVM_NOPACK)
36     `uvm_object_utils_end
```

使用上述语句后，当执行 pack 和 unpack 操作时，UVM 就不会考虑这个字段了。这种写法比较奇怪，是用了一个或（|）来实现的。UVM 的这些标志位本身其实是一个 17bit 的数字：

代码清单 3-43

```
来源: UVM 源代码
//A=ABSTRACT Y=PHYSICAL
//F=REFERENCE, S=SHALLOW, D=DEEP
//K=PACK, R=RECORD, P=PRINT, M=COMPARE, C=COPY
//------------------------- AYFSD K R P M C
parameter UVM_ALL_ON      = 'b000000101010101;

parameter UVM_COPY        = (1<<0);
parameter UVM_NOCOPY      = (1<<1);
parameter UVM_COMPARE     = (1<<2);
parameter UVM_NOCOMPARE   = (1<<3);
parameter UVM_PRINT       = (1<<4);
parameter UVM_NOPRINT     = (1<<5);
parameter UVM_RECORD      = (1<<6);
parameter UVM_NORECORD    = (1<<7);
parameter UVM_PACK        = (1<<8);
parameter UVM_NOPACK      = (1<<9);
```

在这个 17bit 的数字中，bit0 表示 copy，bit1 表示 no_copy，bit2 表示 compare，bit3 表示 no_compare，bit4 表示 print，bit5 表示 no_print，bit6 表示 record，bit7 表示 no_record，bit8 表示 pack，bit9 表示 no_pack。剩余的 7bit 则另有它用，这里不做讨论。UVM_ALL_ON 的 值 是 'b000000101010101，表 示 打 开 copy、compare、print、record、pack 功 能。record 功能是 UVM 提供的另外一个功能，但是其应用并不多，所以在上节中并没有介绍。UVM_ALL_ON | UVM_NOPACK 的结果就是 'b000001101010101。这样 UVM 在执行 pack 操作时，首先检查 bit9，发现其为 1，直接忽略 bit8 所代表的 UVM_PACK。

除 了 UVM_NOPACK 之 后，还 有 UVM_NOCOMPARE、UVM_NOPRINT、UVM_NORECORD、UVM_NOCOPY 等选项，分别对应 compare、print、record、copy 等功能。

*3.3.4 field automation 中宏与 if 的结合

在以太网中，有一种帧是 VLAN 帧，这种帧是在普通以太网帧基础上扩展而来的。而且并不是所有的以太网帧都是 VLAN 帧，如果一个帧是 VLAN 帧，那么其中就会有 vlan_id 等字段（具体可以详见以太网的相关协议），否则不会有这些字段。类似 vlan_id 等字段是属于帧结构的一部分，但是这个字段可能有，也可能没有。由于读者已经习惯了使用 uvm_field 系列宏来进行 pack 和 unpack 操作，那么很直观的想法是使用动态数组的形式来实现：

代码清单 3-44

```
class my_transaction extends uvm_sequence_item;
  rand bit[47:0] smac;
  rand bit[47:0] dmac;
  rand bit[31:0]  vlan[];
  rand bit[15:0] eth_type;
  rand byte      pload[];
  rand bit[31:0] crc;

  `uvm_object_utils_begin(my_transaction)
    `uvm_field_int(smac, UVM_ALL_ON)
    `uvm_field_int(dmac, UVM_ALL_ON)
    `uvm_field_array_int(vlan, UVM_ALL_ON)
    `uvm_field_int(eth_type, UVM_ALL_ON)
    `uvm_field_array_int(pload, UVM_ALL_ON)
  `uvm_object_utils_end
endclass
```

在随机化普通以太网帧时，可以使用如下的方式：

代码清单 3-45

```
my_transaction tr;
tr = new();
assert(tr.randomize() with {vlan.size() == 0;});
```

协议中规定 vlan 的字段固定为 4 个字节，所以在随机化 VLAN 帧时，可以使用如下的方式：

代码清单 3-46

```
my_transaction tr;
tr = new();
assert(tr.randomize() with {vlan.size() == 1;});
```

协议中规定 vlan 的 4 个字节各自有其不同的含义，这 4 个字节分别代表 4 个不同的字段。如果使用上面的方式，问题虽然解决了，但是这 4 个字段的含义不太明确。

一个可行的解决方案是：

代码清单 3-47

```
文件: src/ch3/section3.3/3.3.4/my_transaction.sv
 4 class my_transaction extends uvm_sequence_item;
 5
 6   rand bit[47:0] dmac;
 7   rand bit[47:0] smac;
 8   rand bit[15:0] vlan_info1;
 9   rand bit[2:0]  vlan_info2;
10   rand bit       vlan_info3;
11   rand bit[11:0] vlan_info4;
12   rand bit[15:0] ether_type;
13   rand byte      pload[];
14   rand bit[31:0] crc;
15
16   rand bit       is_vlan;
...
31   `uvm_object_utils_begin(my_transaction)
32     `uvm_field_int(dmac, UVM_ALL_ON)
33     `uvm_field_int(smac, UVM_ALL_ON)
34     if(is_vlan)begin
35       `uvm_field_int(vlan_info1, UVM_ALL_ON)
36       `uvm_field_int(vlan_info2, UVM_ALL_ON)
37       `uvm_field_int(vlan_info3, UVM_ALL_ON)
38       `uvm_field_int(vlan_info4, UVM_ALL_ON)
39     end
40     `uvm_field_int(ether_type, UVM_ALL_ON)
41     `uvm_field_array_int(pload, UVM_ALL_ON)
42     `uvm_field_int(crc, UVM_ALL_ON | UVM_NOPACK)
43     `uvm_field_int(is_vlan, UVM_ALL_ON | UVM_NOPACK)
44   `uvm_object_utils_end
...
50 endclass
```

在随机化普通以太网帧时，可以使用如下的方式：

代码清单 3-48

```
my_transaction tr;
tr = new();
assert(tr.randomize() with {is_vlan == 0;});
```

在随机化 VLAN 帧时，可以使用如下的方式：

代码清单　3-49

```
my_transaction tr;
tr = new();
assert(tr.randomize() with {is_vlan == 1;});
```

使用这种方式的 VLAN 帧，在执行 print 操作时，4 个字段的信息将会非常明显；在调用 compare 函数时，如果两个 *transaction* 不同，将会更加明确地指明是哪个字段不一样。

3.4　UVM 中打印信息的控制

*3.4.1　设置打印信息的冗余度阈值

UVM 通过冗余度级别的设置提高了仿真日志的可读性。在打印信息之前，UVM 会比较要显示信息的冗余度级别与默认的冗余度阈值，如果小于等于阈值，就会显示，否则不会显示。默认的冗余度阈值是 UVM_MEDIUM，所有低于等于 UVM_MEDIUM（如 UVM_LOW）的信息都会被打印出来。

可以通过 get_report_verbosity_level 函数得到某个 *component* 的冗余度阈值：

代码清单　3-50

```
virtual function void connect_phase(uvm_phase phase);
  $display("env.i_agt.drv's verbosity level is %0d", env.i_agt.drv.get_report_
  verbosity_level());
endfunction
```

这个函数得到的是一个整数，它代表的含义如下所示：

代码清单　3-51

```
来源：UVM 源代码
typedef enum
{
  UVM_NONE   = 0,
  UVM_LOW    = 100,
  UVM_MEDIUM = 200,
  UVM_HIGH   = 300,
  UVM_FULL   = 400,
  UVM_DEBUG  = 500
} uvm_verbosity;
```

UVM 提供 set_report_verbosity_level 函数来设置某个特定 *component* 的默认冗余度阈值。在 base_test 中将 driver 的冗余度阈值设置为 UVM_HIGH（UVM_LOW、UVM_MEDIUM、UVM_HIGH 的信息都会被打印）代码为：

代码清单　3-52

文件：src/ch3/section3.4/3.4.1/base_test.sv

```
16    virtual function void connect_phase(uvm_phase phase);
17        env.i_agt.drv.set_report_verbosity_level(UVM_HIGH);
...
21    endfunction
```

由于需要牵扯到层次引用，所以需要在 connect_phase 及以后的 phase 才能调用这个函数。如果不牵扯到任何层次引用，如设置当前 *component* 的冗余度阈值，那么可以在 connect_phase 之前调用。

set_report_verbosity_level 只对某个特定的 *component* 起作用。UVM 同样提供递归的设置函数 set_report_verbosity_level_hier，如把 env.i_agt 及其下所有的 *component* 的冗余度阈值设置为 UVM_HIGH 的代码为：

代码清单   3-53

```
env.i_agt.set_report_verbosity_level_hier(UVM_HIGH);
```

set_report_verbosity_level 会对某个 *component* 内所有的 uvm_info 宏显示的信息产生影响。如果这些宏在调用时使用了不同的 ID：

代码清单   3-54

```
`uvm_info("ID1", "ID1 INFO", UVM_HIGH)
`uvm_info("ID2", "ID2 INFO", UVM_HIGH)
```

那么可以使用 set_report_id_verbosity 函数来区分不同的 ID 的冗余度阈值：

代码清单   3-55

```
env.i_agt.drv.set_report_id_verbosity("ID1", UVM_HIGH);
```

经过上述设置后"ID1 INFO"会显示，但是"ID2 INFO"不会显示。

这个函数同样有其相应的递归调用函数，其调用方式为：

代码清单   3-56

```
env.i_agt.set_report_id_verbosity_hier("ID1", UVM_HIGH);
```

除了在代码中设置外，UVM 支持在命令行中设置冗余度阈值：

代码清单   3-57

```
<sim command> +UVM_VERBOSITY=UVM_HIGH
或者:
<sim command> +UVM_VERBOSITY=HIGH
```

这两个命令行参数是等价的，即可以把冗余度级别的前缀"UVM_"省略。

上述的命令行参数会把整个验证平台的冗余度阈值设置为 UVM_HIGH。它几乎相当于是在 base_test 中调用 set_report_verbosity_level_hier 函数，把 base_test 及以下所有 *component* 的冗余度级别设置为 UVM_HIGH：

代码清单   3-58

```
set_report_verbosity_level_hier(UVM_HIGH)
```

对不同的 *component* 设置不同的冗余度阈值非常有用。在芯片级别验证时，重用了不同模块（block）的 *env*。由于个人习惯的不同，每个人对信息冗余度的容忍度也不同，有些人把所有信息设置为 UVM_MEDIUM，也有另外一些人喜欢把所有的信息都设置为 UVM_HIGH。通过设置不同 *env* 的冗余度级别，可以更好地控制整个芯片验证环境输出信息的质量。

*3.4.2　重载打印信息的严重性

重载是深入到 UVM 骨子里的一个特性。UVM 默认有四种信息严重性：UVM_INFO、UVM_WARNING、UVM_ERROR、UVM_FATAL。这四种严重性可以互相重载。如果要把 driver 中所有的 UVM_WARNING 显示为 UVM_ERROR，可以使用如下的函数：

代码清单　3-59

```
文件：src/ch3/section3.4/3.4.2/base_test.sv
16    virtual function void connect_phase(uvm_phase phase);
17      env.i_agt.drv.set_report_severity_override(UVM_WARNING, UVM_ERROR);
18      //env.i_agt.drv.set_report_severity_id_override(UVM_WARNING, "my_driver",
        UVM_ERROR);
19    endfunction
```

假如在 my_driver 中有如下语句：

代码清单　3-60

```
文件：src/ch3/section3.4/3.4.2/my_driver.sv
29    `uvm_warning("my_driver", "this information is warning, but prints as UVM_
        ERROR")
```

如果不加任何设置，那么输出应该是：

UVM_WARNING my_driver.sv(29) @ 1100000: uvm_test_top.env.i_agt.drv [my_driver] this information is warning, but prints as UVM_ERROR

但是经过代码清单 3-59 的设置后，输出变为：

UVM_ERROR my_driver.sv(29) @ 1100000: uvm_test_top.env.i_agt.drv [my_driver] this information is warning, but prints as UVM_ERROR

重载严重性可以只针对某个 *component* 内的某个特定的 ID 起作用：

代码清单　3-61

```
env.i_agt.drv.set_report_severity_id_override(UVM_WARNING, "my_driver", UVM_
ERROR);
```

与设置冗余度不同，UVM 不提供递归的严重性重载函数。严重性重载用的较少，一般的只会对某个 *component* 内使用，不会递归的使用。

重载严重性也可以在命令行中实现，其调用方式为：

代码清单 3-62

```
<sim command> +uvm_set_severity=<comp>,<id>,<current severity>,<new severity>
```

如代码清单 3-61 可以使用如下的命令行参数代替:

代码清单 3-63

```
<sim command> +uvm_set_severity="uvm_test_top.env.i_agt.drv,my_driver,UVM_
WARNING,UVM_ERROR"
```

若要设置所有的 ID,可以在 id 处使用 _ALL_:

代码清单 3-64

```
<sim command> +uvm_set_severity="uvm_test_top.env.i_agt.drv,_ALL_,UVM_
WARNING,UVM_ERROR"
```

*3.4.3 UVM_ERROR 到达一定数量结束仿真

当 uvm_fatal 出现时,表示出现了致命错误,仿真会马上停止。UVM 同样支持 UVM_ERROR 达到一定数量时结束仿真。这个功能非常有用。对于某个测试用例,如果出现了大量的 UVM_ERROR,根据这些错误已经可以确定 bug 所在了,再继续仿真下去意义已经不大,此时就可以结束仿真,而不必等到所有的 *objection* 被撤销。

实现这个功能的是 set_report_max_quit_count 函数,其调用方式为:

代码清单 3-65

```
文件: src/ch3/section3.4/3.4.3/base_test.sv
21 function void base_test::build_phase(uvm_phase phase);
22   super.build_phase(phase);
23   env = my_env::type_id::create("env", this);
24   set_report_max_quit_count(5);
25 endfunction
```

上述代码把退出阈值设置为 5。当出现 5 个 UVM_ERROR 时,会自动退出,并显示如下的信息:

```
# --- UVM Report Summary ---
#
# Quit count reached!
# Quit count :     5 of     5
```

在测试用例中的设置方式与 base_test 中类似。如果测试用例与 base_test 中同时设置了,则以测试用例中的设置为准。此外,除了在 build_phase 之外,在其他 *phase* 设置也是可以的。

与 set_max_quit_count 相对应的是 get_max_quit_count,可以用于查询当前的退出阈值。如果返回值为 0 则表示无论出现多少个 UVM_ERROR 都不会退出仿真:

代码清单　3-66

```
function int get_max_quit_count();
```

除了在代码中使用 set_max_quit_count 设置外，还可以在命令行中设置退出阈值：

代码清单　3-67

```
<sim command> +UVM_MAX_QUIT_COUNT=6,NO
```

其中第一个参数 6 表示退出阈值，而第二个参数 NO 表示此值是不可以被后面的设置语句重载，其值还可以是 YES。

*3.4.4　设置计数的目标

在上一节中，当 UVM_ERROR 达到一定数量时，可以自动退出仿真。在计数当中，是不包含 UVM_WARNING 的。可以通过设置 set_report_severity_action 函数来把 UVM_WARNING 加入计数目标：

代码清单　3-68

```
文件: src/ch3/section3.4/3.4.4/base_test.sv
 16   virtual function void connect_phase(uvm_phase phase);
 17      set_report_max_quit_count(5);
 18      env.i_agt.drv.set_report_severity_action(UVM_WARNING, UVM_DISPLAY|UVM_
         COUNT);
...
 24   endfunction
```

通过上述代码，可以把 env.i_agt.drv 的 UVM_WARNING 加入到计数目标中。set_report_severity_action 有相应的递归调用方式：

代码清单　3-69

```
env.i_agt.set_report_severity_action_hier(UVM_WARNING, UVM_DISPLAY| UVM_COUNT);
```

上述代码把 env.i_agt 及其下所有结点的 UVM_WARNING 加入到计数目标中。

set_report_severity_action 及 set_report_severity_action_hier 的第一个参数除了是 UVM_WARNING 外，还可以是 UVM_INFO，UVM_ERROR。在默认情况下，UVM_ERROR 已经加入了统计计数。如果要把其从统计计数目标中移除，可以：

代码清单　3-70

```
env.i_agt.drv.set_report_severity_action(UVM_ERROR, UVM_DISPLAY);
```

除了针对严重性进行计数外，还可以对某个特定的 ID 进行计数：

代码清单　3-71

```
env.i_agt.drv.set_report_id_action("my_drv", UVM_DISPLAY| UVM_COUNT);
```

上述代码把 ID 为 my_drv 的所有信息加入到计数中，无论是 UVM_INFO，还是 UVM_

WARNING 或者是 UVM_ERROR、UVM_FATAL。

set_report_id_action 同样有其递归调用方式：

代码清单 3-72

```
env.i_agt.set_report_id_action_hier("my_drv", UVM_DISPLAY| UVM_COUNT);
```

除了分别对严重性和 ID 进行设置外，UVM 还支持把它们联合起来进行设置：

代码清单 3-73

```
env.i_agt.drv.set_report_severity_id_action(UVM_WARNING, "my_driver", UVM_
DISPLAY| UVM_COUNT);
```

这种设置方式同样有其递归调用函数：

代码清单 3-74

```
env.i_agt.set_report_severity_id_action_hier(UVM_WARNING, "my_driver", UVM_
DISPLAY| UVM_COUNT);
```

UVM 支持在命令行中设置计数目标，设置方式为：

代码清单 3-75

```
<sim command> +uvm_set_action=<comp>,<id>,<severity>,<action>
```

如代码清单 3-73 可以使用如下的命令行参数代替：

代码清单 3-76

```
<sim command> +uvm_set_action="uvm_test_top.env.i_agt.drv,my_driver,UVM_NG,UVM_
DISPLAY|UVM_COUNT"
```

若要针对所有的 ID 设置，可以使用 _ALL_ 代替 ID：

代码清单 3-77

```
<sim command> +uvm_set_action="uvm_test_top.env.i_agt.drv,_ALL_,UVM_WARNING,UVM_
DISPLAY|UVM_COUNT"
```

*3.4.5 UVM 的断点功能

在程序调试时，断点功能是非常有用的一个功能。在程序运行时，预先在某语句处设置一断点。当程序执行到此处时，停止仿真，进入交互模式，从而进行调试。

断点功能需要从仿真器的角度进行设置，不同仿真器的设置方式不同。为了消除这些设置方式的不同，UVM 支持内建的断点功能，当执行到断点时，自动停止仿真，进入交互模式：

代码清单 3-78

```
文件: src/ch3/section3.4/3.4.5/base_test.sv
16   virtual function void connect_phase(uvm_phase phase);
17     env.i_agt.drv.set_report_severity_action(UVM_WARNING, UVM_DISPLAY| UVM_STOP);
```

```
      ...
23    endfunction
```

使用上述设置语句，当 env.i_agt.drv 中出现 UVM_WARNING 时，立即停止仿真，进入交互模式。这里用到了 set_report_severity_action 函数，与 3.4.4 节类似。事实上，3.4.4 节介绍的下列函数：

代码清单　3-79

```
   env.i_agt.drv.set_report_severity_action(UVM_WARNING, UVM_DISPLAY| UVM_COUNT);
   env.i_agt.set_report_severity_action_hier(UVM_WARNING, UVM_DISPLAY| UVM_COUNT);
   env.i_agt.drv.set_report_id_action("my_drv", UVM_DISPLAY| UVM_COUNT);
   env.i_agt.set_report_id_action_hier("my_drv", UVM_DISPLAY| UVM_COUNT);
   env.i_agt.drv.set_report_severity_id_action(UVM_WARNING, "my_driver", UVM_
DISPLAY| UVM_COUNT);
   env.i_agt.set_report_severity_id_action_hier(UVM_WARNING, "my_driver", UVM_
DISPLAY| UVM_COUNT);
```

只要将其中的 UVM_COUNT 替换为 UVM_STOP，就可以实现相应的断点功能，这里不多做介绍。

同样的，也可以在命令行中设置 UVM 断点：

代码清单　3-80

```
   <sim command> +uvm_set_action="uvm_test_top.env.i_agt.drv,my_driver,UVM_
WARNING,UVM_DISPLAY|UVM_STOP"
```

*3.4.6　将输出信息导入文件中

默认情况下，UVM 会将 UVM_INFO 等信息显示在标准输出（终端屏幕）上。各个仿真器提供将显示在标准输出的信息同时输出到一个日志文件中的功能。但是这个日志文件混杂了所有的 UVM_INFO、UVM_WARNING、UVM_ERROR 及 UVM_FATAL。UVM 提供将特定信息输出到特定日志文件的功能：

代码清单　3-81

```
文件：src/ch3/section3.4/3.4.6/severity/base_test.sv
16    UVM_FILE info_log;
17    UVM_FILE warning_log;
18    UVM_FILE error_log;
19    UVM_FILE fatal_log;
20    virtual function void connect_phase(uvm_phase phase);
21       info_log = $fopen("info.log", "w");
22       warning_log = $fopen("warning.log", "w");
23       error_log = $fopen("error.log", "w");
24       fatal_log = $fopen("fatal.log", "w");
25       env.i_agt.drv.set_report_severity_file(UVM_INFO,    info_log);
26       env.i_agt.drv.set_report_severity_file(UVM_WARNING, warning_log);
27       env.i_agt.drv.set_report_severity_file(UVM_ERROR,   error_log);
```

```
28      env.i_agt.drv.set_report_severity_file(UVM_FATAL,    fatal_log);
29      env.i_agt.drv.set_report_severity_action(UVM_INFO, UVM_DISPLAY| UVM_LOG);
30      env.i_agt.drv.set_report_severity_action(UVM_WARNING, UVM_DISPLAY|UVM_LOG);
31      env.i_agt.drv.set_report_severity_action(UVM_ERROR, UVM_DISPLAY| UVM_COUNT
        | UVM_LOG);
32      env.i_agt.drv.set_report_severity_action(UVM_FATAL, UVM_DISPLAY|UVM_EXIT |
        UVM_LOG);
...
42   endfunction
```

上述代码将 env.i_agt.drv 的 UVM_INFO 输出到 info.log，UVM_WARNING 输出到 warning.log，UVM_ERROR 输出到 error.log，UVM_FATAL 输出到 fatal.log。这里用到了 set_report_severity_file 函数。这个函数同样有其递归调用的方式：

代码清单 3-82

```
env.i_agt.set_report_severity_file_hier(UVM_INFO,    info_log);
env.i_agt.set_report_severity_file_hier(UVM_WARNING, warning_log);
env.i_agt.set_report_severity_file_hier(UVM_ERROR,   error_log);
env.i_agt.set_report_severity_file_hier(UVM_FATAL,   fatal_log);
env.i_agt.set_report_severity_action_hier(UVM_INFO, UVM_DISPLAY| UVM_LOG);
env.i_agt.set_report_severity_action_hier(UVM_WARNING, UVM_DISPLAY| UVM_LOG);
env.i_agt.set_report_severity_action_hier(UVM_ERROR, UVM_DISPLAY| UVM_COUNT
|UVM_LOG);
env.i_agt.set_report_severity_action_hier(UVM_FATAL, UVM_DISPLAY| UVM_EXIT |
UVM_LOG);
```

上述代码将 env.i_agt 及其下所有结点的输出信息分类输出到不同的日志文件中。

除了根据严重性设置不同的日志文件外，UVM 中还可以根据不同的 ID 来设置不同的日志文件：

代码清单 3-83

```
文件: src/ch3/section3.4/3.4.6/id/base_test.sv
16   UVM_FILE driver_log;
17   UVM_FILE drv_log;
18   virtual function void connect_phase(uvm_phase phase);
19      driver_log = $fopen("driver.log", "w");
20      drv_log = $fopen("drv.log", "w");
21      env.i_agt.drv.set_report_id_file("my_driver", driver_log);
22      env.i_agt.drv.set_report_id_file("my_drv", drv_log);
23      env.i_agt.drv.set_report_id_action("my_driver", UVM_DISPLAY| UVM_LOG);
24      env.i_agt.drv.set_report_id_action("my_drv", UVM_DISPLAY| UVM_LOG);
...
29   endfunction
30   virtual function void final_phase(uvm_phase phase);
31      $fclose(driver_log);
32      $fclose(drv_log);
33   endfunction
```

这里用到了 set_report_id_file 函数，这个函数同样也有递归调用的方式：

代码清单 3-84

```
env.i_agt.set_report_id_file_hier("my_driver", driver_log);
env.i_agt.set_report_id_file_hier("my_drv", drv_log);
env.i_agt.set_report_id_action_hier("my_driver", UVM_DISPLAY| UVM_LOG);
env.i_agt.set_report_id_action_hier("my_drv", UVM_DISPLAY| UVM_LOG);
```

上述代码将 env.i_agt 及其下所有结点的输出信息中 ID 为 my_driver 的输出到 driver.log 中，把 ID 为 my_drv 的输出到 drv.log 中。

UVM 还可以根据严重性和 ID 的组合来设置不同的日志文件：

代码清单 3-85

```
文件: src/ch3/section3.4/3.4.6/id_severity/base_test.sv
16    UVM_FILE driver_log;
17    UVM_FILE drv_log;
18    virtual function void connect_phase(uvm_phase phase);
19       driver_log = $fopen("driver.log", "w");
20       drv_log = $fopen("drv.log", "w");
21     env.i_agt.drv.set_report_severity_id_file(UVM_WARNING, "my_driver",driver_
       log);
22       env.i_agt.drv.set_report_severity_id_file(UVM_INFO, "my_drv", drv_log);
23       env.i_agt.drv.set_report_id_action("my_driver", UVM_DISPLAY| UVM_LOG);
24       env.i_agt.drv.set_report_id_action("my_drv", UVM_DISPLAY| UVM_LOG);
...
29    endfunction
```

这里用到了 set_report_severity_id_file，它同样也有其递归调用的方式：

代码清单 3-86

```
env.i_agt.set_report_severity_id_file_hier(UVM_WARNING, "my_driver", driver_log);
env.i_agt.set_report_severity_id_file_hier(UVM_INFO, "my_drv", drv_log);
env.i_agt.set_report_id_action_hier("my_driver", UVM_DISPLAY| UVM_LOG);
env.i_agt.set_report_id_action_hier("my_drv", UVM_DISPLAY| UVM_LOG);
```

*3.4.7 控制打印信息的行为

3.4.4、3.4.5、3.4.6 三节是控制打印信息行为系列函数 set_*_action 的典型应用。无论是 UVM_DISPLAY，还是 UVM_COUNT 或者是 UVM_LOG，都是 UVM 内部定义的一种行为。

UVM 共定义了如下几种行为：

代码清单 3-87

```
来源: UVM 源代码
typedef enum
{
  UVM_NO_ACTION = 'b000000,
  UVM_DISPLAY   = 'b000001,
  UVM_LOG       = 'b000010,
```

```
UVM_COUNT      = 'b000100,
UVM_EXIT       = 'b001000,
UVM_CALL_HOOK  = 'b010000,
UVM_STOP       = 'b100000
} uvm_action_type;
```

与 *field automation* 机制中定义 UVM_ALL_ON 类似，这里也把 UVM_DISPLAY 等定义为一个整数。不同的行为有不同的位偏移，所以不同的行为可以使用"或"的方式组合在一起：

代码清单 3-88

```
UVM_DISPLAY| UVM_COUNT | UVM_LOG
```

其中 UVM_NO_ACTION 是不做任何操作；UVM_DISPLAY 是输出到标准输出上；UVM_LOG 是输出到日志文件中，它能工作的前提是设置好了日志文件；UVM_COUNT 是作为计数目标；UVM_EXIT 是直接退出仿真；UVM_CALL_HOOK 是调用一个回调函数；UVM_STOP 是停止仿真，进入命令行交互模式。

在默认的情况下，UVM 设置了如下的行为：

代码清单 3-89

```
来源：UVM 源代码
set_severity_action(UVM_INFO,    UVM_DISPLAY);
set_severity_action(UVM_WARNING, UVM_DISPLAY);
set_severity_action(UVM_ERROR,   UVM_DISPLAY | UVM_COUNT);
set_severity_action(UVM_FATAL,   UVM_DISPLAY | UVM_EXIT);
```

从 UVM_INFO 到 UVM_FATAL，都会输出到标准输出中；UVM_ERROR 会作为仿真退出计数器的计数目标；出现 UVM_FATAL 时会自动退出仿真。

通过设置不同的行为，可以实现强大的功能。如 3.4.1 节中通过设置默认的冗余度级别来关闭某些信息的输出，这个功能可以通过设置为 UVM_NO_ACTION 来实现：

代码清单 3-90

```
文件：src/ch3/section3.4/3.4.7/base_test.sv
16   virtual function void connect_phase(uvm_phase phase);
17     env.i_agt.drv.set_report_severity_action(UVM_INFO, UVM_NO_ACTION);
18   endfunction
```

无论原本的冗余度是什么，经过上述设置后，env.i_agt.drv 的所有的 uvm_info 信息都不会输出。

3.5 config_db 机制

3.5.1 UVM 中的路径

在代码清单 2-3 中已经介绍过，一个 *component*（如 my_driver）内通过 get_full_name()

函数可以得到此 *component* 的路径：

代码清单　3-91

```
function void my_driver::build_phase();
  super.build_phase(phase);
  $display("%s", get_full_name());
endfunction
```

上述代码如果是在图 3-4 所示的层次结构中的 my_driver 中，那么打印出来的值是 uvm_test_top.env.i_agt.drv。

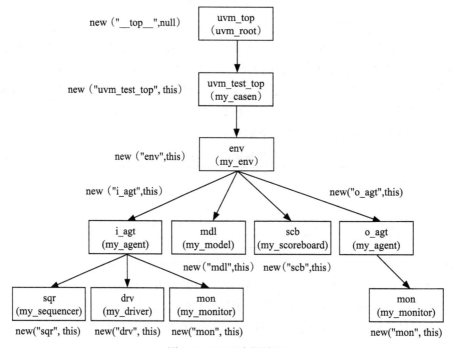

图 3-4　UVM 中的路径

为了方便，图 3-4 中使用了 new 函数而不是 *factory* 式的 create 方式来创建实例。在这幅图中，uvm_test_top 实例化时的名字是 uvm_test_top，这个名字是由 UVM 在 run_test 时自动指定的。uvm_top 的名字是 __top__，但是在显示路径的时候，并不会显示出这个名字，而只显示从 uvm_test_top 开始的路径。

路径的概念与通常的层次结构不太一样，虽然基本上它们是一样的。从图 3-4 中的 my_casen 看来，drv 的层次结构是 env.i_agt.drv，其相对于 my_casen 的相对路径是 env.i_agt.drv。如果 drv 在 new 时指定的名字不是 drv，而是 driver，即：

代码清单　3-92

```
drv = my_driver::type_id::create("driver");
```

那么 drv 在 my_casen 看来，层次结构依然是 env.i_agt.drv，但其路径变为了 env.i_agt.driver。在好的编码习惯中，这种变量名与其实例化时传递的名字不一致的情况应该尽量避免。

3.5.2 set 与 get 函数的参数

config_db 机制用于在 UVM 验证平台间传递参数。它们通常都是成对出现的。set 函数是寄信，而 get 函数是收信。如在某个测试用例的 build_phase 中可以使用如下方式寄信：

代码清单 3-93

```
uvm_config_db#(int)::set(this, "env.i_agt.drv", "pre_num", 100);
```

其中第一个和第二个参数联合起来组成目标路径，与此路径符合的目标才能收信。第一个参数必须是一个 uvm_component 实例的指针，第二个参数是相对此实例的路径。第三个参数表示一个记号，用以说明这个值是传给目标中的哪个成员的，第四个参数是要设置的值。

在 *driver* 中的 build_phase 使用如下方式收信：

代码清单 3-94

```
uvm_config_db#(int)::get(this, "", "pre_num", pre_num);
```

get 函数中的第一个参数和第二个参数联合起来组成路径。第一个参数也必须是一个 uvm_component 实例的指针，第二个参数是相对此实例的路径。一般的，如果第一个参数被设置为 this，那么第二个参数可以是一个空的字符串。第三个参数就是 set 函数中的第三个参数，这两个参数必须严格匹配，第四个参数则是要设置的变量。

第 2 章的例子中，在 top_tb 中通过 config_db 机制的 set 函数设置 *virtual interface* 时，set 函数的第一个参数为 null。在这种情况下，UVM 会自动把第一个参数替换为 uvm_root::get()，即 uvm_top。换句话说，以下两种写法是完全等价的：

代码清单 3-95

```
initial begin
  uvm_config_db#(virtual my_if)::set(null, "uvm_test_top.env.i_agt.drv", "vif",
input_if);
end

initial begin
  uvm_config_db#(virtual my_if)::set(uvm_root::get(), "uvm_test_top.env.i_ag t.
drv", "vif", input_if);
end
```

既然 set 函数的第一个和第二个参数联合起来组成路径，那么在某个测试用例的 build_phase 中可以通过如下的方式设置 env.i_agt.drv 中 pre_num_max 的值：

代码清单 3-96

```
uvm_config_db#(int)::set(this.env, "i_agt.drv", "pre_num_max", 100);
```

把 this 替换为了 this.env，第二个参数是 my_driver 相对于 *env* 的路径。

set 函数的参数可以使用这种灵活的方式设置，同样的，get 函数的参数也可以。在
driver 的 build_phase 中：

代码清单 3-97

```
uvm_config_db#(int)::get(this.parent, "drv", "pre_num_max", pre_num_max);
或者:
uvm_config_db#(int)::get(null, "uvm_test_top.env.i_agt.drv", "pre_num_max", p
re_num_max);
```

这些写法都是可以的，只是它们相对于本节最开始的写法没有任何优势。所以还是提倡
使用最开始的写法。但是这种写法也并不是一无是处，在 3.5.6 节中会介绍它们的一种应用。

set 及 get 函数中第三个参数可以与 get 函数中第四个参数不一样。如第四个参数是
pre_num，那么第三个参数可以是 p_num，只要保持 set 和 get 中第三个参数一致即可：

代码清单 3-98

```
uvm_config_db#(int)::set(this, "env.i_agt.drv", "p_num", 100);
uvm_config_db#(int)::get(this, "", "p_num", pre_num);
```

之所以可以如此，可以这样理解：张三给李四寄了一封信，信上写了李四的名字，这
样李四可以收到信。但是呢，由于保密的需要，张三只是在信上写了"四"这一个字，只
要张三跟李四事先约定好了，那么李四一看到上面写着"四"的信就会收下来。

*3.5.3 省略 get 语句

set 与 get 函数一般都是成对出现，但是在某些情况下，是可以只有 set 而没有 get 语
句，即省略 get 语句。

在 3.1.5 节介绍到与 uvm_component 相关的宏时，曾经提及 *field automation* 机制与
uvm_component 机制的结合。假设在 my_driver 中有成员变量 pre_num，把其使用 uvm_
field_int 实现 *field automation* 机制：

代码清单 3-99

```
文件: src/ch3/section3.5/3.5.3/my_driver.sv
7    int pre_num;
8    `uvm_component_utils_begin(my_driver)
9      `uvm_field_int(pre_num, UVM_ALL_ON)
10   `uvm_component_utils_end
11
12   function new(string name = "my_driver", uvm_component parent = null);
13     super.new(name, parent);
14     pre_num = 3;
15   endfunction
```

```
16
17   virtual function void build_phase(uvm_phase phase);
18    `uvm_info("my_driver", $sformatf("before super.build_phase, the pre_num
      is %0d", pre_num), UVM_LOW)
19    super.build_phase(phase);
20    `uvm_info("my_driver", $sformatf("after super.build_phase, the pre_num
      is %0d", pre_num), UVM_LOW)
21    if(!uvm_config_db#(virtual my_if)::get(this, "", "vif", vif))
22      `uvm_fatal("my_driver", "virtual interface must be set for vif!!!")
23   endfunction
```

只要使用 uvm_field_int 注册，并且在 build_phase 中调用 super.build_phase()，就可以省略在 build_phase 中的如下 get 语句：

代码清单　3-100

```
uvm_config_db#(int)::get(this, "", "pre_num", pre_num);
```

这里的关键是 build_phase 中的 super.build_phase 语句，当执行到 *driver* 的 super.build_phase 时，会自动执行 get 语句。这种做法的前提是：第一，my_driver 必须使用 uvm_component_utils 宏注册；第二，pre_num 必须使用 uvm_field_int 宏注册；第三，在调用 set 函数的时候，set 函数的第三个参数必须与要 get 函数中变量的名字相一致，即必须是 pre_num。所以上节中，虽然说这两个参数可以不一致，但是最好的情况下还是一致。李四的信就是给李四的，不要打什么暗语，用一个"四"来代替李四。

这就是省略 get 语句的情况。但是对于 set 语句，则没有办法省略。

*3.5.4　跨层次的多重设置

在前面的所有例子中，都是设置一次，获取一次。但是假如设置多次，而只获取一次，最终会得到哪个值呢？

在现实生活中，这可以理解成有好多人都给李四发了一封信，要求李四做某件事情，但是这些信是相互矛盾的。那么李四有两种方法来决定听谁的：一是以收到的时间为准，最近收到的信具有最高的权威，当同时收到两封信时，则看发信人的权威性，也即时间的优先级最高，发信人的优先级次之；二是先看发信人，哪个发信人最权威就听谁的，当同一个发信人先后发了两封信时，那么最近收到的一封权威高，也就是发信人的优先级最高，而时间的优先级低。UVM 中采用类似第二种方法的机制。

在图 3-4 中，假如 uvm_test_top 和 *env* 中都对 *driver* 的 pre_num 的值进行了设置，在 uvm_test_top 中的设置语句如下：

代码清单　3-101

```
文件：src/ch3/section3.5/3.5.4/normal/my_case0.sv
32 function void my_case0::build_phase(uvm_phase phase);
33   super.build_phase(phase);
...
```

```
39   uvm_config_db#(int)::set(this,
40                            "env.i_agt.drv",
41                            "pre_num",
42                            999);
43   `uvm_info("my_case0", "in my_case0, env.i_agt.drv.pre_num is set to 999",UVM_
     LOW)
```

在 *env* 的设置语句如下：

代码清单 3-102

文件：src/ch3/section3.5/3.5.4/normal/my_env.sv
```
19   virtual function void build_phase(uvm_phase phase);
20     super.build_phase(phase);
...
31     uvm_config_db#(int)::set(this,
32                              "i_agt.drv",
33                              "pre_num",
34                              100);
35     `uvm_info("my_env", "in my_env, env.i_agt.drv.pre_num is set to 100",UVM_LOW)
36   endfunction
```

那么 *driver* 中获取到的值是 100 还是 999 呢？答案是 999。UVM 规定层次越高，那么它的优先级越高。这里的层次指的是在 UVM 树中的位置，越靠近根结点 uvm_top，则认为其层次越高。uvm_test_top 的层次是高于 *env* 的，所以 uvm_test_top 中的 set 函数的优先级高。

UVM 这样设置是有其内在道理的。相对于 *env* 来说，uvm_test_top（my_case）更接近用户。用户会在 uvm_test_top 中设置不同的 default_sequence，从而衍生出很多不同的测试用例来。而对于 *env*，它在 uvm_test_top 中实例化。有时候，这个 env 根本就不是用户自己开发的，很可能是别人已经开发好的一个非常成熟的可重用的模块。对于这种成熟的模块，如果觉得其中某些参数不合要求，那么难道要到 *env* 中去修改相关的参数吗？显然这是不合理的。比较合理的就是在 uvm_test_top 的 build_phase 中通过 set 函数的方式修改。所以说，UVM 这种看似势利的行为其实极大方便了用户的使用。

上述结论在 set 函数的第一个参数为 this 时是成立的，但是假如 set 函数的第一个参数不是 this 会如何呢？假设 uvm_test_top 的 set 语句是：

代码清单 3-103

文件：src/ch3/section3.5/3.5.4/abnormal/my_case0.sv
```
32 function void my_case0::build_phase(uvm_phase phase);
33   super.build_phase(phase);
...
39   uvm_config_db#(int)::set(uvm_root::get(),
40                            "uvm_test_top.env.i_agt.drv",
41                            "pre_num",
42                            999);
43   `uvm_info("my_case0", "in my_case0, env.i_agt.drv.pre_num is set to 999", UVM_
     LOW)
```

而 *env* 的 set 语句是：

代码清单　3-104

```
文件: src/ch3/section3.5/3.5.4/normal/my_env.sv
19    virtual function void build_phase(uvm_phase phase);
20      super.build_phase(phase);
...
31      uvm_config_db#(int)::set(uvm_root::get(),
32                      "uvm_test_top.env.i_agt.drv",
33                      "pre_num",
34                      100);
35      `uvm_info("my_env", "in my_env, env.i_agt.drv.pre_num is set to 100",UVM_LOW)
36    endfunction
```

这种情况下，*driver* 得到的 pre_num 的值是 100。由于 set 函数的第一个参数是 uvm_root::get()，所以寄信人变成了 uvm_top。在这种情况下，只能比较寄信的时间。UVM 的 build_phase 是自上而下执行的，my_case0 的 build_phase 先于 my_env 的 build_phase 执行。所以 my_env 对 pre_num 的设置在后，其设置成为最终的设置。

假如 uvm_test_top 中 set 函数的第一个参数是 this，而 *env* 中 set 函数的第一个参数是 uvm_root::get()，那么 *driver* 得到的 pre_num 的值也是 100。这是因为 *env* 中 set 函数的寄信人变成了 uvm_top，在 UVM 树中具有最高的优先级。

因此，无论如何，在调用 set 函数时其第一个参数应该尽量使用 this。在无法得到 this 指针的情况下（如在 top_tb 中），使用 null 或者 uvm_root::get()。

*3.5.5　同一层次的多重设置

当跨层次来看待问题时，是高层次的 set 设置优先；当处于同一层次时，上节已经提过，是时间优先。

代码清单　3-105

```
uvm_config_db#(int)::set(this, "env.i_agt.drv", "pre_num", 100);
uvm_config_db#(int)::set(this, "env.i_agt.drv", "pre_num", 109);
```

当上面两个语句同时出现在测试用例的 build_phase 中时，*driver* 最终获取到的值将会是 109。像上面的这种用法看起来完全是胡闹，没有任何意义。但是考虑这种情况：

pre_num 在 99% 的测试用例中的值都是 7，只有在 1% 的测试用例中才会是其他值。那么是不是要这么写呢？

代码清单　3-106

```
class case1 extends base_test;
  function void build_phase(uvm_phase phase);
    super.build_phase(phase);
    uvm_config_db#(int)::set(this, "env.i_agt.drv", pre_num_max, 7);
  endfunction
endclass
```

```
...
class case99 extends base_test;
  function void build_phase(uvm_phase phase);
    super.build_phase(phase);
    uvm_config_db#(int)::set(this, "env.i_agt.drv", pre_num_max, 7);
  endfunction
endclass
class case100 extends base_test;
  function void build_phase(uvm_phase phase);
    super.build_phase(phase);
    uvm_config_db#(int)::set(this, "env.i_agt.drv", pre_num_max, 100);
  endfunction
endclass
```

前面 99 个测试用例的 build_phase 里面都是相同的语句，这种代码维护起来非常困难。因为可能忽然有一天，99% 的测试用例中，pre_num_max 的值要变成 6，那么就需要把 99 个测试用例中所有的 set 语句都改变。这是相当耗时间的，而且是极易出错的。验证中写代码的一个原则是同样的语句只在一个地方出现，尽量避免在多个地方出现。解决这个问题的办法就是在 base_test 的 build_phase 中使用 config_db::set 进行设置，这样，当由 base_test 派生而来的 case1 ~ case99 在执行 super.build_phase(phase) 时，都会进行设置：

代码清单　3-107

```
classs base_test extends uvm_test;
  function void build_phase(uvm_phase phase);
    super.build_phase(phase);
    uvm_config_db#(int)::set(this, "env.i_agt.drv", pre_num_max, 7);
  endfunction
endclass
class case1 extends base_test;
  function void build_phase(uvm_phase phase);
    super.build_phase(phase);
  endfunction
endclass
...
class case99 extends base_test;
  function void build_phase(uvm_phase phase);
    super.build_phase(phase);
  endfunction
endclass
```

但是对于第 100 个测试用例，则依然需要这么写：

代码清单　3-108

```
class case100 extends base_test;
  function void build_phase(uvm_phase phase);
    super.build_phase(phase);
    uvm_config_db#(int)::set(this, "env.i_agt.drv", pre_num_max, 100);
  endfunction
endclass
```

case100 的 build_phase 相当于如下所示连续设置了两次：

代码清单　3-109

```
uvm_config_db#(int)::set(this, "env.i_agt.drv", "pre_num", 7);
uvm_config_db#(int)::set(this, "env.i_agt.drv", "pre_num", 100);
```

按照时间优先的原则，后面 config_db::set 的值将最终被 *driver* 得到。

*3.5.6　非直线的设置与获取

在图 3-4 所示的 UVM 树中，*driver* 的路径为 uvm_test_top.env.i_agt.drv。在 uvm_test_top、*env* 或者 i_agt 中，对 *driver* 中的某些变量通过 config_db 机制进行设置，称为直线的设置。但是若在其他 *component*，如 *scoreboard* 中，对 *driver* 的某些变量使用 config_db 机制进行设置，则称为非直线的设置。

在 my_driver 中使用 config_db::get 获得其他任意 *component* 设置给 my_driver 的参数，称为直线的获取。假如要在其他的 *component*，如在 *reference model* 中获取其他 *component* 设置给 my_driver 的参数的值，称为非直线的获取。

要进行非直线的设置，需要仔细设置 set 函数的第一个和第二个参数。以在 *scoreboard* 中设置 *driver* 中的 pre_num 为例：

代码清单　3-110

```
文件：src/ch3/section3.5/3.5.6/set/my_scoreboard.sv
18 function void my_scoreboard::build_phase(uvm_phase phase);
...
22   uvm_config_db#(int)::set(this.m_parent,
23                     "i_agt.drv",
24                     "pre_num",
25                     200);
26 `uvm_info("my_scoreboard", "in my_scoreboard, uvm_test_top.env.i_agt.drv.
   pre_num is set to 200", UVM_LOW)
27 endfunction
```

或者：

代码清单　3-111

```
function void my_scoreboard::build_phase(uvm_phase phase);
  super.build_phase(phase);
  uvm_config_db#(int)::set(uvm_root::get(),
                    "uvm_test_top.env.i_agt.drv",
                    "pre_num",
                    200);
endfunction
```

无论哪种方式，都带来了一个新的问题。在 UVM 树中，build_phase 是自上而下执行的，但是对于图 3-4 所示的 UVM 树来说，scb 与 i_agt 处于同一级别中，UVM 并没有明文指出同一级别的 build_phase 的执行顺序。所以当 my_driver 在获取参数值时，my_ scoreboard 的 build_phase 可能已经执行了，也可能没有执行。所以，这种非直线的设置，会有一定的风险，应该避免这种情况的出现。

非直线的获取也只需要设置其第一和第二个参数。假如要在 *reference model* 中获取 *driver* 的 pre_num 的值：

代码清单　3-112

```
文件：src/ch3/section3.5/3.5.6/get/my_model.sv
21 function void my_model::build_phase(uvm_phase phase);
22   super.build_phase(phase);
23   port = new("port", this);
24   ap = new("ap", this);
25   `uvm_info("my_model", $sformatf("before get, the pre_num is %0d", drv_
     pre_num), UVM_LOW)
26   void'(uvm_config_db#(int)::get(this.m_parent, "i_agt.drv", "pre_num", drv_
     pre_num));
27   `uvm_info("my_model", $sformatf("after get, the pre_num is %0d", drv_pre_
     num), UVM_LOW)
28 endfunction
```

或者：

代码清单　3-113

```
void'(uvm_config_db#(int)::get(uvm_root::get(), "uvm_test_top.env.i_agt.drv",
  "pre_num", drv_pre_num));
```

这两种方式都可以正确地得到设置的 pre_num 的值。

非直线的获取可以在某些情况下避免 config_db::set 的冗余。上面的例子在 *reference model* 中获取 *driver* 的 pre_num 的值，如果不这样做，而采用直线获取的方式，那么需要在测试用例中通过 cofig_db::set 分别给 *reference model* 和 *driver* 设置 pre_num 的值。同样的参数值设置出现在不同的两条语句中，这大大增加了出错的可能性。因此，非直线的获取可以在验证平台中多个组件（UVM 树结点）需要使用同一个参数时，减少 config_db::set 的冗余。

*3.5.7　config_db 机制对通配符的支持

在以前所有的例子中，在 config_db::set 操作时，其第二个参数都提供了完整的路径，但实际上也可以不提供完整的路径。config_db 机制提供对通配符的支持。

2.5.2 节的 top_tb.sv 中，使用完整路径设置 *virtual interface* 的代码如下：

代码清单　3-114

```
initial begin
 uvm_config_db#(virtual my_if)::set(null, "uvm_test_top.env.i_agt.drv",
   "vif",input_if);
 uvm_config_db#(virtual my_if)::set(null, "uvm_test_top.env.i_agt.mon",
   "vif",input_if);
```

```
    uvm_config_db#(virtual my_if)::set(null, "uvm_test_top.env.o_agt.mon",
    "vif",output_if);
end
```

使用通配符，可以把第一和第二个 set 语句合并为一个 set：

代码清单　3-115

```
文件: src/ch3/section3.5/3.5.7/top_tb.sv
53 initial begin
54   uvm_config_db#(virtual my_if)::set(null, "uvm_test_top.env.i_agt*", "vif", input_
     if);
55   uvm_config_db#(virtual my_if)::set(null, "uvm_test_top.env.o_agt*", "vif", output_
     if);
56   `uvm_info("top_tb", "use wildchar in top_tb's config_db::set!", UVM_LOW)
57 end
```

可以进一步简化为：

代码清单　3-116

```
initial begin
  uvm_config_db#(virtual my_if)::set(null, "*i_agt*", "vif", input_if);
  uvm_config_db#(virtual my_if)::set(null, "*o_agt*", "vif", output_if);
end
```

这种写法极大简化了代码，用起来非常方便。但是，并不推荐使用通配符。通配符的存在使得原本非常清晰的设置路径变得扑朔迷离。除非是对整个验证平台的结构有非常明确的了解，否则根本不清楚最终是设置给哪个目标的。在一个项目组中，有时候验证人员 A 因为种种原因需要把自己写的验证平台交给 B 维护，使用通配符会延长 B 用户的学习曲线。另外，即使不存在移交验证平台的情况，如果在间隔较长一段时间后 A 用户再来看自己写的验证平台，有时候也会非常迷茫。所以，尽量避免使用通配符；即使要用，也尽可能不要过于"省略"。在如下的两种方式中，第一种要比第二种好很多：

代码清单　3-117

```
    uvm_config_db#(virtual my_if)::set(null, "uvm_test_top.env.i_agt*", "vif",
    input_if);
    uvm_config_db#(virtual my_if)::set(null, "*i_agt*", "vif", input_if);
```

*3.5.8　check_config_usage

config_db 机制功能非常强大，能够在不同层次对同一参数实现配置。但它的一个致命缺点是，其 set 函数的第二个参数是字符串，如果字符串写错，那么根本就不能正确地设置参数值。假设要对 *driver* 的 pre_num 进行设置，但是在写第二个参数时，错把 i_agt 写成了 i_atg：

代码清单　3-118

```
uvm_config_db#(int)::set(this, "env.i_atg.drv", "pre_num", 7);
```

这个问题经常会使验证工作人员感到非常困扰，很多有经验的验证人员也深受其害。对于这种情况，UVM 不会提供任何错误提示。同时由于第二个参数是字符串，虽然错了，但是也还是一个字符串，所以 SystemVerilog 的仿真器也不会给出任何参数错误提示。

针对这种情况，UVM 提供了一个函数 check_config_usage，它可以显示出截止到此函数调用时有哪些参数是被设置过但是却没有被获取过。由于 config_db 的 set 及 get 语句一般都用于 build_phase 阶段，所以此函数一般在 connect_phase 被调用：

代码清单　3-119

```
文件：src/ch3/section3.5/3.5.8/my_case0.sv
29   virtual function void connect_phase(uvm_phase phase);
30     super.connect_phase(phase);
31     check_config_usage();
32   endfunction
```

当然了，它也可以在 connect_phase 后的任一 *phase* 被调用。

假如在测试用例中有如下的三个设置语句：

代码清单　3-120

```
文件：src/ch3/section3.5/3.5.8/my_case0.sv
37 function void my_case0::build_phase(uvm_phase phase);
...
40   uvm_config_db#(uvm_object_wrapper)::set(this,
41                                "env.i_agt.sqr.main_phase",
42                                "default_sequence",
43                                case0_sequence::type_id::get());
44   uvm_config_db#(int)::set(this,
45                      "env.i_atg.drv",
46                      "pre_num",
47                      999);
48   uvm_config_db#(int)::set(this,
49                      "env.mdl",
50                      "rm_value",
51                      10);
52 endfunction
```

第一个是设置 default_sequence，第二个是设置 *driver* 中 pre_num 的值，但是不小心把 i_agt 写成了 i_atg，第三个是设置 *reference model* 中 rm_value 的值。

在 my_driver 和 my_model 中分别获取 pre_num 和 rm_value 的值，这里不列出相关代码。调用 check_config_usage 的运行结果是：

```
# UVM_INFO @ 0: uvm_test_top [CFGNRD]  ::: The following resources have at least
one write and no reads :::
# default_sequence [/^uvm_test_top\.env\.i_agt\.sqr\.main_phase$/] : (class
uvm_pkg::uvm_object_wrapper) {case0_sequence} @uvm_object_registry__36@1
# -
#    --------
```

```
#   uvm_test_top reads: 0 @ 0  writes: 1 @ 0
#
# pre_num [/^uvm_test_top\.env\.i_atg\.drv$/] : (int) 999
# -
#   --------
#   uvm_test_top reads: 0 @ 0  writes: 1 @ 0
#
```

上述结果显示有两条设置信息分别被写过（set）1 次，但是一次也没有被读取（get）。其中 pre_num 未被读取是因为错把 i_agt 写成了 i_atg。*default sequence* 的设置也没有被读取，是因为 *default sequence* 是设置给 main_phase 的，它在 main_phase 的时候被获取，而 main_phase 是在 connect_phase 之后执行的。

3.5.9 set_config 与 get_config

在 3.1.3 节代码清单 3-4 中出现了 get_config_int。这种写法最初来自 OVM 中，UVM 继承了这种写法，并在此基础上发展出了 config_db。与将在第 11 章介绍的那些过时的 OVM 用法不同，set_config 与 get_config 依然是 UVM 标准的一部分，并没有过时[⊖]。

使用 set_config_int 来代替 uvm_config_int 的代码为：

代码清单　3-121

```
文件: src/ch3/section3.5/3.5.9/my_case0.sv
37 function void my_case0::build_phase(uvm_phase phase);
...
40   uvm_config_db#(uvm_object_wrapper)::set(this,
41                               "env.i_agt.sqr.main_phase",
42                               "default_sequence",
43                               case0_sequence::type_id::get());
44   set_config_int("env.i_agt.drv", "pre_num", 999);
45   set_config_int("env.mdl", "rm_value", 10);
46 endfunction
```

在 my_model 中使用 get_config_int 来获取参数值：

代码清单　3-122

```
文件: src/ch3/section3.5/3.5.9/my_model.sv
20 function void my_model::build_phase(uvm_phase phase);
21   int rm_value;
22   super.build_phase(phase);
...
25   void'(get_config_int("rm_value", rm_value));
26   `uvm_info("my_model", $sformatf("get the rm_value %0d", rm_value), UVM_LOW)
27 endfunction
```

set_config_int 与 uvm_config_int 是完全等价的，而 get_config_int 与 uvm_config_ int

---

⊖　在本书即将出版时，UVM1.2 发布，set_config 与 get_config 被从 UVM 标准中移除，成为过时的用法。

是完全等价的。参数可以使用 set_config_int 设置，而使用 int 来获取；或者使用 uvm_config_int 来设置，而使用 get_config_int 来获取。

除了 set/get_config_int 外，还有 set/get_config_string 和 set/get_config_object。它们分别对应 uvm_config_db#(string)::set/get 和 uvm_config_db#(uvm_object)::set/get。

config_db 比 set/get_config 强大的地方在于，它设置的参数类型并不局限于以上三种。常见的枚举类型、*virtual interface*、bit 类型、队列等都可以成为 config_db 设置的数据类型。

在这些所有的类型中，最常见的无疑是 int 类型和 string 类型。UVM 提供命令行参数来对它们进行设置：

代码清单　3-123

```
<sim command> +uvm_set_config_int=<comp>,<field>,<value>
<sim command> +uvm_set_config_string=<comp>,<field>,<value>
```

如可以使用如下的方式对 pre_num 进行设置：

代码清单　3-124

```
<sim command> +uvm_set_config_int="uvm_test_top.env.i_agt.drv,pre_num,'h8"
```

在设置 int 型参数时，可以在其前加上如下的前缀：'b、'o、'd、'h，分别表示二进制、八进制、十进制和十六进制的数据。如果不加任何前缀，则默认为十进制。

3.5.10　config_db 的调试

3.5.8 节介绍了 check_config_usage 函数，它能显示出截止到函数调用时，系统中有哪些参数被设置过但是没有被读取过。这是 config_db 调试中最重要的一个函数。除了这个函数外，UVM 还提供了 print_config 函数：

代码清单　3-125

```
文件: src/ch3/section3.5/3.5.10/my_case0.sv
29   virtual function void connect_phase(uvm_phase phase);
30     super.connect_phase(phase);
31     print_config(1);
32   endfunction
```

其中参数 1 表示递归的查询，若为 0，则只显示当前 *component* 的信息。print_config 的输出结果中有很多的冗余信息。其运行结果大致如下：

```
# UVM_INFO @ 0: uvm_test_top [CFGPRT] visible resources:
# <none>
# UVM_INFO @ 0: uvm_test_top.env [CFGPRT] visible resources:
# <none>
# UVM_INFO @ 0: uvm_test_top.env.agt_mdl_fifo [CFGPRT] visible resources:
# <none>
…
```

它会遍历整个验证平台的所有结点，找出哪些被设置过的信息对于它们是可见的。以 3.5.8 节在 my_caseo.sv 中的三个设置为例（这里改正了 i_atg 的拼写错误），其中会有如下几条信息：

```
# UVM_INFO @ 0: uvm_test_top.env.i_agt.drv [CFGPRT] visible resources:
# vif [/^uvm_test_top\.env\.i_agt\.drv$/] : (virtual my_if) X X x x
# -
# pre_num [/^uvm_test_top\.env\.i_agt\.drv$/] : (int) 999
# -
...
# UVM_INFO @ 0: uvm_test_top.env.i_agt.mon [CFGPRT] visible resources:
# vif [/^uvm_test_top\.env\.i_agt\.mon$/] : (virtual my_if) X X x x
# -
...
# UVM_INFO @ 0: uvm_test_top.env.mdl [CFGPRT] visible resources:
# rm_value [/^uvm_test_top\.env\.mdl$/] : (int) 10
# -
...
# UVM_INFO @ 0: uvm_test_top.env.o_agt.mon [CFGPRT] visible resources:
# vif [/^uvm_test_top\.env\.o_agt\.mon$/] : (virtual my_if) X X x x
# -
```

这里依然不会列出 *default sequence* 的相关信息。

UVM 还提供了一个命令行参数 UVM_CONFIG_DB_TRACE 来对 config_db 进行调试：

代码清单 3-126

```
<sim command>   +UVM_CONFIG_DB_TRACE
```

但是，无论哪种方式，如果 set 函数的第二个参数设置错误，都不会给出错误信息。本书会在 10.6.3 节提供一个函数，它会检查 set 函数的第二个参数，如果不可达，将会给出 UVM_ERROR 的信息。

第 4 章
UVM 中的 TLM1.0 通信

4.1　TLM1.0

4.1.1　验证平台内部的通信

如果要在两个 uvm_component 之间通信，如一个 *monitor* 向一个 *scoreboard* 传递一个数据（如图 4-1 所示）有哪些方法呢？

最简单的方法就是使用全局变量，在 *monitor* 里对此全局变量进行赋值，在 *scoreboard* 里监测此全局变量值的改变。这种方法简单、直接，不过要避免使用全局变量，滥用全局变量只会造成灾难性的后果。

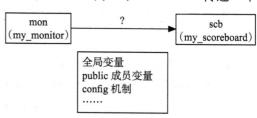

图 4-1　*monitor* 与 *scoreboard* 的通信

稍微复杂一点的方法，在 *scoreboard* 中有一个变量，这个变量设置为外部可以直接访问的，即 public 类型的，在 *monitor* 中对此变量赋值，如图 4-2 所示。要完成这个任务，那么要在 *monitor* 中有一个指向 *scoreboard* 的指针，否则虽然 *scoreboard* 把这个变量设置为非 local 类型的，但是 *monitor* 依然无法改变。

这种方法的问题就在于，整个 *scoreboard* 里面的所有非 local 类型的变量都对 *monitor* 是可见的，而假如 *monitor* 的开发人员不小心改变了 *scoreboard* 中的一些变量，那么后果将可能会是致命的。

由 *config* 机制的特性可以想出第三种方法来，即从 uvm_object 派生出一个参数类 config_object，在此类中有 *monitor* 要传给 *scoreboard* 的变量。在 base_test 中，实例化这个 config_object，并将其指针通过 config_db#(config_object)::set 传递给 *scoreboard* 和 *monitor*。当 *monitor* 要和 *scoreboard* 通信时，只要把此 config_object 中相应变量的值改变即可。*scoreboard* 中则监测变量值的改变，监测到之后做相应动作。这种方法比上面的两种方法都好，但是仍然显得有些笨拙。一是要引入一个专门的 config_object 类，二是一定要有 base_test 这个第三方的参与。在大多数情况下，这个第三方是不会惹麻烦的。但是永远不能保证某一个从 base_test 派生而来的类会不会改变这个 config_object 类中某些变量的值。也就是说，依然存在一定的风险。

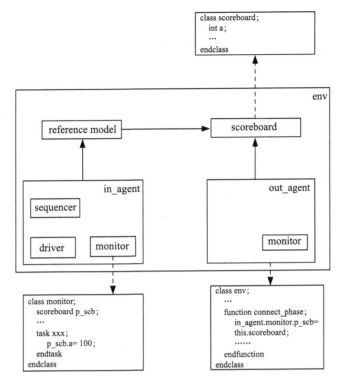

图 4-2　使用 public 变量通信

　　上述问题只是最简单的一种情况，如果加入阻塞（blocking）和非阻塞（non-blocking）的概念，则会更加复杂。阻塞和非阻塞这两个术语对于有 Verilog 代码编写经验的人来说是比较熟悉的，因为 Verilog 中就有阻塞赋值和非阻塞赋值。当 monitor 向 scoreboard 传递数据时，scoreboard 可能并不一定有时间立刻接收这些数据。此时对于 monitor 来说有两种处理方法，一种方法是等在那里，一直等到 scoreboard 处理完事情，然后接收新的数据，另外一种方法是不等待，直接返回，至于后面是过一段时间继续发还是直接放弃不发了，则要看代码编写者的行为。前面一种想法相应的就是阻塞操作，而后一种方法就是非阻塞操作。

　　除了阻塞及非阻塞外，还存在的一个问题是如果 scoreboard 主动要求向 monitor 请求数据，这样的行为方式如何实现？

　　这些问题使用现行的 SystemVerilog 中的一些机制，如 Semaphore、Mailbox，再结合其他的一些技术等都能实现，但是这其中的问题在于这种通信显得非常复杂，用户需要浪费大量时间编写通信相关的代码。解决这些问题最好的办法就是在 monitor 和 scoreboard 之间专门建立一个通道，让信息只能在这个通道内流动，scoreboard 也只能从这个通道中接收信息，这样几乎就可以保证 scoreboard 中的信息只能从 monitor 中来，而不能从别的地方来；同时赋予这个通道阻塞或者非阻塞等特性。UVM 中的各种端口就可以实现这种功能。

4.1.2   TLM 的定义

TLM 是 Transaction Level Modeling（事务级建模）的缩写，它起源于 SystemC 的一种通信标准。所谓 *transaction level* 是相对 DUT 中各个模块之间信号线级别的通信来说的。简单来说，一个 *transaction* 就是把具有某一特定功能的一组信息封装在一起而成为的一个类。如 my_transaction 就是把一个 MAC 帧里的各个字段封装在了一起。

UVM 中的 TLM 共有两个版本，分别是 TLM1.0 和 TLM2.0，后者在前者的基础上做了扩展。使用 TLM1.0 足以搭建起一个功能强大的验证平台，本章将只讲述 TLM1.0。

TLM 通信中有如下几个常用的术语：

1）put 操作，如图 4-3 所示，通信的发起者 A 把一个 *transaction* 发送给 B。在这个过程中，A 称为"发起者"，而 B 称为"目标"。A 具有的端口（用方框表示）称为 PORT，而 B 的端口（用圆圈表示）称为 EXPORT。这个过程中，数据流是从 A 流向 B 的。

2）get 操作，如图 4-4 所示，A 向 B 索取一个 *transaction*。在这个过程中，A 依然是"发起者"，B 依然是"目标"，A 上的端口依然是 PORT，而 B 上的端口依然是 EXPORT。这个过程中，数据流是从 B 流向 A 的。到这里，读者应该意识到，PORT 和 EXPORT 体现的是控制流而不是数据流。因为在 put 操作中，数据流是从 PORT 流向 EXPORT 的，而在 get 操作中，数据是从 EXPORT 流向 PORT 的。但是无论是 get 还是 put 操作，其发起者拥有的都是 PORT 端口，而不是 EXPORT。作为一个 EXPORT 来说，只能被动地接收 PORT 的命令。

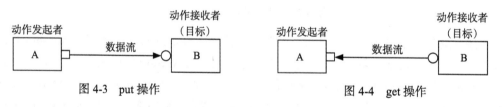

图 4-3   put 操作   图 4-4   get 操作

3）transport 操作，如图 4-5 所示，transport 操作相当于一次 put 操作加一次 get 操作，这两次操作的"发起者"都是 A，目标都是 B。A 上的端口依然是 PORT，而 B 上的端口依然是 EXPORT。在这个过程中，数据流先从 A 流向 B，再从 B 流向

图 4-5   transport 操作

A。在现实世界中，相当于是 A 向 B 提交了一个请求（request），而 B 返回给 A 一个应答（response）。所以这种 transport 操作也常常被称做 request-response 操作。

put、get 和 transport 操作都有阻塞和非阻塞之分。

4.1.3   UVM 中的 PORT 与 EXPORT

UVM 提供对 TLM 操作的支持，在其中实现了 PORT 与 EXPORT。对应于不同的操作，有不同的 PORT，UVM 中常用的 PORT 有：

代码清单 4-1

```
来源：UVM 源代码
uvm_blocking_put_port#(T);
uvm_nonblocking_put_port#(T);
uvm_put_port#(T);
uvm_blocking_get_port#(T);
uvm_nonblocking_get_port#(T);
uvm_get_port#(T);
uvm_blocking_peek_port#(T);
uvm_nonblocking_peek_port#(T);
uvm_peek_port#(T);
uvm_blocking_get_peek_port#(T);
uvm_nonblocking_get_peek_port#(T);
uvm_get_peek_port#(T);
uvm_blocking_transport_port#(REQ, RSP);
uvm_nonblocking_transport_port#(REQ, RSP);
uvm_transport_port#(REQ, RSP);
```

　　三个 put 系列端口对应的是 TLM 中的 put 操作，三个 get 系列端口对应的是 get 操作，三个 transport 系列端口对应的是则是 transport 操作（request-response 操作）。另外，上述端口中还有三个 peek 系列端口，它们与 get 系列端口类似，用于主动获取数据，它与 get 操作的区别将在 4.3.4 节中看到。除此之外，还有三个 get_peek 系列端口，它集合了 get 操作和 peek 操作两者的功能。这 15 个端口中前 12 个定义中的参数就是这个 PORT 中的数据流类型，而最后 3 个定义中的参数则表示 transport 操作中发起请求时传输的数据类型和返回的数据类型。这几种 PORT 对应 TLM 中的操作，同时以 blocking 和 nonblocking 关键字区分。对于名称中不含这两者的，则表示这个端口既可以用作是阻塞的，也可以用作是非阻塞的，否则只能用于阻塞的或者只能用于非阻塞的。由这种划分方法可以看出，UVM 把一个端口固定为只能执行某种操作，如对于 uvm_blocking_put_port#(T)，它只能执行阻塞的 put 操作，想要执行非阻塞的 put 操作是不行的，想要执行 get 操作，也是不行的，更不用提执行 transport 操作了。所以在使用前用户一定要想清楚了，这个端口将会用于什么操作。如果想要其执行另外的操作，那么最好的方式是再另外使用一个端口。

　　UVM 中常用的 EXPORT 有：

代码清单 4-2

```
来源：UVM 源代码
uvm_blocking_put_export#(T);
uvm_nonblocking_put_export#(T);
uvm_put_export#(T);
uvm_blocking_get_export#(T);
uvm_nonblocking_get_export#(T);
uvm_get_export#(T);
uvm_blocking_peek_export#(T);
uvm_nonblocking_peek_export#(T);
uvm_peek_export#(T);
```

```
uvm_blocking_get_peek_export#(T);
uvm_nonblocking_get_peek_export#(T);
uvm_get_peek_export#(T);
uvm_blocking_transport_export#(REQ, RSP);
uvm_nonblocking_transport_export#(REQ, RSP);
uvm_transport_export#(REQ, RSP);
```

这 15 种 EXPORT 定义与前面的 15 种 PORT ——对应。

PORT 和 EXPORT 体现的是一种控制流，在这种控制流中，PORT 具有高优先级，而 EXPORT 具有低优先级。只有高优先级的端口才能向低优先级的端口发起三种操作。

4.2　UVM 中各种端口的互连

本节介绍 UVM 中各种端口的连接。4.2.1 节至 4.2.6 节以 blocking_put 系列端口为例介绍 PORT，EXPORT 及 IMP 之间的互相连接；4.2.7 节介绍 blocking_get 系列端口的连接；4.2.8 节介绍 blocking_transport 系列端口的连接。

*4.2.1　PORT 与 EXPORT 的连接

如图 4-6 所示，ABCD 四个端口，要在 A 和 B 之间、C 和 D 之间通信。为了实现这个目标，必须要在 A 和 B 之间、C 和 D 之间建立一种连接关系，否则的话，A 如何知道是和 B 通信而不是和 C 或者 D 通信呢？所以一定要在通信前建立连接关系。

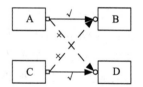

图 4-6　ABCD 的通信

UVM 中使用 connect 函数来建立连接关系。如 A 要和 B 通信（A 是发起者），那么可以这么写：A.port.connect(B.export)，但是不能写成 B.export.connect(A.port)。因为在通信的过程中，A 是发起者，B 是被动承担者。这种通信时的主次顺序也适用于连接时，只有发起者才能调用 connect 函数，而被动承担者则作为 connect 的参数。

使用上述方式建立 A.PORT 和 B.EXPORT 之间的连接关系。A 的代码为：

代码清单　4-3

```
文件：src/ch4/section4.2/4.2.1/A.sv
 3 class A extends uvm_component;
 4   `uvm_component_utils(A)
 5
 6   uvm_blocking_put_port#(my_transaction) A_port;
 …
13 endclass
14
15 function void A::build_phase(uvm_phase phase);
16   super.build_phase(phase);
17   A_port = new("A_port", this);
```

```
18 endfunction
19
20 task A::main_phase(uvm_phase phase);
21 endtask
```

其中 A_port 在实例化的时候比较奇怪，第一个参数是名字，而第二个参数则是一个 uvm_component 类型的父结点变量。事实上，一个 uvm_blocking_put_port 的 new 函数的原型如下：

代码清单　4-4

```
来源：UVM 源代码
function new(string name,
         uvm_component parent,
         int min_size = 1;
         int max_size = 1);
```

如果不看后两个参数，那么这个 new 函数其实就是一个 uvm_component 的 new 函数。new 函数中的 min_size 和 max_size 指的是必须连接到这个 PORT 的下级端口数量的最小值和最大值，也即这一个 PORT 应该调用的 connect 函数的最小值和最大值。如果采用默认值，即 min_size = max_size = 1，则只能连接一个 EXPORT。

B 的代码为：

代码清单　4-5

```
文件：src/ch4/section4.2/4.2.1/B.sv
 3 class B extends uvm_component;
 4   `uvm_component_utils(B)
 5
 6   uvm_blocking_put_export#(my_transaction) B_export;
...
13 endclass
14
15 function void B::build_phase(uvm_phase phase);
16   super.build_phase(phase);
17   B_export = new("B_export", this);
18 endfunction
19
20 task B::main_phase(uvm_phase phase);
21 endtask
```

在 env 中建立两者之间的连接：

代码清单　4-6

```
文件：src/ch4/section4.2/4.2.1/my_env.sv
 4 class my_env extends uvm_env;
 5
 6   A   A_inst;
 7   B   B_inst;
...
```

```
14   virtual function void build_phase(uvm_phase phase);
...
17     A_inst = A::type_id::create("A_inst", this);
18     B_inst = B::type_id::create("B_inst", this);
19
20   endfunction
...
25 endclass
26
27 function void my_env::connect_phase(uvm_phase phase);
28   super.connect_phase(phase);
29   A_inst.A_port.connect(B_inst.B_export);
30 endfunction
```

运行上述代码，可以看到仿真器给出如下的错误提示：

```
# UVM_ERROR @ 0: uvm_test_top.env.B_inst.B_export [Connection Error] connection
count of 0 does not meet required minimum of 1
# UVM_ERROR @ 0: uvm_test_top.env.A_inst.A_port [Connection Error] connection
count of 0 does not meet required minimum of 1
# UVM_FATAL @ 0: reporter [BUILDERR] stopping due to build errors
```

connect 函数的使用是没有什么问题的，A_port 与 B_export 的连接也是没有问题的，那么问题出在什么地方？

反思上述的 put 操作，A 通过其端口 A_port 把一个 *transaction* 传送给 B，这个 A_port 在 *transaction* 传输的过程中起了什么作用呢？ PORT 恰如一道门，EXPORT 也如此。既然是一道门，那么它们也就只是一个通行的作用，它不可能把一笔 *transaction* 存储下来，因为它只是一道门，没有存储作用，除了转发操作之外不作其他操作。因此，这笔 *transaction* 一定要由 B_export 后续的某个组件进行处理。在 UVM 中，完成这种后续处理的也是一种端口：IMP。

*4.2.2　UVM 中的 IMP

除了 TLM 中定义的 PORT 与 EXPORT 外，UVM 中加入了第三种端口：IMP。IMP 才是 UVM 中的精髓，承担了 UVM 中 TLM 的绝大部分实现代码。UVM 中的 IMP 如下所示：

代码清单　4-7

```
来源：UVM 源代码
uvm_blocking_put_imp#(T, IMP);
uvm_nonblocking_put_imp#(T, IMP);
uvm_put_imp#(T, IMP);
uvm_blocking_get_imp#(T, IMP);
uvm_nonblocking_get_imp#(T, IMP);
uvm_get_imp#(T, IMP);
uvm_blocking_peek_imp#(T, IMP);
uvm_nonblocking_peek_imp#(T, IMP);
uvm_peek_imp#(T, IMP);
uvm_blocking_get_peek_imp#(T, IMP);
```

```
uvm_nonblocking_get_peek_imp#(T, IMP);
uvm_get_peek_imp#(T, IMP);
uvm_blocking_transport_imp#(REQ, RSP, IMP);
uvm_nonblocking_transport_imp#(REQ, RSP, IMP);
uvm_transport_imp#(REQ, RSP, IMP);
```

这 15 种 IMP 与代码清单 4-1 和代码清单 4-2 中的 15 种 PORT 和 15 种 EXPORT 分别一一对应。

IMP 定义中的 blocking、nonblocking、put、get、peek、get_peek、transport 等关键字的意思并不是它们发起做相应类型的操作，而只意味着它们可以和相应类型的 PORT 或者 EXPORT 进行通信，且通信时作为被动承担者。按照控制流的优先级排序，UVM 中三种端口顺序为：PORT、EXPORT、IMP。IMP 的优先级最低，一个 PORT 可以连接到一个 IMP，并发起三种操作，反之则不行。

前六个 IMP 定义中的第一个参数 T 是这个 IMP 传输的数据类型。第二个参数 IMP，UVM 文档中把其解释为实现这个接口的一个 *component*。这句话怎么理解呢？

以 blocking_put 端口为例，在图 4-7 中，A_port 被连接到 B_export，而 B_export 被连接到 B_imp。当写下 A.A_port.put(transaction) 时，此时 B.B_imp 会通知 B 有 transaction 过来了，这个过程是如何进行的呢？可以简单理解成 A.A_port.put(transaction) 这个任务会调用 B.B_export 的 put，B.B_export 的 put(transaction) 又会调用 B.B_imp 的 put(transaction)，而 B_imp.put 最终又会调用 B 的相关任务，如 B.put(*transaction*)。所以关于 A_port 的操作最终会落到 B.put 这个任务上，这个任务是属于 B 的一个任务，与 A 无关，与 A 的 PORT 无关，也与 B 的 EXPORT 和 IMP 无关。也就是说，这些 put 操作最终还是要由 B 这个 *component* 来实现，即要由一个 *component* 来实现接口的操作。所以每一个 IMP 要和一个 *component* 相对应。

有了 IMP 之后，4.2.1 节中 PORT 与 EXPORT 之间的连接就可以实现了。A 的代码为：

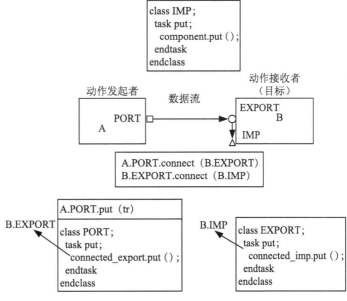

图 4-7 *component* 在连接中的作用

代码清单 4-8

文件: src/ch4/section4.2/4.2.2/A.sv

```
 3 class A extends uvm_component;
 4   `uvm_component_utils(A)
 5
 6   uvm_blocking_put_port#(my_transaction) A_port;
...
13 endclass
...
20 task A::main_phase(uvm_phase phase);
21   my_transaction tr;
22   repeat(10) begin
23     #10;
24     tr = new("tr");
25     assert(tr.randomize());
26     A_port.put(tr);
27   end
28 endtask
```

B 的代码为：

代码清单　4-9

```
文件: src/ch4/section4.2/4.2.2/B.sv
 3 class B extends uvm_component;
 4   `uvm_component_utils(B)
 5
 6   uvm_blocking_put_export#(my_transaction) B_export;
 7   uvm_blocking_put_imp#(my_transaction, B) B_imp;
...
16 endclass
...
24 function void B::connect_phase(uvm_phase phase);
25   super.connect_phase(phase);
26   B_export.connect(B_imp);
27 endfunction
28
29 function void B::put(my_transaction tr);
30   `uvm_info("B", "receive a transaction", UVM_LOW)
31   tr.print();
32 endfunction
```

在 B 的代码中，关键是要实现一个 put 函数 / 任务。如果不实现，将会给出如下的错误提示：

```
# ** Error: /home/landy/uvm/uvm-1.1d/src/tlm1/uvm_imps.svh(85): No field named
'put'.
#         Region: /uvm_pkg::uvm_blocking_put_imp #(top_tb_sv_unit::my_transact
ion, top_tb_sv_unit::B)
```

env 的代码与代码清单 4-6 的 my_env 的代码相同。

运行上述代码，可以见到 B 正确地收到了 A 发出的 *transaction*。在上述连接关系中，IMP 是作为连接的终点。在 UVM 中，只有 IMP 才能作为连接关系的终点。如果是 PORT

或者 EXPORT 作为终点，则会报错。

*4.2.3　PORT 与 IMP 的连接

在 UVM 三种端口按控制流优先级排列中，PORT 优先级最高，IMP 的最低。理所当然的，一个 PORT 可以调用 connect 函数并把 IMP 作为函数调用时的参数。假如有三个 *component*：A、B 和 *env*，其中 *env* 是 A 和 B 的父结点，现在要把 A 中的 PORT 和 B 中的 IMP 连接起来实现通信，如图 4-8 所示。

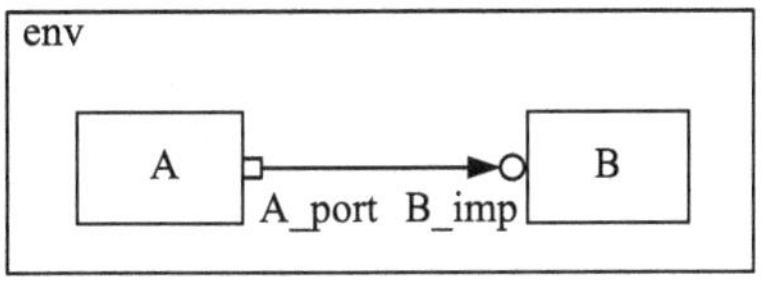

A 的代码与代码清单 4-8 相同，B 的定义如下：

图 4-8　PORT 与 IMP 的连接

代码清单　4-10

```
文件: src/ch4/section4.2/4.2.3/B.sv
 3 class B extends uvm_component;
 4   `uvm_component_utils(B)
 5
 6   uvm_blocking_put_imp#(my_transaction, B) B_imp;
...
15 endclass
...
26 function void B::put(my_transaction tr);
27   `uvm_info("B", "receive a transaction", UVM_LOW)
28   tr.print();
29 endfunction
```

由于 A 中采用了 blocking_put 类型的 PORT，所以在 B 中 IMP 相应的类型是 uvm_blocking_put_imp。同时，这个 IMP 有两个参数，第一个参数是将要传输的 *transaction*，第二个参数前面说过，就是实现接口的 uvm_component，在这里就是 B_imp 所在的 uvm_component B。IMP 的 new 函数与 PORT 的相似，第一个参数是名字，第二个参数是一个 uvm_component 的变量，一般填写 this 即可。

B 中的关键是定义一个任务 / 函数 put。回顾一下，上节中在介绍 IMP 的时候，A_port 的 put 操作最终要落到 B 的 put 上。所以在 B 中要定义一个名字为 put 的任务 / 函数。这里有如下的规律：

当 A_port 的类型是 nonblocking_put（为了方便，省略了前缀 uvm_ 和后缀 _port，下同），B_imp 的类型是 nonblocking_put（为了方便，省略了前缀 uvm_ 和后缀 _imp，下同）时，那么就要在 B 中定义一个名字为 try_put 的函数和一个名为 can_put 的函数。

当 A_port 的类型是 put，B_imp 的类型是 put 时，那么就要在 B 中定义 3 个接口，一个是 put 任务 / 函数，一个是 try_put 函数，一个是 can_put 函数。

当 A_port 的类型是 blocking_get，B_imp 的类型是 blocking_get 时，那么就要在 B 中定义一个名字为 get 的任务 / 函数。

当 A_port 的类型是 nonblocking_get，B_imp 的类型是 nonblocking_get 时，那么就要

在 B 中定义一个名字为 try_get 的函数和一个名为 can_get 的函数。

　　当 A_port 的类型是 get，B_imp 的类型是 get 时，那么就要在 B 中定义 3 个接口，一个是 get 任务 / 函数，一个是 try_get 函数，一个是 can_get 函数。

　　当 A_port 的类型是 blocking_peek，B_imp 的类型是 blocking_peek 时，那么就要在 B 中定义一个名字为 peek 的任务 / 函数。

　　当 A_port 的类型是 nonblocking_peek，B_imp 的类型是 nonblocking_peek 时，那么就要在 B 中定义一个名字为 try_peek 的函数和一个名为 can_peek 的函数。

　　当 A_port 的类型是 peek，B_imp 的类型是 peek 时，那么就要在 B 中定义 3 个接口，一个是 peek 任务 / 函数，一个是 try_peek 函数，一个是 can_peek 函数。

　　当 A_port 的类型是 blocking_get_peek，B_imp 的类型是 blocking_get_peek 时，那么就要在 B 中定义一个名字为 get 的任务 / 函数，一个名字为 peek 的任务 / 函数。

　　当 A_port 的类型是 nonblocking_get_peek，B_imp 的类型是 nonblocking_get_peek 时，那么就要在 B 中定义一个名字为 try_get 的函数，一个名为 can_get 的函数，一个名字为 try_peek 的函数和一个名为 can_peek 的函数。

　　当 A_port 的类型是 get_peek，B_imp 的类型是 get_peek 时，那么就要在 B 中定义 6 个接口，一个是 get 任务 / 函数，一个是 try_get 函数，一个是 can_get 函数，一个是 peek 任务 / 函数，一个是 try_peek 函数，一个是 can_peek 函数。

　　当 A_port 的类型是 blocking_transport，B_imp 的类型是 blocking_transport 时，那么就要在 B 中定义一个名字为 transport 的任务 / 函数。

　　当 A_port 的类型是 nonblocking_transport，B_imp 的类型是 nonblocking_transport 时，那么就要在 B 中定义一个名字为 nb_transport 的函数。

　　当 A_port 的类型是 transport，B_imp 的类型是 transport 时，那么就要在 B 中定义两个接口，一个是 transport 任务 / 函数，一个是 nb_transport 函数。

　　在前述的这些规律中，对于所有 blocking 系列的端口来说，可以定义相应的任务或函数，如对于 blocking_put 端口来说，可以定义名字为 put 的任务，也可以定义名字为 put 的函数。这是因为 A 会调用 B 中名字为 put 的接口，而不管这个接口的类型。由于 A 中的 put 是个任务，所以 B 中的 put 可以是任务，也可以是函数。但是对于 nonblocking 系列端口来说，只能定义函数。

　　回到前面的例子中来，当 B 中完成 B_imp 和 put 的定义后，在 *env* 的 connect_phase 就需要把 A_port 和 B_imp 连接在一起了：

代码清单　4-11

```
文件: src/ch4/section4.2/4.2.3/my_env.sv
27 function void my_env::connect_phase(uvm_phase phase);
28   super.connect_phase(phase);
29   A_inst.A_port.connect(B_inst.B_imp);
30 endfunction
```

connect 函数一定要在 connect_phase 调用。连接完成后，当在 A 中通过 put 向 A_port 写入一个 *transaction* 时，B 的 put 马上会被调用，并执行其中的代码。A 的代码与 4.2.2 节代码清单 4-8 相同，在此段代码中，A 向 A_port 写入了 10 个 *transaction*，因此 B 的 put 会被调用 10 次。

*4.2.4　EXPORT 与 IMP 的连接

PORT 可以与 IMP 相连接，同样的 EXPORT 也可以与 IMP 相连接，其连接方法与 PORT 和 IMP 的连接完全一样。在 4.2.2 节中已经看到了 EXPORT 与 IMP 的连接，不过在那个连接中 EXPORT 只是作为中间环节，这里把 EXPORT 作为连接的起点。

要实现 A 中的 EXPORT 与 B 中的 IMP 连接，A 的代码为：

代码清单　4-12

```
文件: src/ch4/section4.2/4.2.4/A.sv
  3 class A extends uvm_component;
  4   `uvm_component_utils(A)
  5
  6   uvm_blocking_put_export#(my_transaction) A_export;
...
 13 endclass
...
 20 task A::main_phase(uvm_phase phase);
 21   my_transaction tr;
 22   repeat(10) begin
 23     #10;
 24     tr = new("tr");
 25     assert(tr.randomize());
 26     A_export.put(tr);
 27   end
 28 endtask
```

B 的代码与代码清单 4-10 完全相同。my_env 中的连接关系为：

代码清单　4-13

```
文件: src/ch4/section4.2/4.2.4/my_env.sv
 27 function void my_env::connect_phase(uvm_phase phase);
 28   super.connect_phase(phase);
 29   A_inst.A_export.connect(B_inst.B_imp);
 30 endfunction
```

如上述代码所示，就可以实现一个 EXPORT 和一个 IMP 的连接。与上一小节中的例子对比可以发现，除了 A_port 变成 B_export 之外，其他没有任何改变。在 B 中也必须定义一个名字为 put 的任务。上一节中罗列的那些规律，对于 EXPORT 依然适用。

*4.2.5　PORT 与 PORT 的连接

在前面的连接中，都是不同类型的端口之间连接（PORT 与 IMP、PORT 与 EXPORT、

EXPORT 与 IMP），且不存在层次的关系。在 UVM 中，支持带层次的连接关系，如图 4-9 所示。

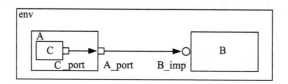

图 4-9   PORT 与 PORT 的连接

在上图中，A 与 C 中是 PORT，B 中是 IMP。UVM 支持 C 的 PORT 连接到 A 的 PORT，并最终连接到 B 的 IMP。

C 的代码为：

代码清单   4-14

```
文件: src/ch4/section4.2/4.2.5/C.sv
 3 class C extends uvm_component;
 4   `uvm_component_utils(C)
 5
 6   uvm_blocking_put_port#(my_transaction) C_port;
...
13 endclass
...
20 task C::main_phase(uvm_phase phase);
21   my_transaction tr;
22   repeat(10) begin
23     #10;
24     tr = new("tr");
25     assert(tr.randomize());
26     C_port.put(tr);
27   end
28 endtask
```

A 的代码为：

代码清单   4-15

```
文件: src/ch4/section4.2/4.2.5/A.sv
 3 class A extends uvm_component;
 4   `uvm_component_utils(A)
 5
 6   C C_inst;
 7   uvm_blocking_put_port#(my_transaction) A_port;
...
15 endclass
16
17 function void A::build_phase(uvm_phase phase);
18   super.build_phase(phase);
19   A_port = new("A_port", this);
```

```
20    C_inst = C::type_id::create("C_inst", this);
21 endfunction
22
23 function void A::connect_phase(uvm_phase phase);
24    super.connect_phase(phase);
25    C_inst.C_port.connect(this.A_port);
26 endfunction
27
28 task A::main_phase(uvm_phase phase);
29
30 endtask
```

B 的代码与代码清单 4-10 完全相同，*env* 的代码与代码清单 4-11 完全相同。

PORT 与 PORT 之间的连接不只局限于两层，可以有无限多层。

*4.2.6   EXPORT 与 EXPORT 的连接

除了支持 PORT 与 PORT 之间的连接外，UVM 同样支持 EXPORT 与 EXPORT 之间的连接，如图 4-10 所示。

在右图中，A 中是 PORT，B 与 C 中是 EXPORT，B 中还有一个 IMP。UVM 支持 C 的 EXPORT 连接到 B 的 EXPORT，并最终连接到 B 的 IMP。

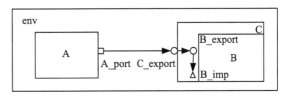

图 4-10   EXPORT 与 EXPORT 的连接

A 的代码与代码清单 4-8 相同，B 的代码与代码清单 4-9 相同。C 的代码为：

代码清单　4-16

```
文件: src/ch4/section4.2/4.2.6/C.sv
 3 class C extends uvm_component;
 4    `uvm_component_utils(C)
 5
 6    B B_inst;
 7
 8    uvm_blocking_put_export#(my_transaction) C_export;
...
16 endclass
17
18 function void C::build_phase(uvm_phase phase);
19    super.build_phase(phase);
20    C_export = new("C_export", this);
21    B_inst = B::type_id::create("B_inst", this);
22 endfunction
23
24 function void C::connect_phase(uvm_phase phase);
25    super.connect_phase(phase);
26    this.C_export.connect(B_inst.B_export);
```

```
27 endfunction
28
29 task C::main_phase(uvm_phase phase);
30
31 endtask
```

env 中的连接关系为：

代码清单　4-17

```
文件: src/ch4/section4.2/4.2.6/my_env.sv
27 function void my_env::connect_phase(uvm_phase phase);
28   super.connect_phase(phase);
29   A_inst.A_port.connect(C_inst.C_export);
30 endfunction
```

同样的，EXPORT 与 EXPORT 之间的连接也不只局限于两层，也可以有无限多层。

*4.2.7　blocking_get 端口的使用

前面几节中都是以 blocking_put 系列端口为例进行介绍，本节介绍 blocking_get 系列端口的应用。

get 系列端口与 put 系列端口在某些方面完全相反。若要实现图 4-7 从 A 到 B 的通信，使用 blocking_get 系列端口的框图如图 4-11 所示。

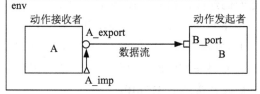

图 4-11　使用 blocking_get 端口实现 A 与 B 的通信

在这种连接关系中，数据流依然是从 A 到 B，但是 A 由动作发起者变成了动作接收者，而 B 由动作接收者变成了动作发起者。

B_port 的类型为 uvm_blocking_get_port，A_export 的类型为 uvm_blocking_get_export，A_imp 的类型为 uvm_blocking_get_imp。与 uvm_blocking_put_imp 所在的 *component* 要实现一个 put 的函数 / 任务类似，uvm_blocking_get_imp 所在的 *component* 要实现一个名字为 get 的函数 / 任务。A 的代码为：

代码清单　4-18

```
文件: src/ch4/section4.2/4.2.7/A.sv
 3 class A extends uvm_component;
 4   `uvm_component_utils(A)
 5
 6   uvm_blocking_get_export#(my_transaction) A_export;
 7   uvm_blocking_get_imp#(my_transaction, A) A_imp;
 8   my_transaction tr_q[$];
...
17 endclass
18
19 function void A::build_phase(uvm_phase phase);
20   super.build_phase(phase);
```

```
21    A_export = new("A_export", this);
22    A_imp = new("A_imp", this);
23 endfunction
24
25 function void A::connect_phase(uvm_phase phase);
26    super.connect_phase(phase);
27    A_export.connect(A_imp);
28 endfunction
29
30 task A::get(output my_transaction tr);
31    while(tr_q.size() == 0) #2;
32    tr = tr_q.pop_front();
33 endtask
34
35 task A::main_phase(uvm_phase phase);
36    my_transaction tr;
37    repeat(10) begin
38       #10;
39       tr = new("tr");
40       tr_q.push_back(tr);
41    end
42 endtask
```

在 A 的 get 任务中，每隔 2 个时间单位检查 tr_q 中是否有数据，如果有则发送出去。当 B 在其 main_phase 调用 get 任务时，会最终执行 A 的 get 任务。在 A 的 connect_phase，需要把 A_export 和 A_imp 连接起来。

B 的代码为：

代码清单 4-19

文件: src/ch4/section4.2/4.2.7/B.sv
```
 3 class B extends uvm_component;
 4    `uvm_component_utils(B)
 5
 6    uvm_blocking_get_port#(my_transaction) B_port;
...
13 endclass
14
15 function void B::build_phase(uvm_phase phase);
16    super.build_phase(phase);
17    B_port = new("B_port", this);
18 endfunction
19
20 task B::main_phase(uvm_phase phase);
21    my_transaction tr;
22    while(1) begin
23       B_port.get(tr);
24       `uvm_info("B", "get a transaction", UVM_LOW)
25       tr.print();
26    end
27 endtask
```

env 中的连接关系变为:

代码清单 4-20

文件: src/ch4/section4.2/4.2.7/my_env.sv
```
27 function void my_env::connect_phase(uvm_phase phase);
28   super.connect_phase(phase);
29   B_inst.B_port.connect(A_inst.A_export);
30 endfunction
```

仔细对比这个连接关系与 4.2.2 节的连接关系, 读者会对这些连接关系中的数据流、控制流有更深刻的了解。

上面介绍了 blocking_get_port 与 blocking_get_export 及 blocking_get_imp 的连接。与 blocking_put 系列端口类似, blocking_get_port 也可以直接连接到 blocking_get_imp, 同时 blocking_get_port 也可以连接到 blocking_get_port, blocking_get_export 也可以连接到 blocking_get_export。在这些连接关系中, 需要谨记的是连接的终点必须是一个 IMP。

*4.2.8 blocking_transport 端口的使用

transport 系列端口与 put 和 get 系列端口都不一样。在 put 和 get 系列端口中, 所有的通信都是单向的, 而在 transport 系列端口中, 通信变成了双向的。

若要实现图 4-12 所示的连接关系, 需要在 A 中定义一个 transport:

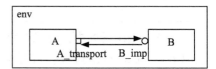

图 4-12 blocking_transport 的连接

代码清单 4-21

文件: src/ch4/section4.2/4.2.8/A.sv
```
 3 class A extends uvm_component;
 4   `uvm_component_utils(A)
 5
 6   uvm_blocking_transport_port#(my_transaction, my_transaction) A_transport;
...
13 endclass
...
20 task A::main_phase(uvm_phase phase);
21   my_transaction tr;
22   my_transaction rsp;
23   repeat(10) begin
24     #10;
25     tr = new("tr");
26     assert(tr.randomize());
27     A_transport.transport(tr, rsp);
28     `uvm_info("A", "received rsp", UVM_MEDIUM)
29     rsp.print();
30   end
31 endtask
```

B 中需要定义一个类型为 uvm_blocking_transport_imp 的 IMP：

代码清单　4-22

```
文件：src/ch4/section4.2/4.2.8/B.sv
 3 class B extends uvm_component;
 4   `uvm_component_utils(B)
 5
 6   uvm_blocking_transport_imp#(my_transaction, my_transaction, B) B_imp;
...
13 endclass
...
20 task B::transport(my_transaction req, output my_transaction rsp);
21   `uvm_info("B", "receive a transaction", UVM_LOW)
22   req.print();
23   //do something according to req
24   #5;
25   rsp = new("rsp");
26 endtask
```

env 中的连接关系为：

代码清单　4-23

```
文件：src/ch4/section4.2/4.2.8/my_env.sv
27 function void my_env::connect_phase(uvm_phase phase);
28   super.connect_phase(phase);
29   A_inst.A_transport.connect(B_inst.B_imp);
30 endfunction
```

在 A 中调用 transport 任务，并把生成的 *transaction* 作为第一个参数。B 中的 transaport 任务接收到这笔 *transaction*，根据这笔 *transaction* 做某些操作，并把操作的结果作为 transport 的第二个参数发送出去。A 根据接收到的 rsp 来决定后面的行为。

在本例中，是 blocking_transport_port 直接连接到 blocking_transport_imp，前者还可以连接到 blocking_transport_export，这三者之间的连接关系与 blocking_put 系列端口类似。

4.2.9　nonblocking 端口的使用

nonblocking 端口的所有操作都是非阻塞的，换言之，必须用函数实现，而不能用任务实现。本节以 nonblocking_put 端口为例介绍 nonblocking 端口的使用。

以用 nonblocking 端口实现图 4-8 所示的连接关系为例，需要在 A 中定义一个 nonblocking_put_port 端口：

代码清单　4-24

```
文件：src/ch4/section4.2/4.2.9/A.sv
 3 class A extends uvm_component;
 4   `uvm_component_utils(A)
 5
 6   uvm_nonblocking_put_port#(my_transaction) A_port;
```

```
...
13 endclass
...
20 task A::main_phase(uvm_phase phase);
21   my_transaction tr;
22   repeat(10) begin
23     tr = new("tr");
24     assert(tr.randomize());
25     while(!A_port.can_put()) #10;
26     void'(A_port.try_put(tr));
27   end
28 endtask
```

由于端口变为了非阻塞的, 所以在送出 *transaction* 之前需要调用 can_put 函数来确认是否能够执行 put 操作。can_put 最终会调用 B 中的 can_put:

代码清单   4-25

```
文件: src/ch4/section4.2/4.2.9/B.sv
 3 class B extends uvm_component;
 4   `uvm_component_utils(B)
 5
 6   uvm_nonblocking_put_imp#(my_transaction, B) B_imp;
 7   my_transaction tr_q[$];
...
16 endclass
...
23 function bit B::can_put();
24   if(tr_q.size() > 0)
25     return 0;
26   else
27     return 1;
28 endfunction
29
30 function bit B::try_put(my_transaction tr);
31   `uvm_info("B", "receive a transaction", UVM_LOW)
32   if(tr_q.size() > 0)
33     return 0;
34   else begin
35     tr_q.push_back(tr);
36     return 1;
37   end
38 endfunction
39
40 task B::main_phase(uvm_phase phase);
41   my_transaction tr;
42   while(1) begin
43     if(tr_q.size() > 0)
44       tr = tr_q.pop_front();
45     else
46       #25;
47   end
48 endtask
```

在 A 中使用 can_put 来判断是否可以发送，其实这里还可以不用 can_put，而直接使用 try_put：

代码清单 4-26

```
task A::main_phase(uvm_phase phase);
  my_transaction tr;
  repeat(10) begin
    tr = new("tr");
    assert(tr.randomize());
    while(!A_port.try_put(tr)) #10;
  end
endtask
```

如果不使用 can_put，在 B 中依然需要定义一个名字为 can_put 的函数，这个函数里可以没有任何内容，纯粹是一个空函数。

env 中的连接关系为：

代码清单 4-27

```
文件: src/ch4/section4.2/4.2.9/my_env.sv
27 function void my_env::connect_phase(uvm_phase phase);
28   super.connect_phase(phase);
29   A_inst.A_port.connect(B_inst.B_imp);
30 endfunction
```

这个连接关系与 4.2.3 节中 *env* 的连接关系完全一样。仔细对比本节代码与 4.2.3 节的代码，可以更深刻的了解 blocking 系列端口和 nonblocking 系列端口的区别。

nonblocking_get 系列端口和 nonblocking_transport 系列端口的使用与 nonblocking_put 类似，这里不再一一举例。

4.3 UVM 中的通信方式

*4.3.1 UVM 中的 analysis 端口

4.2 节以 blocking_put 和 blocking_get 系列端口为例介绍了相关的 PORT、EXPORT、IMP。除了这几种端口外，UVM 中还有两种特殊的端口：analysis_port 和 analysis_export。这两者其实与 put 和 get 系列端口类似，都用于传递 *transaction*。它们的区别是：

第一，默认情况下，一个 analysis_port（analysis_export）可以连接多个 IMP，也就是说，analysis_port（analysis_export）与 IMP 之间的通信是一对多的通信，而 put 和 get 系列端口与相应 IMP 的通信是一对一的通信（除非在实例化时指定可以连接的数量，参照 4.2.1 节 A_port 的 new 函数原型代码清单 4-4）。analysis_port（analysis_export）更像是一个广播。

第二，put 与 get 系列端口都有阻塞和非阻塞的区分。但是对于 analysis_port 和 analysis_export 来说，没有阻塞和非阻塞的概念。因为它本身就是广播，不必等待与其相连的其他端口的响应，所以不存在阻塞和非阻塞。

一个 analysis_port 可以和多个 IMP 相连接进行通信，但是 IMP 的类型必须是 uvm_analysis_imp，否则会报错。

对于 put 系列端口，有 put、try_put、can_put 等操作，对于 get 系列端口，有 get、try_get 和 can_get 等操作。对于 analysis_port 和 analysis_export 来说，只有一种操作：write。在 analysis_imp 所在的 *component*，必须定义一个名字为 write 的函数。

要实现图 4-13 中所示的连接关系，A 的代码为：

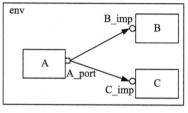

图 4-13 analysis_port 与 imp 的连接

代码清单 4-28

```
文件: src/ch4/section4.3/4.3.1/analysis_port/A.sv
 3 class A extends uvm_component;
 4   `uvm_component_utils(A)
 5
 6   uvm_analysis_port#(my_transaction) A_ap;
...
13 endclass
...
20 task A::main_phase(uvm_phase phase);
21   my_transaction tr;
22   repeat(10) begin
23     #10;
24     tr = new("tr");
25     assert(tr.randomize());
26     A_ap.write(tr);
27   end
28 endtask
```

A 的代码很简单，只是简单地定义一个 analysis_port，并在 main_phase 中每隔 10 个时间单位写入一个 *transaction*。

B 的代码为：

代码清单 4-29

```
文件: src/ch4/section4.3/4.3.1/analysis_port/B.sv
 3 class B extends uvm_component;
 4   `uvm_component_utils(B)
 5
 6   uvm_analysis_imp#(my_transaction, B) B_imp;
...
15 endclass
...
26 function void B::write(my_transaction tr);
27   `uvm_info("B", "receive a transaction", UVM_LOW)
28   tr.print();
29 endfunction
```

如前所述，B 是 B_imp 所在的 *component*，因此要在 B 中定义一个名字为 write 的函数。在 B 的 main_phase 中不需要做任何操作。

C 的代码与 B 完全相似，只要把相应的 B 替换为 C 即可。

env 中的连接关系为：

代码清单 4-30

```
文件: src/ch4/section4.3/4.3.1/analysis_port/my_env.sv
29 function void my_env::connect_phase(uvm_phase phase);
30   super.connect_phase(phase);
31   A_inst.A_ap.connect(B_inst.B_imp);
32   A_inst.A_ap.connect(C_inst.C_imp);
33 endfunction
```

在 *env* 中，可以看到 A_ap 分别与 B 和 C 中相应的 imp 连接到了一起。这种一对二的连接方式在 4.2 节中是没有出现过的。

上面只是一个 analysis_port 与 IMP 相连的例子。analysis_export 和 IMP 也可以这样相连，只需将上面例子中的 uvm_analysis_port 改为 uvm_analysis_export 就可以。

与 put 系列端口的 PORT 和 EXPORT 直接相连会出错的情况一样，analysis_port 如果和一个 analysis_export 直接相连也会出错。只有在 analysis_export 后面再连接一级 uvm_analysis_imp，才不会出错。

*4.3.2 一个 component 内有多个 IMP

考虑图 2-13 中 o_agt 的 *monitor* 与 *scoreboard* 之间的通信，使用 analysis_port 实现。在 *monitor* 中：

代码清单 4-31

```
class monitor extends uvm_monitor;
  uvm_analysis_port#(my_transaction) ap;
  task main_phase(uvm_phase phase);
    super.main_phase(phase);
    my_transaction tr;
    ...
    ap.write(tr);
    ...
  endtask
endclass
```

在 *scoreboard* 中：

代码清单 4-32

```
class scoreboard extends uvm_scoreboard;
  uvm_analysis_imp#(my_transaction, scoreboard) scb_imp;
  task write(my_transaction tr);
    //do something on tr
  endtask
endclass
```

之后在 *env* 中可以使用 connect 连接。由于 *monitor* 与 *scoreboard* 在 UVM 树中并不是平等的兄妹关系，其中间还间隔了 o_agt，所以这里有三种连接方式，第一种是直接在 *env* 中跨层次引用 *monitor* 中的 ap：

代码清单　4-33

```
function void my_env::connect_phase(uvm_phase phase);
  o_agt.mon.ap.connect(scb.scb_imp);
  …
endfunction
```

第二种是在 *agent* 中声明一个 ap 并实例化它，在 connect_phase 将其与 *monitor* 的 ap 相连，并可以在 *env* 中把 *agent* 的 ap 直接连接到 *scoreboard* 的 imp：

代码清单　4-34

```
class my_agent extends uvm_agent ;
  uvm_analysis_port #(my_transaction)  ap;
  …
  function void build_phase(uvm_phase phase);
    super.build_phase(phase);
    ap = new("ap", this);
    …
  endfunction
  function void my_agent::connect_phase(uvm_phase phase);
    mon.ap.connect(this.ap);
    …
  endfunction
endclass

function void my_env::connect_phase(uvm_phase phase);
  o_agt.ap.connect(scb.scb_imp);
  …
endfunction
```

第三种是在 *agent* 中声明一个 ap，但是不实例化它，让其指向 *monitor* 中的 ap。在 *env* 中可以直接连接 *agent* 的 ap 到 *scoreboard* 的 imp：

代码清单　4-35

```
class my_agent extends uvm_agent ;
  uvm_analysis_port #(my_transaction)  ap;
  …
  function void my_agent::connect_phase(uvm_phase phase);
    ap = mon.ap;
    …
  endfunction
endclass

function void my_env::connect_phase(uvm_phase phase);
  o_agt.ap.connect(scb.scb_imp);
  …
endfunction
```

如上所述的三种方式中，第一种最简单，但是其层次关系并不好，第二种稍显麻烦，第三种既具有明显的层次关系，同时其实现也较简单。

上面的 *monitor* 和 *scoreboard* 之间的通信是通过采用一个 analysis_port 和一个 anslysis_imp 相连的方式实现的。对于一个 analysis_imp 来说，必须在其实例化的 uvm_component 中定义一个 write 的函数。在上面的例子中，*scoreboard* 只接收一路数据，但在现实情况中，*scoreboard* 除了接收 *monitor* 的数据之外，还要接收 *reference model* 的数据。相应的 *scoreboard* 就要再添加一个 uvm_analysis_imp 的 IMP，如 model_imp。此时问题就出现了，由于接收到的两路数据应该做不同的处理，所以这个新的 IMP 也要有一个 write 任务与其对应。但是 write 只有一个，怎么办？

UVM 考虑到了这种情况，它定义了一个宏 uvm_analysis_imp_decl 来解决这个问题，其使用方式为：

代码清单 4-36

```
文件: src/ch4/section4.3/4.3.3/my_scoreboard.sv
  4 `uvm_analysis_imp_decl(_monitor)
  5 `uvm_analysis_imp_decl(_model)
  6 class my_scoreboard extends uvm_scoreboard;
  7   my_transaction  expect_queue[$];
  8
  9   uvm_analysis_imp_monitor#(my_transaction, my_scoreboard) monitor_imp;
 10   uvm_analysis_imp_model#(my_transaction, my_scoreboard) model_imp;
...
 15   extern function void write_monitor(my_transaction tr);
 16   extern function void write_model(my_transaction tr);
 17   extern virtual task main_phase(uvm_phase phase);
 18 endclass
```

上述代码通过宏 uvm_analysis_imp_decl 声明了两个后缀 _monitor 和 _model。UVM 会根据这两个后缀定义两个新的 IMP 类：uvm_analysis_imp_monitor 和 uvm_analysis_imp_model，并在 my_scoreboard 中分别实例化这两个类：monitor_imp 和 model_imp。当与 monitor_imp 相连接的 analysis_port 执行 write 函数时，会自动调用 write_monitor 函数，而与 model_imp 相连接的 analysis_port 执行 write 函数时，会自动调用 write_model 函数。所以，只要完成后缀的声明，并在 write 后面添加上相应的后缀就可以正常工作了：

代码清单 4-37

```
文件: src/ch4/section4.3/4.3.3/my_scoreboard.sv
 30 function void my_scoreboard::write_model(my_transaction tr);
 31   expect_queue.push_back(tr);
 32 endfunction
 33
 34 function void my_scoreboard::write_monitor(my_transaction tr);
 35   my_transaction  tmp_tran;
 36   bit result;
```

```
37   if(expect_queue.size() > 0) begin
...
55   end
56
57 endfunction
```

*4.3.3 使用 FIFO 通信

在上一小节中实现 *monitor* 和 *scoreboard* 之间的通信时先声明了两个后缀，然后再写相应的函数，这种方法看起来有些麻烦，而且对于初学者来说有些难以理解。那么有没有简单的方法呢？另外上节中 *monitor* 和 *scoreboard* 的通信，*monitor* 占据主动地位，而 *scoreboard* 只能被动地接收，那么有没有方法也让 *scoreboard* 实现主动的接收呢？这两个问题的答案都是肯定的，那就是使用第 2 章使用的方式：利用 FIFO 来实现 *monitor* 和 *scoreboard* 的通信。

如图 4-14b 所示，在 *agent* 和 *scoreboard* 之间添加一个 uvm_analysis_fifo。FIFO 的本质是一块缓存加两个 IMP。在 *monitor* 与 FIFO 的连接关系中，*monitor* 中依然是 analysis_port，FIFO 中是 uvm_analysis_imp，数据流和控制流的方向相同。在 *scoreboard* 与 FIFO 的连接关系中，*scoreboard* 中使用 blocking_get_port 端口：

代码清单 4-38

```
文件: src/ch4/section4.3/4.3.4/my_scoreboard.sv
 3 class my_scoreboard extends uvm_scoreboard;
 4   my_transaction  expect_queue[$];
 5   uvm_blocking_get_port #(my_transaction)  exp_port;
 6   uvm_blocking_get_port #(my_transaction)  act_port;
...
12 endclass
...
24 task my_scoreboard::main_phase(uvm_phase phase);
...
29   fork
30     while (1) begin
31       exp_port.get(get_expect);
32       expect_queue.push_back(get_expect);
33     end
34     while (1) begin
35       act_port.get(get_actual);
...
55     end
56   join
57 endtask
```

而 FIFO 中使用的是一个 get 端口的 IMP。在这种连接关系中，控制流是从 *scoreboard* 到 FIFO，而数据流是从 FIFO 到 *scoreboard*。

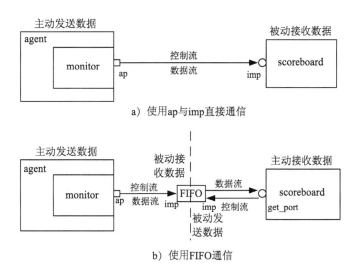

a) 使用ap与imp直接通信

b) 使用FIFO通信

图 4-14 *monitor* 与 *scoreboard* 的两种通信方式

在 *env* 里面以如下方式连接：

代码清单   4-39

```
文件: src/ch4/section4.3/4.3.4/my_env.sv
 4 class my_env extends uvm_env;
 5
 6   my_agent    i_agt;
 7   my_agent    o_agt;
 8   my_model    mdl;
 9   my_scoreboard scb;
10
11   uvm_tlm_analysis_fifo #(my_transaction) agt_scb_fifo;
12   uvm_tlm_analysis_fifo #(my_transaction) agt_mdl_fifo;
13   uvm_tlm_analysis_fifo #(my_transaction) mdl_scb_fifo;
...
36 endclass
37
38 function void my_env::connect_phase(uvm_phase phase);
39   super.connect_phase(phase);
40   i_agt.ap.connect(agt_mdl_fifo.analysis_export);
41   mdl.port.connect(agt_mdl_fifo.blocking_get_export);
42   mdl.ap.connect(mdl_scb_fifo.analysis_export);
43   scb.exp_port.connect(mdl_scb_fifo.blocking_get_export);
44   o_agt.ap.connect(agt_scb_fifo.analysis_export);
45   scb.act_port.connect(agt_scb_fifo.blocking_get_export);
46 endfunction
```

如图 4-14b 所示，FIFO 中有两个 IMP，但是在上面的连接关系中，FIFO 中却是 EXPORT，这是为什么呢？实际上，FIFO 中的 analysis_export 和 blocking_get_export 虽然名字中有关键字 export，但是其类型却是 IMP。UVM 为了掩饰 IMP 的存在，在它们的命名中加入了 export 关键字。如 analysis_export 的原型如下：

代码清单　4-40

来源：UVM 源代码
```
uvm_analysis_imp #(T, uvm_tlm_analysis_fifo #(T)) analysis_export;
```

使用 FIFO 连接之后，第一个好处是不必在 *scoreboard* 中再写一个名字为 write 的函数。*scoreboard* 可以按照自己的节奏工作，而不必跟着 *monitor* 的节奏。第二个好处是 FIFO 的存在隐藏了 IMP，这对于初学者来说比较容易理解。第三个好处是可以轻易解决上一节讲到的当 *reference model* 和 *monitor* 同时连接到 *scoreboard* 应如何处理的问题。事实上，FIFO 的存在自然而然地解决了它，这根本就不是一个问题了。

4.3.4　FIFO 上的端口及调试

上一节中介绍了 uvm_tlm_analysis_fifo，并介绍了它的两个端口：blocking_get_export 和 analysis_export。事实上，FIFO 上的端口并不局限于上述两个，一个 FIFO 中有众多的端口，如图 4-15 所示。

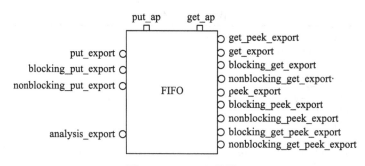

图 4-15　FIFO 上的端口

上图中所有以圆圈表示的 EXPORT 虽然名字中有 export，但是本质上都是 IMP。这里面包含了代码清单 4-7 中除 transport 系列外的 12 种 IMP，用于分别和相应的 PORT 及 EXPORT 连接。前文已经介绍了 put 和 get 系列端口，这里简要地说明一下 peek 系列端口。peek 端口与 get 相似，其数据流、控制流都相似，唯一的区别在于当 get 任务被调用时，FIFO 内部缓存中会少一个 *transaction*，而 peek 被调用时，FIFO 会把 *transaction* 复制一份发送出去，其内部缓存中的 *transaction* 数量并不会减少。

除了这 12 个 IMP 外，上图中还有两个 analysis_port：put_ap 和 get_ap。当 FIFO 上的 blocking_put_export 或者 put_export 被连接到一个 blocking_put_port 或者 put_port 上时，FIFO 内部被定义的 put 任务被调用，这个 put 任务把传递过来的 *transaction* 放在 FIFO 内部的缓存里，同时，把这个 *transaction* 通过 put_ap 使用 write 函数发送出去。FIFO 的 put 任务定义如下：

代码清单 4-41

```
来源：UVM 源代码
  virtual task put( input T t );
    m.put( t );
    put_ap.write( t );
  endtask
```

上述代码中的 m 即是 FIFO 内部的缓存，使用 SystemVerilog 中的 mailbox 来实现。

与 put_ap 相似，当 FIFO 的 get 任务被调用时，同样会有一个 *transaction* 从 get_ap 上发出：

代码清单 4-42

```
来源：UVM 源代码
  virtual task get( output T t );
    m_pending_blocked_gets++;
    m.get( t );
    m_pending_blocked_gets--;
    get_ap.write( t );
  endtask
```

什么时候会触发 FIFO 中的这个 get 任务呢？在上一节中，一个 blocking_get_port 连接到了 FIFO 上，当它调用 get 任务获取 *transaction* 时就会调用 FIFO 的 get 任务。除此之外，FIFO 的 get_export、get_peek_export 和 blocking_get_peek_export 被相应的 PORT 或者 EXPORT 连接时，也能会调用 FIFO 的 get 任务。

FIFO 的类型有两种，一种是上节介绍的 uvm_tlm_analysis_fifo，另外一种是 uvm_tlm_fifo。这两者的唯一差别在于前者有一个 analysis_export 端口，并且有一个 write 函数，而后者没有。除此之外，本节上面介绍的所有端口同时适用于这两者。

FIFO 中的众多端口方便了用户的使用，同样的，UVM 也提供了几个函数用于 FIFO 的调试。

used 函数用于查询 FIFO 缓存中有多少 *transaction*。is_empty 函数用于判断当前 FIFO 缓存是否为空。与 is_empty 对应的是 is_full，用于判断当前 FIFO 缓存是否已经满了。作为一个缓存来说，其能存储的 *transaction* 是有限的。那么这个最大值是在哪里定义的呢？FIFO 的 new 函数原型如下：

代码清单 4-43

```
function new(string name, uvm_component parent = null, int size = 1);
```

FIFO 在本质上是一个 *component*，所以其前两个参数是 uvm_component 的 new 函数中的两个参数。第三个参数是 size，用于设定 FIFO 缓存的上限，在默认的情况下为 1。若要把缓存设置为无限大小，将传入的 size 参数设置为 0 即可。通过 size 函数可以返回这个上限值。

除了上述的函数外，FIFO 中还有一个 flush 函数，其原型为：

代码清单　4-44

```
virtual function void flush();
```

这个函数用于清空 FIFO 缓存中的所有数据，它一般用于复位等操作。

*4.3.5　用 FIFO 还是用 IMP

用 FIFO 还是直接用 IMP 来实现通信呢?

每个人对于这个问题都有各自不同的答案。在用 FIFO 通信的方法中，完全隐藏了 IMP 这个 UVM 中特有、而 TLM 中根本就没有的东西。用户可以完全不关心 IMP。因此，对于用户来说，只需要知道 analysis_port、blocking_get_port 即可。这大大简化了初学者的工作量。尤其是在 *scoreboard* 面临多个 IMP，且需要为 IMP 声明一个后缀时，这种优势更加明显。

FIFO 连接的方式增加了 *env* 中代码的复杂度，满满的看上去似乎都是与 FIFO 相关的代码。尤其是当要连接的端口数量众多时，这个缺点更加明显。

不过对于使用端口数组的情况，FIFO 要优于 IMP。假如参考模型中有 16 个类似端口要和 *scoreboard* 中相应的端口相互通信，如此多数量的端口，在参考模型中可以使用端口数组来实现:

代码清单　4-45

```
文件: src/ch4/section4.3/4.3.5/imp/my_model.sv
  4 class my_model extends uvm_component;
  5
  6   uvm_blocking_get_port #(my_transaction)  port;
  7   uvm_analysis_port #(my_transaction)  ap[16];
  ...
 14 endclass
  ...
 20 function void my_model::build_phase(uvm_phase phase);
 21   super.build_phase(phase);
 22   port = new("port", this);
 23   for(int i = 0; i < 16; i++)
 24     ap[i] = new($sformatf("ap_%0d", i), this);
 25 endfunction
```

如果连接关系使用 IMP 加后缀的方式，那么在 *scoreboard* 中的代码如下:

代码清单　4-46

```
文件: src/ch4/section4.3/4.3.5/imp/my_scoreboard.sv
  4 `uvm_analysis_imp_decl(_model0)
  ...
 19 `uvm_analysis_imp_decl(_modelf)
 20 `uvm_analysis_imp_decl(_monitor)
 21 class my_scoreboard extends uvm_scoreboard;
 22   my_transaction  expect_queue[$];
 23   uvm_analysis_imp_monitor#(my_transaction, my_scoreboard) monitor_imp;
```

```
 24   uvm_analysis_imp_model0#(my_transaction, my_scoreboard) model0_imp;
...
 39   uvm_analysis_imp_modelf#(my_transaction, my_scoreboard) modelf_imp;
 40   `uvm_component_utils(my_scoreboard)
 41
 42   extern function new(string name, uvm_component parent = null);
 43   extern virtual function void build_phase(uvm_phase phase);
 44   extern virtual task main_phase(uvm_phase phase);
 45   extern function void write_monitor(my_transaction tr);
 46   extern function void write_model0(my_transaction tr);
...
 61   extern function void write_modelf(my_transaction tr);
 62 endclass
 63
...
 68 function void my_scoreboard::build_phase(uvm_phase phase);
 69   super.build_phase(phase);
 70   monitor_imp = new("monitor_imp", this);
 71   model0_imp = new("model0_imp", this);
...
 86   modelf_imp = new("modelf_imp", this);
 87 endfunction
 88
 89 function void my_scoreboard::write_model0(my_transaction tr);
 90   expect_queue.push_back(tr);
 91 endfunction
...
149 function void my_scoreboard::write_modelf(my_transaction tr);
150   expect_queue.push_back(tr);
151 endfunction
152
153
154 function void my_scoreboard::write_monitor(my_transaction tr);
...
177 endfunction
```

并且在 *env* 中，需要：

代码清单 4-47

文件：src/ch4/section4.3/4.3.5/imp/my_env.sv
```
 34 function void my_env::connect_phase(uvm_phase phase);
 35   super.connect_phase(phase);
 36   i_agt.ap.connect(agt_mdl_fifo.analysis_export);
 37   mdl.port.connect(agt_mdl_fifo.blocking_get_export);
 38   o_agt.ap.connect(scb.monitor_imp);
 39   mdl.ap[0].connect(scb.model0_imp);
 40   mdl.ap[1].connect(scb.model1_imp);
...
 53   mdl.ap[14].connect(scb.modele_imp);
 54   mdl.ap[15].connect(scb.modelf_imp);
 55 endfunction
```

在如上列出的代码中使用了很多省略号，但是即使这样，相信读者也能感受到其中代码的冗余到了多么严重的程度。这一切都是因为 ap 与 imp 直接相连而不能使用 for 循环引起的。

假如使用 FIFO 连接，那么在 *scoreboard* 中可以：

代码清单　4-48

```
文件: src/ch4/section4.3/4.3.5/fifo/my_scoreboard.sv
 3 class my_scoreboard extends uvm_scoreboard;
 4   my_transaction  expect_queue[$];
 5   uvm_blocking_get_port #(my_transaction)  exp_port[16];
 6   uvm_blocking_get_port #(my_transaction)  act_port;
...
12 endclass
...
18 function void my_scoreboard::build_phase(uvm_phase phase);
19   super.build_phase(phase);
20   for(int i = 0; i < 16; i++)
21     exp_port[i] = new($sformatf("exp_port_%0d", i), this);
22   act_port = new("act_port", this);
23 endfunction
24
25 task my_scoreboard::main_phase(uvm_phase phase);
...
30   for(int i = 0; i < 16; i++)
31     fork
32       automatic int k = i;
33       while (1) begin
34         exp_port[k].get(get_expect);
35         expect_queue.push_back(get_expect);
36       end
37     join_none
38   while (1) begin
39     act_port.get(get_actual);
...
59   end
60 endtask
```

在 *env* 中也可以使用 for 循环：

代码清单　4-49

```
文件: src/ch4/section4.3/4.3.5/fifo/my_env.sv
 4 class my_env extends uvm_env;
 ...
11   uvm_tlm_analysis_fifo #(my_transaction) agt_scb_fifo;
12   uvm_tlm_analysis_fifo #(my_transaction) agt_mdl_fifo;
13   uvm_tlm_analysis_fifo #(my_transaction) mdl_scb_fifo[16];
...
19   virtual function void build_phase(uvm_phase phase);
...
```

```
27      agt_scb_fifo = new("agt_scb_fifo", this);
28      agt_mdl_fifo = new("agt_mdl_fifo", this);
29      for(int i = 0; i < 16; i++)
30        mdl_scb_fifo[i] = new($sformatf("mdl_scb_fifo_%0d", i), this);
31
32    endfunction
...
37  endclass
38
39  function void my_env::connect_phase(uvm_phase phase);
40    super.connect_phase(phase);
41    i_agt.ap.connect(agt_mdl_fifo.analysis_export);
42    mdl.port.connect(agt_mdl_fifo.blocking_get_export);
43    for(int i = 0; i < 16; i++) begin
44      mdl.ap[i].connect(mdl_scb_fifo[i].analysis_export);
45      scb.exp_port[i].connect(mdl_scb_fifo[i].blocking_get_export);
46    end
47    o_agt.ap.connect(agt_scb_fifo.analysis_export);
48    scb.act_port.connect(agt_scb_fifo.blocking_get_export);
49  endfunction
```

无论使用 FIFO 还是使用 IMP，都能实现同样的目标，两者各有其优势与劣势。在实际应用中，读者可以根据自己的习惯来选择合适的连接方式。

第 5 章
UVM 验证平台的运行

5.1 phase 机制

*5.1.1 task phase 与 function phase

UVM 中的 *phase*，按照其是否消耗仿真时间（$time 打印出的时间）的特性，可以分成两大类，一类是 *function phase*，如 build_phase、connect_phase 等，这些 *phase* 都不耗费仿真时间，通过函数来实现；另外一类是 *task phase*，如 run_phase 等，它们耗费仿真时间，通过任务来实现。给 DUT 施加激励、监测 DUT 的输出都是在这些 *phase* 中完成的。在图 5-1 中，灰色背景所示的是 *task phase*，其他为 *function phase*。

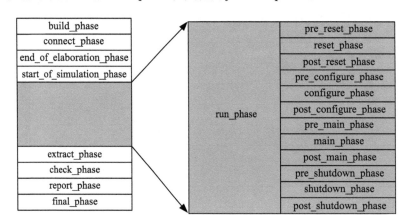

图 5-1　UVM 中的 *phase*

上述所有的 *phase* 都会按照图中的顺序自上而下自动执行：

代码清单　5-1

```
文件: src/ch5/section5.1/5.1.1/my_case0.sv
  4 class my_case0 extends base_test;
  5    string tID = get_type_name();
  ...
 11    virtual function void build_phase(uvm_phase phase);
```

```
12    super.build_phase(phase);
13     `uvm_info(tID, "build_phase is executed", UVM_LOW)
14  endfunction
15
...
26  virtual function void start_of_simulation_phase(uvm_phase phase);
27    super.start_of_simulation_phase(phase);
28     `uvm_info(tID, "start_of_simulation_phase is executed", UVM_LOW)
29  endfunction
30
31  virtual task run_phase(uvm_phase phase);
32     `uvm_info(tID, "run_phase is executed", UVM_LOW)
33  endtask
34
35  virtual task pre_reset_phase(uvm_phase phase);
36     `uvm_info(tID, "pre_reset_phase is executed", UVM_LOW)
37  endtask
...
79  virtual task post_shutdown_phase(uvm_phase phase);
80     `uvm_info(tID, "post_shutdown_phase is executed", UVM_LOW)
81  endtask
82
83  virtual function void extract_phase(uvm_phase phase);
84    super.extract_phase(phase);
85     `uvm_info(tID, "extract_phase is executed", UVM_LOW)
86  endfunction
...
98   virtual function void final_phase(uvm_phase phase);
99     super.final_phase(phase);
100     `uvm_info(tID, "final_phase is executed", UVM_LOW)
101   endfunction
102
103
104 endclass
```

运行上述代码，可以看到各 *phase* 被依次执行。在这些 *phase* 中，令人疑惑的是 *task phase*。对于 *function phase* 来说，在同一时间只有一个 *phase* 在执行；但是 *task phase* 中，run_phase 和 pre_reset_phase 等 12 个小的 *phase* 并行运行。后者称为动态运行（run-time）的 *phase*。对于 *task phase*，从全局的观点来看其顺序大致如下：

代码清单 5-2

```
fork
  begin
    run_phase();
  end
  begin
    pre_reset_phase();
    reset_phase();
    post_reset_phase();
```

```
        pre_configure_phase();
        configure_phase();
        post_configure_phase();
        pre_main_phase();
        main_phase();
        post_main_phase();
        pre_shutdown_phase();
        shutdown_phase();
        post_shutdown_phase();
    end
join
```

UVM 提供了如此多的 *phase*，在一般的应用中，无论是 *function phase* 还是 *task phase* 都不会将它们全部用上。使用频率最高的是 build_phase、connect_phase 和 main_phase。这么多 *phase* 除了方便验证人员将不同的代码写在不同的 *phase* 外，还有利于其他验证方法学向 UVM 迁移。一般的验证方法学都会把仿真分成不同的阶段，但是这些阶段的划分通常没有 UVM 分得这么多、这么细致。所以一般来说，当其他验证方法学向 UVM 迁移的时候，总能找到一个 *phase* 来对应原来方法学中的仿真阶段，这为迁移提供了便利。

5.1.2　动态运行 phase

动态运行（run-time）*phase* 是 UVM1.0 引入的新的 *phase*，其他 *phase* 则在 UVM1.0 之前（即 UVM1.0EA 版和 OVM 中）就已经存在了。

UVM 为什么引入这 12 个小的 *phase* 呢？分成小的 *phase* 是为了实现更加精细化的控制。reset、configure、main、shutdown 四个 *phase* 是核心，这四个 *phase* 通常模拟 DUT 的正常工作方式，在 reset_phase 对 DUT 进行复位、初始化等操作，在 configure_phase 则进行 DUT 的配置，DUT 的运行主要在 main_phase 完成，shutdown_phase 则是做一些与 DUT 断电相关的操作。通过细分实现对 DUT 更加精确的控制。假设要在运行过程中对 DUT 进行一次复位（reset）操作，在没有这些细分的 phase 之前，这种操作要在 *scoreboard*、*reference model* 等加入一些额外的代码来保证验证平台不会出错。但是有了这些小的 *phase* 之后，分别在 *scoreboard*、*reference model* 及其他部分（如 *driver*、*monitor* 等）的 reset_phase 写好相关代码，之后如果想做一次复位操作，那么只要通过 *phase* 的跳转，就会自动跳转回 reset_phase。

关于跳转的内容，请参考 5.1.7 节。

*5.1.3　phase 的执行顺序

5.1.1 节笼统地说明了 *phase* 是自上而下执行的，而在 3.5.4 节时曾经提到过，build_ *phase* 是一种自上而下执行的。但这两种 "自上而下" 是有不同含义的。

5.1.1 节中的自上而下是时间的概念，不同的 *phase* 按照图 5-1 中所示的 *phase* 顺序自上而下执行。而 3.5.4 节所说的自上而下是空间的概念，即在图 3-2 中，先执行的是 my_case

的 build_phase，其次是 *env* 的 build_phase，一层层往下执行。这种自上而下的顺序其实是唯一的选择。

对于 UVM 树来说，共有三种顺序可以选择，一是自上而下，二是自下而上，三是随机序。最后一种方式是不受人控制的，在编程当中，这种不受控制的代码越少越好。因此可以选择的无非就是自上而下或者自下而上。

假如 UVM 不使用自上而下的方式执行 build_phase，那会是什么情况呢？UVM 的设计哲学就是在 build_phase 中做实例化的工作，*driver* 和 *monitor* 都是 *agent* 的成员变量，所以它们的实例化都要在 *agent* 的 build_phase 中执行。如果在 *agent* 的 build_phase 之前执行 *driver* 的 build_phase，此时 *driver* 还根本没有实例化，所以调用 driver.build_phase 只会引发错误。

UVM 是在 build_phase 中做实例化工作，这里的实例化指的是 uvm_component 及其派生类变量的实例化，假如在其他 *phase* 实例化一个 uvm_component，那么系统会报错。如果是 uvm_object 的实例化，则可以在任何 *phase* 完成，当然也包括 build_phase 了。

除了自上而下的执行方式外，UVM 的 *phase* 还有一种执行方式是自下而上。事实上，除了 build_phase 之外，所有不耗费仿真时间的 *phase*（即 *function phase*）都是自下而上执行的。如对于 connect_phase 即先执行 *driver* 和 *monitor* 的 connect_phase，再执行 *agent* 的 connect_phase。

无论是自上而下还是自下而上，都只适应于 UVM 树中有直系关系的 *component*。对于同一层次的、具有兄弟关系的 *component*，如 *driver* 与 *monitor*，它们的执行顺序如何呢？一种猜测是按照实例化的顺序。如代码清单 5-3 中，A_inst0 到 A_inst3 的 build_phase 是顺序执行的，这种猜测是错误的。通过分析源代码，读者可以发现执行顺序是按照字典序的。这里的字典序的排序依据 new 时指定的名字。假如 *monitor* 在 new 时指定的名字为 aaa，而 *driver* 的名字为 bbb，那么将会先执行 *monitor* 的 build_phase。反之若 *monitor* 为 mon，*driver* 为 drv，那么将会先执行 *driver* 的 build_phase。如下面的代码：

代码清单　5-3

文件：ch5/section5.1/5.1.3/brother/my_env.sv

```
 4 class my_env extends uvm_env;
 5
 6   A   A_inst0;
 7   A   A_inst1;
 8   A   A_inst2;
 9   A   A_inst3;
...
16   virtual function void build_phase(uvm_phase phase);
17     super.build_phase(phase);
18
19     A_inst0 = A::type_id::create("dddd", this);
20     A_inst1 = A::type_id::create("zzzz", this);
21     A_inst2 = A::type_id::create("jjjj", this);
```

```
22      A_inst3 = A::type_id::create("aaaa", this);
23
24   endfunction
25
26   `uvm_component_utils(my_env)
27 endclass
```

其中 A 的代码为：

代码清单　5-4

```
文件: ch5/section5.1/5.1.3/brother/A.sv
 3 class A extends uvm_component;
 …
12 endclass
13
14 function void A::build_phase(uvm_phase phase);
15   super.build_phase(phase);
16   `uvm_info("A", "build_phase", UVM_LOW)
17 endfunction
18
19 function void A::connect_phase(uvm_phase phase);
20   super.connect_phase(phase);
21   `uvm_info("A", "connect_phase", UVM_LOW)
22 endfunction
```

输出的结果将会是：

```
# UVM_INFO A.sv(16) @ 0: uvm_test_top.env.aaaa [A] build_phase
# UVM_INFO A.sv(16) @ 0: uvm_test_top.env.dddd [A] build_phase
# UVM_INFO A.sv(16) @ 0: uvm_test_top.env.jjjj [A] build_phase
# UVM_INFO A.sv(16) @ 0: uvm_test_top.env.zzzz [A] build_phase
# UVM_INFO A.sv(21) @ 0: uvm_test_top.env.aaaa [A] connect_phase
# UVM_INFO A.sv(21) @ 0: uvm_test_top.env.dddd [A] connect_phase
# UVM_INFO A.sv(21) @ 0: uvm_test_top.env.jjjj [A] connect_phase
# UVM_INFO A.sv(21) @ 0: uvm_test_top.env.zzzz [A] connect_phase
```

这里可以清晰地看出无论是自上而下（build_phase）还是自下而上（connect_phase）的 *phase*，其执行顺序都与实例化的顺序无关，而是严格按照实例化时指定名字的字典序。

只是这个顺序是在 UVM1.1d 源代码中找到的，UVM 并未保证一直会是这个顺序。如果代码的执行必须依赖于这种顺序，例如要求必须先执行 *driver* 的 build_phase，再执行 *monitor* 的 build_phase，那么应该立即修改代码，杜绝这种依赖性在代码中出现。

类似 run_phase、main_phase 等 task_phase 也都是按照自下而上的顺序执行的。但是与前面 *function phase* 自下而上执行不同的是，这种 *task phase* 是耗费时间的，所以它并不是等到 "下面" 的 *phase*（如 *driver* 的 run_phase）执行完才执行 "上面" 的 *phase*（如 *agent* 的 run_phase），而是将这些 run_phase 通过 fork…join_none 的形式全部启动。所以，更准确的说法是自下而上的启动，同时在运行。

对于同一 *component* 来说，其 12 个 run-time 的 *phase* 是顺序执行的，但是它们也仅仅是顺序执行，并不是说前面一个 *phase* 执行完就立即执行后一个 *phase*。以 main_phase 和 post_main_phase 为例，对于 A component 来说，其 main_phase 在 0 时刻开始执行，100 时刻执行完毕：

代码清单　5-5

```
文件: src/ch5/section5.1/5.1.3/phase_wait/A.sv
19 task A::main_phase(uvm_phase phase);
20   phase.raise_objection(this);
21   `uvm_info("A", "main phase start", UVM_LOW)
22   #100;
23   `uvm_info("A", "main phase end", UVM_LOW)
24   phase.drop_objection(this);
25 endtask
26
27 task A::post_main_phase(uvm_phase phase);
28   phase.raise_objection(this);
29   `uvm_info("A", "post main phase start", UVM_LOW)
30   #300;
31   `uvm_info("A", "post main phase end", UVM_LOW)
32   phase.drop_objection(this);
33 endtask
```

对于 B component 来说，其 main_phase 在 0 时刻开始执行，200 时刻执行完毕：

代码清单　5-6

```
文件: src/ch5/section5.1/5.1.3/phase_wait/B.sv
13 task B::main_phase(uvm_phase phase);
14   phase.raise_objection(this);
15   `uvm_info("B", "main phase start", UVM_LOW)
16   #200;
17   `uvm_info("B", "main phase end", UVM_LOW)
18   phase.drop_objection(this);
19 endtask
20
21 task B::post_main_phase(uvm_phase phase);
22   phase.raise_objection(this);
23   `uvm_info("B", "post main phase start", UVM_LOW)
24   #200;
25   `uvm_info("B", "post main phase end", UVM_LOW)
26   phase.drop_objection(this);
27 endtask
```

此时整个验证平台的 main_phase 才执行完毕，接下来执行 post_main_phase，即 A 和 B 的 post_main_phase 都是在 200 时刻开始执行。假设 A 的 post_main_phase 执行完毕需要 300 个时间单位，而 B 只需要 200 个时间单位，无论是 A 或者 B，其后续都没有其他耗时间的 *phase* 了，整个验证平台会在 500 时刻关闭。上述代码的执行结果如下：

```
# UVM_INFO B.sv(15) @ 0: uvm_test_top.env.B_inst [B] main phase start
# UVM_INFO A.sv(21) @ 0: uvm_test_top.env.A_inst [A] main phase start
# UVM_INFO A.sv(23) @ 100: uvm_test_top.env.A_inst [A] main phase end
# UVM_INFO B.sv(17) @ 200: uvm_test_top.env.B_inst [B] main phase end
# UVM_INFO B.sv(23) @ 200: uvm_test_top.env.B_inst [B] post main phase start
# UVM_INFO A.sv(29) @ 200: uvm_test_top.env.A_inst [A] post main phase start
# UVM_INFO B.sv(25) @ 400: uvm_test_top.env.B_inst [B] post main phase end
# UVM_INFO A.sv(31) @ 500: uvm_test_top.env.A_inst [A] post main phase end
```

可以看到对于 A 来说，main_phase 在 100 时刻结束，其 post_main_phase 在 200 时刻开始执行。在 100 ~ 200 时刻，A 处于等待 B 的状态，除了等待不做任何事情。B 的 post_main_phase 在 400 时刻结束，之后就处于等待 A 的状态。

这个过程如图 5-2 所示。

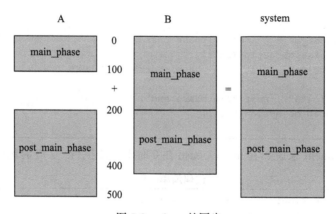

图 5-2　phase 的同步

无论从 A 还是 B 的角度来看，都存在一段空白等待时间。但是从整个验证平台的角度来看，各个 *task phase* 之间是没有任何空白的。

上述的这种同步不仅适用于不同 *component* 的动态运行（run-time）*phase* 之间，还适用于 run_phase 与 run_phase 之间。这两种同步都是不同 *component* 之间的相同 phase 之间的同步。除了这两种同步外，还存在一种 run_phase 与 post_shutdown_phase 之间的同步。这种同步的特殊之处在于，它是同一个 *component* 的不同类型 *phase*（两类 *task phase*，即 run_phase 与 run-time *phase*）之间的同步，即同一个 *component* 的 run_phase 与其 post_shutdown_phase 全部完成才会进入下一个 *phase*（extract_phase）。例如，假设整个验证平台中只在 A 中控制 *objection*：

代码清单　5-7

文件：src/ch5/section5.1/5.1.3/phase_wait2/A.sv
```
19 task A::post_shutdown_phase(uvm_phase phase);
20   phase.raise_objection(this);
21   `uvm_info("A", "post shutdown phase start", UVM_LOW)
22   #300;
```

```
23    `uvm_info("A", "post shutdown phase end", UVM_LOW)
24    phase.drop_objection(this);
25 endtask
26
27 task A::run_phase(uvm_phase phase);
28    phase.raise_objection(this);
29    `uvm_info("A", "run phase start", UVM_LOW)
30    #200;
31    `uvm_info("A", "run phase end", UVM_LOW)
32    phase.drop_objection(this);
33 endtask
```

在上述代码中，post_shutdown_phase 在 300 时刻完成，而 run_phase 在 200 时刻完成。验证平台进入 extract_phase 的时刻是 300。

从整个验证平台的角度来说，只有所有 *component* 的 run_phase 和 post_shutdown_phase 都完成才能进入 extract_phase。

无论是 run-time *phase* 之间的同步，还是 run_phase 与 post_shutdown_phase 之间的同步，或者是 run_phase 与 run_phase 之间的同步，它们都与 *objection* 机制密切相关。关于这一点，请参考 5.2.1 节。

*5.1.4 UVM 树的遍历

在图 3-2 中，除了兄弟关系的 *component*，还有一种叔侄关系的 *component*，如 my_scoreboard 与 my_driver，从树的层次结构上来说，*scoreboard* 级别是高于 *driver* 的，但是，这两者 build_phase 的执行顺序其实也是不确定的。这两者的执行顺序除了上节提到的字典序外，还用到了图论中树的遍历方式：广度优先或是深度优先。

所谓广度优先，指的是如果 i_agt 的 build_phase 执行完毕后，接下来执行的是其兄弟 *component* 的 build_phase，当所有兄弟的 build_phase 执行完毕后，再执行其孩子的 build_phase。

所谓深度优先，指的是如果 i_agt 的 build_phase 执行完毕后，它接下来执行的是其孩子的 build_phase，如果孩子还有孩子，那么再继续执行下去，一直到整棵以 i_agt 为树根的 UVM 子树的 build_phase 执行完毕，之后再执行 i_agt 的兄弟的 build_phase。

UVM 中采用的是深度优先的原则，对于图 3-2 中的 *scoreboard* 及 *driver* 的 build_phase 的执行顺序，i_agt 实例化时名字为 "i_agt"，而 scb 为 "scb"，那么 i_agt 的 build_phase 先执行，在执行完毕后，接下来执行 *driver*、*monitor* 及 *sequencer* 的 build_phase。当全部执行完毕后再执行 *scoreboard* 的 build_phase：

```
# UVM_INFO my_agent.sv(29) @ 0: uvm_test_top.env.i_agt [agent] build_phase
# UVM_INFO my_driver.sv(16) @ 0: uvm_test_top.env.i_agt.drv [driver] build_phase
# UVM_INFO my_agent.sv(29) @ 0: uvm_test_top.env.o_agt [agent] build_phase
# UVM_INFO my_scoreboard.sv(23) @ 0: uvm_test_top.env.scb [scb] build_phase
```

反之，如果 i_agt 实例化时是 bbb，而 scb 为 aaa，则会先执行 scb 的 build_phase，再执行 i_agt 的 build_phase，接下来是 *driver*、*monitor* 及 *sequencer* 的 build_phase。

如果读者的代码中要求 *scoreboard* 的 build_phase 先于 *driver* 的 build_phase 执行，或者要求两者的顺序反过来，那么应该立即修改这种代码，去除这种对顺序的要求。

5.1.5　super.phase 的内容

在前文的代码中，有时候出现 super.xxxx_phase 语句，有些时候又不会出现。如在 main_phase 中，有时出现 super.main_phase，有时又不会；在 build_phase 中，则一般会出现 super.build_phase。那么 uvm_component 在其各个 phase 中都默认做了哪些事情呢？哪些 phase 应该加上 super.xxxx_phase，哪些又可以不加呢？

对于 build_phase 来说，uvm_component 对其做的最重要的事情就是 3.5.3 节所示的自动获取通过 config_db::set 设置的参数。如果要关掉这个功能，可以在自己的 build_phase 中不调用 super.build_phase。

除了 build_phase 外，UVM 在其他 *phase* 中几乎没有做任何相关的事情：

代码清单　5-8

```
来源：UVM 源代码
function void uvm_component::connect_phase(uvm_phase phase);
  connect();
  return;
endfunction
function void uvm_component::start_of_simulation_phase(uvm_phase phase);
  start_of_simulation();
  return;
endfunction
function void uvm_component::end_of_elaboration_phase(uvm_phase phase);
  end_of_elaboration();
  return;
endfunction
task            uvm_component::run_phase(uvm_phase phase);
  run();
  return;
endtask
function void uvm_component::extract_phase(uvm_phase phase);
  extract();
  return;
endfunction
function void uvm_component::check_phase(uvm_phase phase);
  check();
  return;
endfunction
function void uvm_component::report_phase(uvm_phase phase);
  report();
  return;
```

```
endfunction
function void uvm_component::connect();                    return; endfunction
function void uvm_component::start_of_simulation(); return; endfunction
function void uvm_component::end_of_elaboration();  return; endfunction
task        uvm_component::run();                     return; endtask
function void uvm_component::extract();                return; endfunction
function void uvm_component::check();                  return; endfunction
function void uvm_component::report();                 return; endfunction
function void uvm_component::final_phase(uvm_phase phase);            return;
endfunction
task uvm_component::pre_reset_phase(uvm_phase phase);     return; endtask
task uvm_component::reset_phase(uvm_phase phase);        return; endtask
task uvm_component::post_reset_phase(uvm_phase phase);    return; endtask
task uvm_component::pre_configure_phase(uvm_phase phase);  return; endtask
task uvm_component::configure_phase(uvm_phase phase);     return; endtask
task uvm_component::post_configure_phase(uvm_phase phase); return; endtask
task uvm_component::pre_main_phase(uvm_phase phase);     return; endtask
task uvm_component::main_phase(uvm_phase phase);        return; endtask
task uvm_component::post_main_phase(uvm_phase phase);    return; endtask
task uvm_component::pre_shutdown_phase(uvm_phase phase);  return; endtask
task uvm_component::shutdown_phase(uvm_phase phase);     return; endtask
task uvm_component::post_shutdown_phase(uvm_phase phase); return; endtask
```

由如上代码可以看出，除 build_phase 外，在写其他 *phase* 时，完全可以不必加上 super.xxxx_phase 语句，如第 2 章中所有的 super.main_phase 都可以去掉。当然，这个结论只适用于直接扩展自 uvm_component 的类。如果是扩展自用户自定义的类，如 base_test 类，且在其某个 *phase*，如 connect_phase 中定义了一些重要内容，那么在具体测试用例的 connect_phase 中就不应该省略 super.connect_phase。

*5.1.6 build 阶段出现 UVM_ERROR 停止仿真

在 2.2.4 节的代码清单 2-18 中，如果使用 config_db::get 无法得到 *virtual interface*，就会直接调用 uvm_fatal 结束仿真。由于 *virtual interface* 对于一个 *driver* 来说是必须的，所以这种 uvm_fatal 直接退出的使用方式是非常常见的。

但是，事实上，如果这里使用 uvm_error，也会退出：

代码清单 5-9

```
文件: src/ch5/section5.1/5.1.6/my_driver.sv
12   virtual function void build_phase(uvm_phase phase);
13     super.build_phase(phase);
14     if(!uvm_config_db#(virtual my_if)::get(this, "", "vif", vif))
15       `uvm_fatal("my_driver", "virtual interface must be set for vif!!!")
16     `uvm_error("my_driver", "UVM_ERROR test")
17   endfunction
```

如上所示的代码运行时会给出如下错误提示：

```
# UVM_ERROR my_driver.sv(16) @ 0: uvm_test_top.env.i_agt.drv [my_driver] UVM_
ERROR test
# UVM_FATAL @ 0: reporter [BUILDERR] stopping due to build errors
```

这里给出的 uvm_fatal 是 UVM 内部自定义的。在 end_of_elaboration_phase 及其前的 *phase* 中，如果出现了一个或多个 UVM_ERROR，那么 UVM 就认为出现了致命错误，会调用 uvm_fatal 结束仿真。

UVM 的这个特性在小型设计中体现不出优势，但是在大型设计中，这一特性非常有用。大型设计中，真正仿真前的编译、优化可能会花费一个多小时的时间。完成编译、优化后开始仿真，几秒钟后，出现一个 uvm_fatal 就停止仿真。当修复了这个问题后，再次重新运行，发现又有一个 uvm_fatal 出现。如此反复，可能会耗费大量时间。但是如果将这些 uvm_fatal 替换为 uvm_error，将所有类似的问题一次性暴露出来，一次性修复，这会极大缩减时间，提高效率。

*5.1.7　phase 的跳转

在之前的所有表述中，各个 *phase* 都是顺序执行的，前一个 *phase* 执行完才执行后一个。但是并没有介绍过当后一个 *phase* 执行后还可以再执行一次前面的 *phase*。而 "跳转" 这个词则完全打破了这种观念：*phase* 之间可以互相跳来跳去。

phase 的跳转是比较高级的功能，这里仅举一个最简单的例子，实现 main_phase 到 reset_phase 的跳转。

假如在验证平台中监测到 reset_n 信号为低电平，则马上从 main_phase 跳转到 reset_phase。*driver* 的代码如下：

代码清单　5-10

文件：src/ch5/section5.1/5.1.7/my_driver.sv
```
23 task my_driver::reset_phase(uvm_phase phase);
24   phase.raise_objection(this);
25   `uvm_info("driver", "reset phase", UVM_LOW)
26   vif.data <= 8'b0;
27   vif.valid <= 1'b0;
28   while(!vif.rst_n)
29     @(posedge vif.clk);
30   phase.drop_objection(this);
31 endtask
32
33 task my_driver::main_phase(uvm_phase phase);
34   `uvm_info("driver", "main phase", UVM_LOW)
35   fork
36   while(1) begin
37     seq_item_port.get_next_item(req);
38     drive_one_pkt(req);
39     seq_item_port.item_done();
40   end
```

```
41       begin
42         @(negedge vif.rst_n);
43         phase.jump(uvm_reset_phase::get());
44       end
45     join
46 endtask
```

reset_phase 主要做一些清理工作，并等待复位完成。main_phase 中一旦监测到 reset_n 为低电平，则马上跳转到 reset_phase。

在 top_tb 中，控制复位信号代码如下：

代码清单　5-11

文件：src/ch5/section5.1/5.1.7/top_tb.sv
```
43 initial begin
44   rst_n = 1'b0;
45   #1000;
46   rst_n = 1'b1;
47   #3000;
48   rst_n = 1'b0;
49   #3000;
50   rst_n = 1'b1;
51 end
```

在 my_case 中控制 *objection* 代码如下：

代码清单　5-12

文件：src/ch5/section5.1/5.1.7/my_case0.sv
```
14 task my_case0::reset_phase(uvm_phase phase);
15   `uvm_info("case0", "reset_phase", UVM_LOW)
16 endtask
17
18 task my_case0::main_phase(uvm_phase phase);
19   phase.raise_objection(this);
20   `uvm_info("case0", "main_phase", UVM_LOW)
21   #10000;
22   phase.drop_objection(this);
23 endtask
```

运行上述的例子，则显示：

```
# UVM_INFO my_case0.sv(15) @ 0: uvm_test_top [case0] reset_phase
# UVM_INFO my_driver.sv(25) @ 0: uvm_test_top.env.i_agt.drv [driver] reset phase
# UVM_INFO my_case0.sv(20) @ 1100: uvm_test_top [case0] main_phase
# UVM_INFO my_driver.sv(34) @ 1100: uvm_test_top.env.i_agt.drv [driver] main phase
# UVM_INFO /home/landy/uvm/uvm-1.1d/src/base/uvm_phase.svh(1314) @ 4000: repo-
rter[PH_JUMP] phase main (schedule uvm_sched, domain uvm) is jumping to
phase reset
# UVM_WARNING @ 4000: main_objection [OBJTN_CLEAR] Object 'uvm_top' cleared
ob jection counts for main_objection
# UVM_INFO my_case0.sv(15) @ 4000: uvm_test_top [case0] reset_phase
```

```
# UVM_INFO my_driver.sv(25) @ 4000: uvm_test_top.env.i_agt.drv [driver] reset
phase
# UVM_INFO my_case0.sv(20) @ 7100: uvm_test_top [case0] main_phase
# UVM_INFO my_driver.sv(34) @ 7100: uvm_test_top.env.i_agt.drv [driver] main phase
```

很明显，整个验证平台都从 main_phase 跳转到了 reset_phase。在上述运行结果中，出现了一个 UVM_WARNING。这是因为在 my_driver 中调用 jump 时，并没有把 my_case0 中提起的 *objection* 进行撤销。加入跳转后，整个验证平台 *phase* 的运行图实现变为如图 5-3 所示形式。

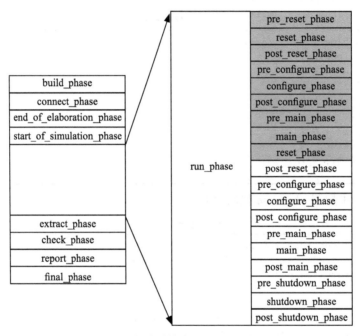

图 5-3　向前跳转后的 *phase* 运行图

图中灰色区域的 *phase* 在整个运行图中出现了两次。

跳转中最难的地方在于跳转前后的清理和准备工作。如上面的运行结果中的警告信息就是因为没有及时对 *objection* 进行清理。对于 *scoreboard* 来说，这个问题可能尤其严重。在跳转前，*scoreboard* 的 expect_queue 中的数据应该清空，同时要容忍跳转后 DUT 可能输出一些异常数据。

在 my_driver 中使用了 jump 函数，它的原型是：

代码清单　5-13

来源：UVM 源代码
```
function void uvm_phase::jump(uvm_phase phase);
```

jump 函数的参数必须是一个 uvm_phase 类型的变量。在 UVM 中，这样的变量共有如下几个：

代码清单 5-14

```
来源：UVM 源代码
uvm_build_phase::get();
uvm_connect_phase::get();
uvm_end_of_elaboration_phase::get();
uvm_start_of_simulation_phase::get();
uvm_run_phase::get();
uvm_pre_reset_phase::get();
uvm_reset_phase::get();
uvm_post_reset_phase::get();
uvm_pre_configure_phase::get();
uvm_configure_phase::get();
uvm_post_configure_phase::get();
uvm_pre_main_phase::get();
uvm_main_phase::get();
uvm_post_main_phase::get();
uvm_pre_shutdown_phase::get();
uvm_shutdown_phase::get();
uvm_post_shutdown_phase::get();
uvm_extract_phase::get();
uvm_check_phase::get();
uvm_report_phase::get();
uvm_final_phase::get();
```

但并不是所有的 *phase* 都可以作为 jump 的参数。如代码清单 5-10 中将 jump 的参数替换为 uvm_build_phase::get()，那么运行验证平台后会给出如下结果：

```
UVM_FATAL /home/landy/uvm/uvm-1.1d/src/base/uvm_root.svh(922) @ 4000: reporte
r [RUNPHSTIME] The run phase must start at time 0, current time is 4000. No non
-zero delays are allowed before run_test(), and pre-run user defined phases ma y
not consume simulation time before the start of the run phase.
```

所以往前跳转到从 build 到 start_of_simulation 的 *function phase* 是不可行的。如果把参数替换为 uvm_run_phase::get()，也是不可行的：

```
UVM_FATAL /home/landy/uvm/uvm-1.1d/src/base/uvm_phase.svh(1697) @ 4000: reporte
r [PH_BADJUMP] phase run is neither a predecessor or successor of phase main or is non
-existant, so we cannot jump to it.  Phase control flow is now undefined so the
simulation must terminate
```

UVM 会提示出 run_phase 不是 main_phase 的先驱 *phase* 或者后继 *phase*。这非常容易理解。在图 5-1 中，run_phase 是与 12 个动态运行的 *phase* 并行运行的，不存在任何先驱或者后继的关系。

那么哪些 *phase* 可以作为 jump 的参数呢？在代码清单 5-14 中，uvm_pre_reset_phase::get() 后的所有 *phase* 都可以。代码清单 5-10 中从 main_phase 跳转到 reset_phase 是

一种向前跳转，这种向前跳转中，只能是 main_phase 前的动态运行 *phase* 中的一个。除了向前跳转外，还可以向后跳转。如从 main_phase 跳转到 shutdown_phase。在向后跳转中，除了动态运行的 *phase* 外，还可以是函数 *phase*，如可以从 main_phase 跳转到 final_phase。

5.1.8　phase 机制的必要性

Verilog 中有非阻塞赋值和阻塞赋值，相对应的，在仿真器中要实现分为 NBA 区域和 Active 区域[⊖]，这样在不同的区域做不同的事情，可以避免因竞争关系导致的变量值不确定的情况。同样的，验证平台是很复杂的，要搭建一个验证平台是一件相当繁杂的事情，要正确地掌握并理顺这些步骤是一个相当艰难的过程。

举一个最简单的例子，一个 *env* 下面会实例化 *agent*、*scoreboard*、*reference model* 等，*agent* 下面又会有 *sequencer*、*driver*、*monitor*。并且，这些组件之间还有连接关系，如 *agent* 中 *monitor* 的输出要送给 *scoreboard* 或 *reference model*，这种通信的前提是要先将 *reference model* 和 *scoreboard* 连接在一起。那么可以：

代码清单　5-15

```
scoreboard = new;
reference_model = new;
reference_model.connect(scoreboard);
agent = new;
agent.driver = new;
agent.monitor = new;
agent.monitor.connect(scoreboard);
```

这里面反应出来的问题就是最后一句话一定要放在最后写，因为连接的前提是所有的组件已经实例化。但是，reference_model.connect(scoreboard) 的要求则没有那么高，只需要在上述代码中 reference_model = new 之后任何一个地方编写即可。可以看出，代码的书写顺序会影响代码的实现。

若要将代码顺序的影响降低到最低，可以按照如下方式编写：

代码清单　5-16

```
scoreboard = new;
reference_model = new;
agent = new;
agent.driver = new;
agent.monitor = new;

reference_model.connect(scoreboard);
agent.monitor.connect(scoreboard);
```

只要将连接语句放在最后两行写就没有关系了。UVM 采用了这种方法，它将前面实例

⊖　可以参照《IEEE Std 1364—2005 IEEE Standard Verilog® Hardware Description Language》。

化的部分都放在 build_phase 来做，而连接关系放在 connect_phase 来做，这就是 *phase* 最初始的来源。

在不同时间做不同的事情，这就是 UVM 中 *phase* 的设计哲学。但是仅仅划分成 *phase* 是不够的，*phase* 的自动执行功能才极大方便了用户。在代码清单 5-16 中，当 new 语句执行完成后，后面的 connect 语句肯定就会自动执行。现引入 *phase* 的概念，将前面 new 的部分包裹进 build_phase 里面，把后面的 connect 语句包裹进 connect_phase 里面，很自然的，当 build_phase 执行结束就应该自动执行 connect_phase。

phase 的引入在很大程度上解决了因代码顺序杂乱可能会引发的问题。遵循 UVM 的代码顺序划分原则（如 build_phase 做实例化工作，connect_phase 做连接工作等），可以在很大程度上减少验证平台开发者的工作量，使其从一部分杂乱的工作中解脱出来。

5.1.9　phase 的调试

UVM 的 *phase* 机制是如此的复杂，如果碰到问题后每次都使用 uvm_info 在每个 *phase* 打印不同的信息显然是不能满足要求的。UVM 提供命令行参数 UVM_PHASE_TRACE 来对 *phase* 机制进行调试，其使用方式为：

代码清单　5-17

```
<sim command> +UVM_PHASE_TRACE
```

这个命令的输出非常直观，下面列出了部分输出信息：

```
# UVM_INFO /home/landy/uvm/uvm-1.1d/src/base/uvm_phase.svh(1124) @ 0: reporter
[PH/TRC/STRT] Phase 'uvm.uvm_sched.reset' (id=184) Starting phase
# UVM_INFO /home/landy/uvm/uvm-1.1d/src/base/uvm_phase.svh(1203) @ 0: reporter
[PH/TRC/SKIP] Phase 'uvm.uvm_sched.reset' (id=184) No objections raised, skipping
phase
# UVM_INFO /home/landy/uvm/uvm-1.1d/src/base/uvm_phase.svh(1381) @ 0: reporter
[PH/TRC/DONE] Phase 'uvm.uvm_sched.reset' (id=184) Completed phase
# UVM_INFO /home/landy/uvm/uvm-1.1d/src/base/uvm_phase.svh(1403) @ 0: reporter
[PH/TRC/SCHEDULED] Phase 'uvm.uvm_sched.post_reset' (id=196) Scheduled from phase
uvm.uvm_sched.reset
# UVM_INFO /home/landy/uvm/uvm-1.1d/src/base/uvm_phase.svh(1124) @ 0: reporter
[PH/TRC/STRT] Phase 'uvm.uvm_sched.post_reset' (id=196) Starting phase
# UVM_INFO /home/landy/uvm/uvm-1.1d/src/base/uvm_phase.svh(1203) @ 0: reporter
[PH/TRC/SKIP] Phase 'uvm.uvm_sched.post_reset' (id=196) No objections raised,
skipping phase
# UVM_INFO /home/landy/uvm/uvm-1.1d/src/base/uvm_phase.svh(1381) @ 0: reporter
[PH/TRC/DONE] Phase 'uvm.uvm_sched.post_reset' (id=196) Completed phase
```

5.1.10　超时退出

在验证平台运行时，有时测试用例会出现挂起（hang up）的情况。在这种状态下，仿真时间一直向前走，*driver* 或者 *monitor* 并没有发出或者收到 *transaction*，也没有 UVM_

ERROR 出现。一个测试用例的运行时间是可以预计的，如果超出了这个时间，那么通常就是出错了。在 UVM 中通过 uvm_root 的 set_timeout 函数可以设置超时时间：

代码清单　5-18

```
文件: src/ch5/section5.1/5.1.10/base_test.sv
18 function void base_test::build_phase(uvm_phase phase);
19   super.build_phase(phase);
20   env = my_env::type_id::create("env", this);
21   uvm_top.set_timeout(500ns, 0);
22 endfunction
```

set_timeout 函数有两个参数，第一个参数是要设置的时间，第二个参数表示此设置是否可以被其后的其他 set_timeout 语句覆盖。如上的代码将超时的时间定为 500ns。如果达到 500ns 时，测试用例还没有运行完毕，则会给出一条 uvm_fatal 的提示信息，并退出仿真。

默认的超时退出时间是 9200s，是通过宏 UVM_DEFAULT_TIMEOUT 来指定的：

代码清单　5-19

```
来源：UVM 源代码
`define UVM_DEFAULT_TIMEOUT 9200s
```

除了可以在代码中设置超时退出时间外，还可以在命令行中设置：

代码清单　5-20

```
<sim command> +UVM_TIMEOUT=<timeout>,<overridable>
```

其中 timeout 是要设置的时间，overridable 表示能否被覆盖，其值可以是 YES 或者 NO。如将超时退出时间设置为 300ns，且可以被覆盖，代码如下：

代码清单　5-21

```
<sim command> +UVM_TIMEOUT="300ns, YES"
```

5.2 objection 机制

*5.2.1 objection 与 task phase

objection 字面的意思就是反对、异议。在验证平台中，可以通过 drop_objection 来通知系统可以关闭验证平台。当然，在撤销之前首先要 raise_objection。想象一下，如果读者与别人交流时事先并没有提出异议，然后忽然说：我撤销刚才的反对意见（*objection*）。那么，事先并没有提出任何反对意见的你一定会令对方迷惑不已，所以，为了良好的沟通，在 drop_objection 之前，一定要先 raise_objection：

代码清单　5-22

```
task main_phase(uvm_phase phase);
  phase.raise_objection(this);
```

```
   ...
   phase.drop_objection(this);
endtask
```

在进入到某一 *phase* 时，UVM 会收集此 *phase* 提出的所有 *objection*，并且实时监测所有 *objection* 是否已经被撤销了，当发现所有都已经撤销后，那么就会关闭此 *phase*，开始进入下一个 *phase*。当所有的 *phase* 都执行完毕后，就会调用 $finish 来将整个的验证平台关掉。

如果 UVM 发现此 *phase* 没有提起任何 *objection*，那么将会直接跳转到下一个 *phase* 中。假如验证平台中只有（注意"只有"两个字）*driver* 中提起了异议，而 *monitor* 等都没有提起，代码如下所示：

代码清单 5-23

```
task driver::main_phase(uvm_phase phase);
  phase.raise_objection(this);
  #100;
  phase.drop_objection(this);
endtask

task monitor::main_phase(uvm_phase phase);
  while(1) begin
     ...
  end
endtask
```

很显然，*driver* 中的代码是可以执行的，那么 *monitor* 中的代码能够执行吗？答案是肯定的。当进入到 *monitor* 后，系统会监测到已经有 *objection* 被提起了，所以会执行 *monitor* 中的代码。当过了 100 个单位时间之后，*driver* 中的 *objection* 被撤销。此时，UVM 监测发现所有的 *objection* 都被撤销了（因为只有 *driver* raise_objection），于是 UVM 会直接"杀死" *monitor* 中的无限循环进程，并跳到下一个 *phase*，即 post_main_phase()。假设进入 main_phase 的时刻为 0，那么进入 post_main_phase 的时刻就为 100。

如果 *driver* 根本就没有 raise_objection，并且所有其他 *component* 的 main_phase 里面也没有 raise_objection，即 *driver* 变成如下情况：

代码清单 5-24

```
task driver::main_phase(uvm_phase phase);
  #100;
endtask
```

那么在进入 main_phase 时，UVM 发现没有任何 *objection* 被提起，于是虽然 *driver* 中有一个延时 100 个单位时间的代码，*monitor* 中有一个无限循环，UVM 也都不理会，它会直接跳转到 post_main_phase，假设进入 main_phase 的时刻为 0，那么进入 post_main_phase 的时刻还是为 0。UVM 用户一定要注意：如果想执行一些耗费时间的代码，那么要

在此 *phase* 下任意一个 *component* 中至少提起一次 *objection*。

上述结论只适用于 12 个 run-time 的 *phase*。对于 run_phase 则不适用。由于 run_phase 与动态运行的 *phase* 是并行运行的，如果 12 个动态运行的 *phase* 有 *objection* 被提起，那么 run_phase 根本不需要 raise_objection 就可以自动执行，代码如下：

代码清单 5-25

```
文件: src/ch5/section5.2/5.2.1/objection1/my_case0.sv
14 task my_case0::main_phase(uvm_phase phase);
15   phase.raise_objection(this);
16   #100;
17   phase.drop_objection(this);
18 endtask
19
20 task my_case0::run_phase(uvm_phase phase);
21   for(int i = 0; i < 9; i++) begin
22     #10;
23     `uvm_info("case0", "run_phase is executed", UVM_LOW)
24   end
25 endtask
```

在上述代码运行结果中，可以看到"run_phase is executed"被输出了 9 次。

反之，如果上述 run_phase 与 main_phase 中的内容互换：

代码清单 5-26

```
文件: src/ch5/section5.2/5.2.1/objection2/my_case0.sv
14 task my_case0::main_phase(uvm_phase phase);
15   for(int i = 0; i < 9; i++) begin
16     #10;
17     `uvm_info("case0", "main_phase is executed", UVM_LOW)
18   end
19 endtask
20
21 task my_case0::run_phase(uvm_phase phase);
22   phase.raise_objection(this);
23   #100;
24   phase.drop_objection(this);
25 endtask
```

由运行结果中可以看到，没有任何"main_phase is executed"输出。因此对于 run_phase 来说，有两个选择可以使其中的代码运行：第一是其他动态运行的 *phase* 中有 *objection* 被提起。在这种情况下，运行时间受其他动态运行 *phase* 中 *objection* 控制，run_phase 只能被动地接受。第二是在 run_phase 中 raise_objection。这种情况下运行时间完全受 run_phase 控制。

component、*phase* 与 *objection* 是 UVM 运行的基础，其相互关系也是比较难以理解的。如果读者看了上面的例子依然对这三者的关系很迷惑，那么可以参照接下来这个有趣的例子。

如图 5-4 所示为一个 *env* 与 *model*、*scb* 组成的大楼，每一层就是一个 *phase*（为了方便起见，图中并没有将 12 个动态运行的 *phase* 全部列出，而只列出了 *reset_phase* 等 4 个 *phase*）。这个建筑物的每一层都有三个房间，其中最外层最大的就是 *env*，而其中又包含了 *model* 与 *scb* 两个房间，换句话说，由于 *env* 是 *model* 和 *scb* 的父结点，所以 *model* 与 *scb* 房间其实是房中房。在 *env*、*model*、*scb* 三个房间中，分别有一个历史遗留的井 run_phase（OVM 遗留的），可以直通楼顶。

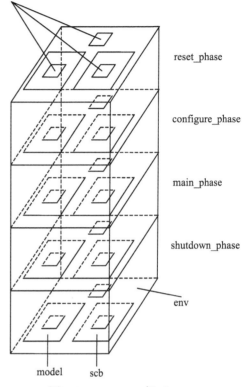

图 5-4 *component* 与 *phase*

在每层的每个房间及各个房间的井中，都有可能存在着僵尸（*objection*）及需要通电才能运转的机器（在每个 *phase* 中写的代码）。整大楼处于断电的状态。

有一棵叫 UVM 的植物，在经历 start_of_ simulation_phase 之后，于 0 时刻进入到最顶层（12 层）：pre_reset_phase。在进入后，它首先为本层所有房间及所有井（run_phase）通电，如果房间及井中有机器，那么这些机器就会运转起来。

这棵植物在通电完毕后开始检测各个房间中有没有僵尸（是否 raise_objection），如果任意一个房间中有僵尸，那么就开始消灭这些僵尸，一直到所有僵尸消失（drop_objection）。当所有的僵尸被消灭后，它就断掉这一层各个房间的电，所有正在运转的机器将会停止运转，然后这棵 UVM 植物进入下一层。需要注意的是，它只断掉所有房间的电，而没有断掉所有的井（run_phase）中的电，所以各个井中如果有机器，那么它们依然在正常运转。

如果所有的房间中都没有僵尸，那么它直接断电并进入下一层，在这种情况下，所有的机器只发出一声轰鸣声，便被紧急终止了。

这棵 UVM 植物一层一层地消灭僵尸，一直到消灭完底层 post_shutdown_phase 中的僵尸。此时，12 个动态运行 *phase* 全部结束，它们中的僵尸全部被消灭完毕。这棵 UVM 植物并不是立即进入到 extract_phase，而是开始查看所有的井（run_phase）中是否有僵尸，如果有那么就开始消灭它们，一直到所有的僵尸消失，否则直接断掉井中的电，所有井中正在运转的机器停止运转。当 run_phase 中的僵尸也被消灭完毕后，开始进入 extract_phase。

所以，欲使每一层中的机器（代码）运转起来，只要在这一层的任何一个房间（任意一个 *component*）中加入一个僵尸（raise_objection）即可。如果僵尸永远不能消失

（phase.raise_objection 与 phase.drop_objection 之间是一个无限循环），那么就会一直停留在这一层。

*5.2.2　参数 phase 的必要性

在 UVM 中所有 *phase* 的函数 / 任务参数中，都有一个 *phase*：

代码清单　5-27

```
task main_phase(uvm_phase phase);
```

这个输入参数中的 *phase* 是什么意思？为什么要加入这样一个东西？看了上一小节的例子，应该能够回答这个问题了。因为要便于在任何 *component* 的 main_phase 中都能 raise_objection，而要 raise_objection 则必须通过 phase.raise_objection 来完成，所以必须将 phase 作为参数传递到 main_phase 等任务中。可以想象，如果没有这个 *phase* 参数，那么想要提起一个 *objection* 就会比较麻烦了。

这里比较有意思的一个问题是：类似 build_phase 等 *function phase* 是否可以提起和撤销 *objection* 呢？

代码清单　5-28

```
文件: src/ch5/section5.2/5.2.2/my_case0.sv
35 function void my_case0::build_phase(uvm_phase phase);
36   phase.raise_objection(this);
37   super.build_phase(phase);
38   phase.drop_objection(this);
39 endfunction
```

运行上述代码后系统并不会报错。不过，一般不会这么用。*phase* 的引入是为了解决何时结束仿真的问题，它更多面向 main_phase 等 *task phase*，而不是面向 *function phase*。

5.2.3　控制 objection 的最佳选择

在整棵 UVM 树中，树的结点是如此之多，那么在什么地方控制 *objection* 最合理呢？*driver* 中、*monitor* 中、*agent* 中、*scoreboard* 中抑或是 *env* 中？

在第 2 章的例子中，最初是在 *driver* 中 raise_objection，但是事实上，在 *driver* 中 raise_objection 的时刻并不多。这是因为 *driver* 中通常都是一个无限循环的代码，如下所示：

代码清单　5-29

```
task driver::main_phase(uvm_phase phase);
  while(1) begin
    seq_item_port.get_next_item(req);
    …//drive the interface according to the information in req
  end
endtask
```

如果是在 while(1) 的前面 raise_objection，在 while 循环的 end 后面 drop_objection：

代码清单 5-30

```
task driver::main_phase(uvm_phase phase);
  phase.raise_objection(this);
  while(1) begin
    seq_item_port.get_next_item(req);
    ...//drive the interface according to the information in req
  end
  phase.drop_objection(this);
endtask
```

由于无限循环的特性，phase.drop_objection 永远不会被执行到。

一种常见的思维是将 raise_objection 放在 get_next_item 之后，这样的话，就可以避免无限循环的问题：

代码清单 5-31

```
task driver::main_phase(uvm_phase phase);
  while(1) begin
    seq_item_port.get_next_item(req);
    phase.raise_objection(this);
    ...//drive the interface according to the information in req
    phase.drop_objection(this);
  end
endtask
```

但是关键问题是如果其他地方没有 raise_objection 的话，那么如前面所言，UVM 不等 get_next_item 执行完成就已经跳转到了 post_main_phase。

在 *monitor* 和 *reference model* 中，都有类似的情况，它们都是无限循环的。因此一般不会在 *driver* 和 *monitor* 中控制 *objection*。

一般来说，在一个实际的验证平台中，通常会在以下两种 *objection* 的控制策略中选择一种：

第一种是在 *scoreboard* 中进行控制。在 2.3.6 节中，*scoreboard* 的 main_phase 被做成一个无限循环。如果要在 *scoreboard* 中控制 *objection*，则需要去除这个无限循环，通过 config_db::set 的方式设置收集到的 *transaction* 的数量 pkt_num，当收集到足够数量的 *transaction* 后跳出循环：

代码清单 5-32

```
task my_scoreboard::main_phase(uvm_phase phase);
  phase.raise_objection(this);
  fork
    while (1) begin
      exp_port.get(get_expect);
      expect_queue.push_back(get_expect);
    end
```

```
    for(int i = 0; i < pkt_num; i++) begin
      act_port.get(get_actual);
      ...
    end
  join_any
  phase.drop_objection(this);
endtask
```

上述代码中将原本的 fork...join 语句改为了 fork...join_any。当收集到足够的 *transaction* 后，第二个进程终结，从而跳出 fork...join_any，执行 drop_objection 语句。

第二种，如在第 2 章中介绍的例子那样，在 *sequence* 中提起 *sequencer* 的 *objection*，当 *sequence* 完成后，再撤销此 *obj*ection。

以上两种方式在验证平台中都有应用。其中用得最多的是第二种，这种方式是 UVM 提倡的方式。UVM 的设计哲学就是全部由 *sequence* 来控制激励的生成，因此一般情况下只在 *sequence* 中控制 *objection*。

5.2.4 set_drain_time 的使用

无论任何功能的模块，都有其处理延时。如图 5-5a 所示，0 时刻 DUT 开始接收输入，直到 *p* 时刻才有数据输出。

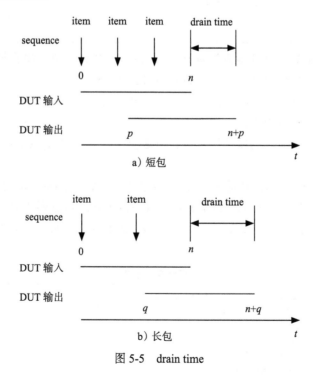

图 5-5 drain time

在 *sequence* 中，*n* 时刻发送完毕最后一个 *transaction*，如果此时立刻 drop_objection，

那么最后在 $n+p$ 时刻 DUT 输出的包将无法接收到。因此,在 *sequence* 中,最后一个包发送完毕后,要延时 p 时间才能 drop_objection:

代码清单 5-33

```
virtual task body();
  if(starting_phase != null)
    starting_phase.raise_objection(this);
  repeat (10) begin
    `uvm_do(m_trans)
  end
  #100;
  if(starting_phase != null)
    starting_phase.drop_objection(this);
endtask
```

要延时的时间与激励有很大关系。图 5-5a 中处理的是短包,所以延时只有 p;图 5-5b 中处理的是长包,延时的时间大于图 5-5a。在随机发送激励时,延时的大小也是随机的。所以无法精确地控制延时,只能根据激励选择一个最大的延时。

这种延时对于所有 *sequence* 来说都是必须的,如果在每个 *sequence* 中都这样延时,显然是不合理的。如果某一天,DUT 对于同样的激励,其处理延时变大,那就要修改所有的延时大小。

考虑到这种情况,UVM 为所有的 *objection* 设置了 drain_time 这一属性。所谓 drain_time,用 5.2.1 节中最后的例子来说,就是当所有的僵尸都被消灭后,UVM 植物并不马上进入下一层,而是等待一段时间,在这段时间内,那些正在运行的机器依然在正常地运转,时间一到才会进入下一层。drain_time 的设置方式为:

代码清单 5-34

```
文件: src/ch5/section5.2/5.2.4/base_test.sv
24 task base_test::main_phase(uvm_phase phase);
25   phase.phase_done.set_drain_time(this, 200);
26 endtask
```

phase_done 是 uvm_phase 内定义的一个成员变量:

代码清单 5-35

```
来源: UVM 源代码
uvm_objection phase_done; // phase done objection
```

当调用 phase.raise_objection 或者 phase.drop_objection 时,其实质是调用 phase_done 的 raise_objection 和 drop_objection。当 UVM 在 main_phase 检测到所有的 objection 被撤销后,接下来会检查有没有设置 drain_time。如果没有设置,则马上进入到 post_main_phase,否则延迟 drain_time 后再进入 post_main_phase。如果在 post_main_phase 及其后都没有提起 *objection*,那么最终会前进到 final_phase,结束仿真。

为了检测 drain_time 的效果,在 case0_sequence 中使用 uvm_info 打印出 drop_objection:

代码清单 5-36

```
文件: src/ch5/section5.2/5.2.4/my_case0.sv
 3 class case0_sequence extends uvm_sequence #(my_transaction);
...
10   virtual task body();
...
13     #10000;
14     `uvm_info("case0_sequence", "drop objection",  UVM_LOW)
...
17   endtask
...
20 endclass
```

同时在 my_case0 中打印出进入 post_main_phase 和 final_phase 的时间:

代码清单 5-37

```
文件: src/ch5/section5.2/5.2.4/my_case0.sv
44 task my_case0::post_main_phase(uvm_phase phase);
45   `uvm_info("my_case0", "enter post_main phase", UVM_LOW)
46 endtask
47
48 function void my_case0::final_phase(uvm_phase phase);
49   `uvm_info("my_case0", "enter final phase", UVM_LOW)
50 endfunction
```

运行上述代码, 可以得到如下结果:

```
# UVM_INFO my_case0.sv(14) @ 10000: uvm_test_top.env.i_agt.sqr@@case0_sequence
[case0_sequence] drop objection
# UVM_INFO my_case0.sv(45) @ 10200: uvm_test_top [my_case0] enter post_main phase
# UVM_INFO my_case0.sv(49) @ 10200: uvm_test_top [my_case0] enter final phase
```

可以看到在 10000 时刻 drop_objection, 但是直到 10200 时刻才进入 post_main_phase, 两者之间的时间差 200 恰恰就是在 base_test 中设置的 drain_time。

drain_time 属于 uvm_objection 的一个特性。如果只在 main_phase 中调用 set_drain_time 函数设置 drain_time, 但是在其他 *phase*, 如 configure_phase 中没有设置, 那么在 configure_phase 中所有的 *objection* 被撤销后, 会立即进入 post_configure_phase。换言之, 一个 phase 对应一个 drain_time, 并不是所有的 phase 共享一个 drain_time。在没有设置的情况下, drain_time 的默认值为 0。

*5.2.5 objection 的调试

与 *phase* 的调试一样, UVM 同样提供了命令行参数来进行 *objection* 的调试:

代码清单 5-38

```
<sim command> +UVM_OBJECTION_TRACE
```

对上一节的例子加入此命令行参数后的部分输出如下：

```
# UVM_INFO @ 0: main_objection [OBJTN_TRC] Object uvm_test_top.env.i_agt.sqr.
case0_sequence raised 1 objection(s): count=1  total=1
# UVM_INFO @ 10000: main_objection [OBJTN_TRC] Object uvm_test_top.env.i_agt.
sqr.case0_sequence dropped 1 objection(s): count=0  total=0
```

在调用 raise_objection 时，count=1 表示此次只提起了这一个 *objection*。可以使用如下的方式一次提起两个 *objection*：

代码清单　5-39

```
文件: src/ch5/section5.2/5.2.5/my_case0.sv
10    virtual task body();
11      if(starting_phase != null)
12        starting_phase.raise_objection(this, "case0 objection", 2);
13      #10000;
14      if(starting_phase != null)
15        starting_phase.drop_objection(this, "case0 objection", 2);
16    endtask
```

raise_objection 的第二个参数是字符串，可以为空，第三个参数为 *objection* 的数量。drop_objection 的后两个参数与此类似。此时，加入 UVM_OBJECTION_TRACE 命令行参数的输出结果变为：

```
# UVM_INFO @ 0: main_objection [OBJTN_TRC] Object uvm_test_top.env.i_agt.sqr.
case0_sequence raised 2 objection(s) (case0 objection): count=2  total=2
# UVM_INFO @ 10000: main_objection [OBJTN_TRC] Object uvm_test_top.env.i_agt.
sqr.case0_sequence dropped 2 objection(s) (case0 objection): count=0  total=0
```

除了上述有用信息外，还会输出一些冗余的信息：

```
# UVM_INFO @ 0: main_objection [OBJTN_TRC] Object uvm_test_top.env.i_agt.sqr
added 2 objection(s) to its total (raised from source object , case0 objection):
count=0  total=2
# UVM_INFO @ 0: main_objection [OBJTN_TRC] Object uvm_test_top.env.i_agt added
2 objection(s) to its total (raised from source object , case0 objection): count=0
total=2
...
# UVM_INFO @ 10000: main_objection [OBJTN_TRC] Object uvm_test_top.env.i_agt.
sqr subtracted 2 objection(s) from its total (dropped from source object , case0
objection): count=0  total=0
# UVM_INFO @ 10000: main_objection [OBJTN_TRC] Object uvm_test_top.env.i_
agt subtracted 2 objection(s) from its total (dropped from source object , case0
objection): count=0  total=0
```

这是因为 UVM 采用的是树形结构来管理所有的 *objection*。当有一个 *objection* 被提起后，会检查从当前 *component* 一直到最顶层的 uvm_top 的 *objection* 的数量。上述输出结果中的 total 就是整个验证平台中所有活跃的（被提起且没有被撤销的）*objection* 的数量。

5.3　domain 的应用

5.3.1　domain 简介

domain 是 UVM 中一个用于组织不同组件的概念。先来看一个例子，假设 DUT 分成两个相对独立的部分，这两个独立的部分可以分别复位、配置、启动，但如果没有 *domain* 的概念，那么这两块独立的部分则必须同时在 reset_phase 复位，同时在 configure_phase 配置，同时进入 main_phase 开始正常工作。这种协同性当然是没有问题的，但是没有体现出独立性。图 5-6 中画出了这两个部分的 *driver* 位于同一 *domain* 的情况。

在默认情况下，验证平台中所有 *component* 都位于一个名字为 common_domain 的 *domain* 中。若要体现出独立性，那么两个部分的 reset_phase、configure_phae、main_phase 等就不应该同步。此时就应该让其中的一部分从 common_domain 中独立出来，使其位于不同的 *domain* 中。图 5-7 中列出了两个 *driver* 位于不同 *domain* 的情况。

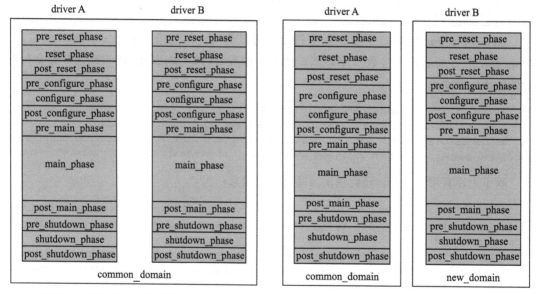

图 5-6　两个 *driver* 位于同一 *domain*　　　　图 5-7　两个 *driver* 位于不同 *domain*

domain 把两块时钟域隔开，之后两个时钟域内的各个动态运行（run_time）的 *phase* 就可以不必同步。注意，这里 *domain* 只能隔离 run-time 的 *phase*，对于其他 *phase*，其实还是同步的，即两个 *domain* 的 run_phase 依然是同步的，其他的 *function phase* 也是同步的。

*5.3.2　多 domain 的例子

若将某个 *component* 置于某个新的 *domain* 中，可以使用如下的方式：

代码清单　5-40

```
文件: src/ch5/section5.3/5.3.2/B.sv
 3 class B extends uvm_component;
 4   uvm_domain new_domain;
 5   `uvm_component_utils(B)
 6
 7   function new(string name, uvm_component parent);
 8     super.new(name, parent);
 9     new_domain = new("new_domain");
10   endfunction
11
12   virtual function void connect_phase(uvm_phase phase);
13     set_domain(new_domain);
14   endfunction
...
20 endclass
```

在上述代码中，新建了一个 *domain*，并将其实例化。在 connect_phase 中通过 set_domain 将 B 加入到此 *domain* 中。set_domain 函数的原型是：

代码清单　5-41

```
来源: UVM 源代码
function void uvm_component::set_domain(uvm_domain domain, int hier=1);
```

其第二个参数表示是否递归调用，如果为 1，则 B 及其子孙都将全部加入到 new_domain 中。由于子孙的实例化一般在 build_phase 中完成，所以这里一般在 connect_phase 中调用 set_domain。

当 B 加入到 new_domain 后，它与其他 *component*（默认位于 *common domain* 中）的动态运行 *phase* 异步了。在 B 中：

代码清单　5-42

```
文件: src/ch5/section5.3/5.3.2/B.sv
22 task B::reset_phase(uvm_phase phase);
23   phase.raise_objection(this);
24   `uvm_info("B", "enter into reset phase", UVM_LOW)
25   #100;
26   phase.drop_objection(this);
27 endtask
28
29 task B::post_reset_phase(uvm_phase phase);
30   `uvm_info("B", "enter into post reset phase", UVM_LOW)
31 endtask
32
33 task B::main_phase(uvm_phase phase);
34   phase.raise_objection(this);
35   `uvm_info("B", "enter into main phase", UVM_LOW)
36   #500;
37   phase.drop_objection(this);
```

```
38 endtask
39
40 task B::post_main_phase(uvm_phase phase);
41   `uvm_info("B", "enter into post main phase", UVM_LOW)
42 endtask
43
```

在 A 中：

代码清单 5-43

文件：src/ch5/section5.3/5.3.2/A.sv
```
16 task A::reset_phase(uvm_phase phase);
17   phase.raise_objection(this);
18   `uvm_info("A", "enter into reset phase", UVM_LOW)
19   #300;
20   phase.drop_objection(this);
21 endtask
22
23 task A::post_reset_phase(uvm_phase phase);
24   `uvm_info("A", "enter into post reset phase", UVM_LOW)
25 endtask
26
27 task A::main_phase(uvm_phase phase);
28   phase.raise_objection(this);
29   `uvm_info("A", "enter into main phase", UVM_LOW)
30   #200;
31   phase.drop_objection(this);
32 endtask
33
34 task A::post_main_phase(uvm_phase phase);
35   `uvm_info("A", "enter into post main phase", UVM_LOW)
36 endtask
37
```

在 base_test 中将 A 和 B 实例化：

代码清单 5-44

文件：src/ch5/section5.3/5.3.2/base_test.sv
```
 4 class base_test extends uvm_test;
 5
 6   A   A_inst;
 7   B   B_inst;
...
16 endclass
17
18
19 function void base_test::build_phase(uvm_phase phase);
20   super.build_phase(phase);
21   A_inst = A::type_id::create("A_inst", this);
22   B_inst = B::type_id::create("B_inst", this);
23 endfunction
```

运行上述代码后，可以得到如下结果：

```
# UVM_INFO B.sv(20) @ 0: uvm_test_top.B_inst [B] enter into reset phase
# UVM_INFO A.sv(18) @ 0: uvm_test_top.A_inst [A] enter into reset phase
# UVM_INFO B.sv(26) @ 100: uvm_test_top.B_inst [B] enter into post reset phase
# UVM_INFO B.sv(31) @ 100: uvm_test_top.B_inst [B] enter into main phase
# UVM_INFO A.sv(24) @ 300: uvm_test_top.A_inst [A] enter into post reset phase
# UVM_INFO A.sv(29) @ 300: uvm_test_top.A_inst [A] enter into main phase
# UVM_INFO A.sv(35) @ 500: uvm_test_top.A_inst [A] enter into post main phase
# UVM_INFO B.sv(37) @ 600: uvm_test_top.B_inst [B] enter into post main phase
```

可以清晰地看到，A 和 B 的动态运行 *phase* 已经完全异步了。

*5.3.3 多 domain 中 phase 的跳转

上节中的 A 和 B 分别位于不同的 *domain* 中，在此种情况下，*phase* 的跳转将只局限于某一个 *domain* 中。

A 和 base_test 的代码与上节相同，B 的代码变更为：

代码清单　5-45

```
文件: src/ch5/section5.3/5.3.3/B.sv
  3 class B extends uvm_component;
  4   uvm_domain new_domain;
  5   bit has_jumped;
  6   `uvm_component_utils(B)
  7
  8   function new(string name, uvm_component parent);
  9     super.new(name, parent);
 10     new_domain = new("new_domain");
 11     has_jumped = 0;
 12   endfunction
 13
 14   virtual function void connect_phase(uvm_phase phase);
 15     set_domain(new_domain);
 16   endfunction
...
 20 endclass
 21
 22 task B::reset_phase(uvm_phase phase);
 23   phase.raise_objection(this);
 24   `uvm_info("B", "enter into reset phase", UVM_LOW)
 25   #100;
 26   phase.drop_objection(this);
 27 endtask
 28
 29 task B::main_phase(uvm_phase phase);
 30   phase.raise_objection(this);
 31   `uvm_info("B", "enter into main phase", UVM_LOW)
 32   #500;
```

```
33    if(!has_jumped) begin
34      phase.jump(uvm_reset_phase::get());
35      has_jumped = 1'b1;
36    end
37    phase.drop_objection(this);
38 endtask
```

由 B 的 main_phase 中跳转至 reset_phase。has_jumped 控制着跳转只进行一次。运行上述代码后，可以得到如下结果：

```
# UVM_INFO B.sv(24) @ 0: uvm_test_top.B_inst [B] enter into reset phase
# UVM_INFO A.sv(18) @ 0: uvm_test_top.A_inst [A] enter into reset phase
# UVM_INFO B.sv(31) @ 100: uvm_test_top.B_inst [B] enter into main phase
# UVM_INFO A.sv(24) @ 300: uvm_test_top.A_inst [A] enter into post reset phase
# UVM_INFO A.sv(29) @ 300: uvm_test_top.A_inst [A] enter into main phase
# UVM_INFO A.sv(35) @ 500: uvm_test_top.A_inst [A] enter into post main phase
# UVM_INFO /home/landy/uvm/uvm-1.1d/src/base/uvm_phase.svh(1314) @ 600: reporter
[PH_JUMP] phase main (schedule uvm_sched, domain new_domain) is jumping to phase reset
# UVM_INFO B.sv(24) @ 600: uvm_test_top.B_inst [B] enter into reset phase
# UVM_INFO B.sv(31) @ 700: uvm_test_top.B_inst [B] enter into main phase
```

可以看到 B 两次进入了 reset_phase 和 main_phase，而 A 只进入了一次。*domain* 的应用使得 *phase* 的跳转可以只局限于验证平台的一部分。

第 6 章

UVM 中的 sequence

6.1   sequence 基础

6.1.1   从 driver 中剥离激励产生功能

在第 2 章的例子中，激励最初产生在 *driver* 中，后来产生在 *sequence* 中。为什么会有这个过程呢？

最开始时，*driver* 的 main_phase 是这样的：

代码清单　6-1

```
task my_driver::main_phase(uvm_phase phase);
  my_transaction tr;
  phase.raise_objection(this);
  for(int i = 0; i < 10; i++) begin
    tr = new;
    assert(tr.randomize);
    drive_one_pkt(tr);
  end
  phase.drop_objection(this);
endtask
```

如果只是施加上述一种激励，这样是可以的。但当要对 DUT 施加不同的激励时，那应该怎么办呢？上述代码中是施加了正确的包，而下一次测试中要在第 9 个 *transaction* 中加入 CRC 错误的包，那么可以这么写：

代码清单　6-2

```
task my_driver::main_phase(uvm_phase phase);
  my_transaction tr;
  phase.raise_objection(this);
  for(int i = 0; i < 10; i++) begin
    tr = new;
    if(i == 8)
      assert(tr.randomize with {tr.crc_err == 1;});
    else
      assert(tr.randomize);
```

```
      drive_one_pkt(tr);
    end
    phase.drop_objection(this);
  endtask
```

这就相当于将整个 main_phase 重新写了一遍。如果现在有了新的需求，需要再测一个超长包。那么，则需要再次改写 main_phase，也就是说，每多测一种情况，就要多改写一次 main_phase。如果经常改写某个任务或者函数，那么就很容易将之前对的地方改错。所以说，这种方法是不可取的，因为它的可扩展性太差，会经常带来错误。

仔细观察 main_phase，其实只有从 tr=new 语句至 drive_one_pkt 之间的语句在变。有没有什么方法可以将这些语句从 main_phase 中独立出来呢？最好的方法就是在不同的测试用例中决定这几行语句的内容。这种想法中已经包含了激励的产生与驱动的分离这个观点。drive_one_pkt 是驱动，这是 *driver* 应该做的事情，但是像产生什么样的包、如何产生等这些事情应该从 *driver* 中独立出去。

要实现上述目标，可以使用一个函数来实现：

代码清单　6-3

```
function void gen_pkt(ref my_transaction tr);
  tr = new;
  assert(tr.randomize);
endfunction
task my_driver::main_phase(uvm_phase phase);
  my_transaction tr;
  bit send_crc_err = 0;
  phase.raise_objection(this);
  for(int i = 0; i < 10; i++) begin
    gen_pkt(tr);
    drive_one_pkt(tr);
  end
  phase.drop_objection(this);
endtask
```

如上所示，可以定义一个产生正常包的 gen_pkt 函数，但是如何定义一个 CRC 错误包的函数呢？难道像下面这样吗？

代码清单　6-4

```
function void gen_pkt(ref my_transaction tr);
  tr = new;
  assert(tr.randomize with {crc_err == 1;});
endfunction
```

这样带来的一个最大的问题就是 gen_pkt 函数的重复定义，显然这样是不允许的。为了避免重复定义，有两种策略：第一种是使用虚函数。将代码清单 6-3 中的 gen_pkt 定义为 virtual 类型，然后在建造 CRC 错误的测试用例时，从 my_driver 派生一个新的 crc_err_driver，并重载 gen_pkt 函数。但是这样新的问题又出现了，如何在这个测试用例中实例化

这个新的 *driver* 呢？似乎只能重新定义一个 my_agent，为了实例化这个新的 *agent*，又只能重新定义一个 my_env。这种解决方式显然是不可取的。第二种解决方式是使定义的函数的名字是不一样的，但是在 *driver* 的 main_phase 中又无法执行这种具有不同名字的函数。

这是一个相当难的问题，单纯用 SystemVerilog 提供的一些接口是根本无法实现的。UVM 为了解决这个问题，引入了 *sequence* 机制，在解决的过程中还使用了 *factory* 机制、*config* 机制。使用 *sequence* 机制之后，在不同的测试用例中，将不同的 *sequence* 设置成 *sequencer* 的 main_phase 的 default_sequence。当 *sequencer* 执行到 main_phase 时，发现有 default_sequence，那么它就启动 *sequence*。

仔细回想上面的过程，*sequencer* 启动 *sequence* 并执行的过程就相当于之前的 gen_pkt，只是调用的位置从 *driver* 变到 *sequencer*。*sequencer* 将 *sequence* 产生的 *transaction* 交给 *driver*，这其实与在 *driver* 里面调用 gen_pkt 没有本质的区别。

*6.1.2 sequence 的启动与执行

当完成一个 *sequence* 的定义后，可以使用 start 任务将其启动：

代码清单 6-5

```
my_sequence my_seq;
my_seq = my_sequence::type_id::create("my_seq");
my_seq.start(sequencer);
```

除了直接启动之外，还可以使用 default_sequence 启动。事实上 default_sequence 会调用 start 任务，它有两种调用方式，其中一种是前文已经介绍过的：

代码清单 6-6

```
uvm_config_db#(uvm_object_wrapper)::set(this,
                              "env.i_agt.sqr.main_phase",
                              "default_sequence",
                              case0_sequence::type_id::get());
```

另外一种方式是先实例化要启动的 *sequence*，之后再通过 default_sequence 启动：

代码清单 6-7

```
文件: src/ch6/section6.1/6.1.2/my_case0.sv
41 function void my_case0::build_phase(uvm_phase phase);
42   case0_sequence cseq;
43   super.build_phase(phase);
44
45   cseq = new("cseq");
46   uvm_config_db#(uvm_sequence_base)::set(this,
47                              "env.i_agt.sqr.main_phase",
48                              "default_sequence",
49                              cseq);
50 endfunction
```

 读者在第 8 章中可以看到另外一种解决方式

当一个 *sequence* 启动后会自动执行 *sequence* 的 body 任务。其实，除了 body 外，还会自动调用 *sequence* 的 pre_body 与 post_body：

代码清单　6-8

```
文件: src/ch6/section6.1/6.1.2/my_case0.sv
  3 class case0_sequence extends uvm_sequence #(my_transaction);
...
 10   virtual task pre_body();
 11     `uvm_info("sequence0", "pre_body is called!!!", UVM_LOW)
 12   endtask
 13
 14   virtual task post_body();
 15     `uvm_info("sequence0", "post_body is called!!!", UVM_LOW)
 16   endtask
 17
 18   virtual task body();
...
 21     #100;
 22     `uvm_info("sequence0", "body is called!!!", UVM_LOW)
...
 25   endtask
 26
 27   `uvm_object_utils(case0_sequence)
 28 endclass
```

上述的 *sequence* 在执行时，会打印出：

```
# UVM_INFO my_case0.sv(11) @ 0: uvm_test_top.env.i_agt.sqr@@cseq [sequence0] pre_
body is called!!!
# UVM_INFO my_case0.sv(22) @ 100000: uvm_test_top.env.i_agt.sqr@@cseq [sequence0]
body is called!!!
# UVM_INFO my_case0.sv(15) @ 100000: uvm_test_top.env.i_agt.sqr@@cseq [sequence0]
post_body is called!!!
```

6.2　sequence 的仲裁机制

*6.2.1　在同一 sequencer 上启动多个 sequence

在前文所有的例子中，同一时刻，在同一 *sequencer* 上只启动了一个 *sequence*。事实上，UVM 支持同一时刻在同一 *sequencer* 上启动多个 *sequence*。

在 my_sequencer 上同时启动了两个 *sequence*：sequence1 和 sequence2，代码如下所示：

代码清单　6-9

```
文件: src/ch6/section6.2/6.2.1/no_pri/my_case0.sv
 57 task my_case0::main_phase(uvm_phase phase);
 58   sequence0 seq0;
 59   sequence1 seq1;
```

```
60
61     seq0 = new("seq0");
62     seq0.starting_phase = phase;
63     seq1 = new("seq1");
64     seq1.starting_phase = phase;
65     fork
66       seq0.start(env.i_agt.sqr);
67       seq1.start(env.i_agt.sqr);
68     join
69 endtask
```

其中 sequence0 的定义为：

代码清单 6-10

文件: src/ch6/section6.2/6.2.1/no_pri/my_case0.sv
```
 3 class sequence0 extends uvm_sequence #(my_transaction);
...
10   virtual task body();
...
13     repeat (5) begin
14       `uvm_do(m_trans)
15       `uvm_info("sequence0", "send one transaction", UVM_MEDIUM)
16     end
17     #100;
...
20   endtask
21
22   `uvm_object_utils(sequence0)
23 endclass
```

sequence1 的定义为：

代码清单 6-11

文件: src/ch6/section6.2/6.2.1/no_pri/my_case0.sv
```
25 class sequence1 extends uvm_sequence #(my_transaction);
...
32   virtual task body();
...
35     repeat (5) begin
36       `uvm_do_with(m_trans, {m_trans.pload.size < 500;})
37       `uvm_info("sequence1", "send one transaction", UVM_MEDIUM)
38     end
39     #100;
...
42   endtask
43
44   `uvm_object_utils(sequence1)
45 endclass
```

运行如上代码后，会显示两个 *sequence* 交替产生 *transaction*：

```
# UVM_INFO my_case0.sv(15) @ 85900: uvm_test_top.env.i_agt.sqr@@seq0 [sequence0]
send one transaction
# UVM_INFO my_case0.sv(37) @ 112500: uvm_test_top.env.i_agt.sqr@@seq1 [sequence1]
send one transaction
# UVM_INFO my_case0.sv(15) @ 149300: uvm_test_top.env.i_agt.sqr@@seq0 [sequence0]
send one transaction
# UVM_INFO my_case0.sv(37) @ 200500: uvm_test_top.env.i_agt.sqr@@seq1 [sequence1]
send one transaction
# UVM_INFO my_case0.sv(15) @ 380700: uvm_test_top.env.i_agt.sqr@@seq0 [sequence0]
send one transaction
# UVM_INFO my_case0.sv(37) @ 436500: uvm_test_top.env.i_agt.sqr@@seq1 [sequence1]
send one transaction
```

sequencer 根据什么选择使用哪个 *sequence* 的 *transaction* 呢？这是 UVM 的 *sequence* 机制中的仲裁问题。对于 *transaction* 来说，存在优先级的概念，通常来说，优先级越高越容易被选中。当使用 uvm_do 或者 uvm_do_with 宏时，产生的 *transaction* 的优先级是默认的优先级，即 −1。可以通过 uvm_do_pri 及 uvm_do_pri_with 改变所产生的 *transaction* 的优先级：

代码清单　6-12

```
文件: src/ch6/section6.2/6.2.1/item_pri/my_case0.sv
 3 class sequence0 extends uvm_sequence #(my_transaction);
...
10   virtual task body();
...
13     repeat (5) begin
14       `uvm_do_pri(m_trans, 100)
15       `uvm_info("sequence0", "send one transaction", UVM_MEDIUM)
16     end
17     #100;
...
20   endtask
...
23 endclass
24
25 class sequence1 extends uvm_sequence #(my_transaction);
...
32   virtual task body();
...
35     repeat (5) begin
36       `uvm_do_pri_with(m_trans, 200, {m_trans.pload.size < 500;})
37       `uvm_info("sequence1", "send one transaction", UVM_MEDIUM)
38     end
...
42   endtask
...
45 endclass
```

uvm_do_pri 与 uvm_do_pri_with 的第二个参数是优先级，这个数值必须是一个大于等于 −1 的整数。数字越大，优先级越高。

由于 sequence1 中 *transaction* 的优先级较高，所以按照预期，先选择 sequence1 产生的 *transaction*。当 sequence1 的 *transaction* 全部生成完毕后，再产生 sequence0 的 *transaction*。但是运行上述代码，发现并没有如预期的那样，而是 sequence0 与 sequence1 交替产生 *transaction*。这是因为 *sequencer* 的仲裁算法有很多种：

代码清单 6-13

```
来源：UVM 源代码
  SEQ_ARB_FIFO,
  SEQ_ARB_WEIGHTED,
  SEQ_ARB_RANDOM,
  SEQ_ARB_STRICT_FIFO,
  SEQ_ARB_STRICT_RANDOM,
  SEQ_ARB_USER
```

在默认情况下 *sequencer* 的仲裁算法是 SEQ_ARB_FIFO。它会严格遵循先入先出的顺序，而不会考虑优先级。SEQ_ARB_WEIGHTED 是加权的仲裁；SEQ_ARB_RANDOM 是完全随机选择；SEQ_ARB_STRICT_FIFO 是严格按照优先级的，当有多个同一优先级的 *sequence* 时，按照先入先出的顺序选择；SEQ_ARB_STRICT_RANDOM 是严格按照优先级的，当有多个同一优先级的 *sequence* 时，随机从最高优先级中选择；SEQ_ARB_USER 则是用户可以自定义一种新的仲裁算法。

因此，若想使优先级起作用，应该设置仲裁算法为 SEQ_ARB_STRICT_FIFO 或者 SEQ_ARB_STRICT_RANDOM：

代码清单 6-14

```
文件：src/ch6/section6.2/6.2.1/item_pri/my_case0.sv
 57 task my_case0::main_phase(uvm_phase phase);
 ...
 65   env.i_agt.sqr.set_arbitration(SEQ_ARB_STRICT_FIFO);
 66   fork
 67     seq0.start(env.i_agt.sqr);
 68     seq1.start(env.i_agt.sqr);
 69   join
 70 endtask
```

经过如上的设置后，会发现直到 sequence1 发送完 *transaction* 后，sequence0 才开始发送。

除 *transaction* 有优先级外，*sequence* 也有优先级的概念。可以在 *sequence* 启动时指定其优先级：

代码清单 6-15

```
文件：src/ch6/section6.2/6.2.1/sequence_pri/my_case0.sv
 57 task my_case0::main_phase(uvm_phase phase);
 ...
 65   env.i_agt.sqr.set_arbitration(SEQ_ARB_STRICT_FIFO);
 66   fork
 67     seq0.start(env.i_agt.sqr, null, 100);
```

```
68        seq1.start(env.i_agt.sqr, null, 200);
69    join
70 endtask
```

start 任务的第一个参数是 *sequencer*，第二个参数是 *parent sequence*，可以设置为 null，第三个参数是优先级，如果不指定则此值为 −1，它同样不能设置为一个小于 −1 的数字。

使用代码清单 6-10 中的 sequence0 和代码清单 6-11 中的 sequence1，即不在 uvm_do 系列宏中指定优先级。运行上述代码，会发现 sequence1 中的 *transaction* 完全发送完后才发送 sequence0 中的 *transaction*。所以，对 *sequence* 设置优先级的本质即设置其内产生的 *transaction* 的优先级。

*6.2.2　sequencer 的 lock 操作

当多个 *sequence* 在一个 *sequencer* 上同时启动时，每个 *sequence* 产生出的 *transaction* 都需要参与 *sequencer* 的仲裁。那么考虑这样一种情况，某个 *sequence* 比较奇特，一旦它要执行，那么它所有的 *transaction* 必须连续地交给 *driver*，如果中间夹杂着其他 *sequence* 的 *transaction*，就会发生错误。要解决这个问题，可以像上一节一样，对此 *sequence* 赋予较高的优先级。

但是假如有其他 *sequence* 有更高的优先级呢？所以这种解决方法并不科学。在 UVM 中可以使用 lock 操作来解决这个问题。

所谓 lock，就是 *sequence* 向 *sequencer* 发送一个请求，这个请求与其他 *sequence* 发送 *transaction* 的请求一同被放入 *sequencer* 的仲裁队列中。当其前面的所有请求被处理完毕后，*sequencer* 就开始响应这个 lock 请求，此后 *sequencer* 会一直连续发送此 *sequence* 的 *transaction*，直到 unlock 操作被调用。从效果上看，此 *sequencer* 的所有权并没有被所有的 *sequence* 共享，而是被申请 lock 操作的 *sequence* 独占了。一个使用 lock 操作的 *sequence* 为：

代码清单　6-16

```
文件: src/ch6/section6.2/6.2.2/one_lock/my_case0.sv
25 class sequence1 extends uvm_sequence #(my_transaction);
...
32   virtual task body();
...
35     repeat (3) begin
36       `uvm_do_with(m_trans, {m_trans.pload.size < 500;})
37       `uvm_info("sequence1", "send one transaction", UVM_MEDIUM)
38     end
39     lock();
40     `uvm_info("sequence1", "locked the sequencer ", UVM_MEDIUM)
41     repeat (4) begin
42       `uvm_do_with(m_trans, {m_trans.pload.size < 500;})
43       `uvm_info("sequence1", "send one transaction", UVM_MEDIUM)
44     end
45     `uvm_info("sequence1", "unlocked the sequencer ", UVM_MEDIUM)
```

```
46      unlock();
47      repeat (3) begin
48        `uvm_do_with(m_trans, {m_trans.pload.size < 500;})
49        `uvm_info("sequence1", "send one transaction", UVM_MEDIUM)
50      end
...
54    endtask
...
57 endclass
```

将此 sequence1 与代码清单 6-10 中的 sequence0 使用代码清单 6-9 的方式在 env.i_agt. sqr 上启动，会发现在 lock 语句前，sequence0 和 seuquence1 交替产生 *transaction*；在 lock 语句后，一直发送 sequence1 的 *transaction*，直到 unlock 语句被调用后，sequence0 和 seuquence1 又开始交替产生 *transaction*。

如果两个 *sequence* 都试图使用 lock 任务来获取 *sequencer* 的所有权则会如何呢？答案是先获得所有权的 *sequence* 在执行完毕后才会将所有权交还给另外一个 *sequence*。

代码清单　6-17

```
文件: src/ch6/section6.2/6.2.2/dual_lock/my_case0.sv
 3 class sequence0 extends uvm_sequence #(my_transaction);
 ...
10    virtual task body();
 ...
13      repeat (2) begin
14        `uvm_do(m_trans)
15        `uvm_info("sequence0", "send one transaction", UVM_MEDIUM)
16      end
17      lock();
18      repeat (5) begin
19        `uvm_do(m_trans)
20        `uvm_info("sequence0", "send one transaction", UVM_MEDIUM)
21      end
22      unlock();
23      repeat (2) begin
24        `uvm_do(m_trans)
25        `uvm_info("sequence0", "send one transaction", UVM_MEDIUM)
26      end
27      #100;
 ...
30    endtask
31
32    `uvm_object_utils(sequence0)
33 endclass
```

将上述 sequence0 与代码清单 6-16 中的 sequence1 同时在 env.i_agt.sqr 上启动，会发现 sequence0 先获得 *sequencer* 的所有权，在 unlock 函数被调用前，一直发送 sequence0 的 *transaction*。在 unlock 被调用后，sequence1 获得 *sequencer* 的所有权，之后一直发送 sequence1 的 *transaction*，直到 unlock 函数被调用。

*6.2.3　sequencer 的 grab 操作

与 lock 操作一样，grab 操作也用于暂时拥有 *sequencer* 的所有权，只是 grab 操作比 lock 操作优先级更高。lock 请求是被插入 *sequencer* 仲裁队列的最后面，等到它时，它前面的仲裁请求都已经结束了。grab 请求则被放入 *sequencer* 仲裁队列的最前面，它几乎是一发出就拥有了 *sequencer* 的所有权：

代码清单　6-18

```
文件: src/ch6/section6.2/6.2.3/my_case0.sv
25 class sequence1 extends uvm_sequence #(my_transaction);
...
32  virtual task body();
...
35    repeat (3) begin
36      `uvm_do_with(m_trans, {m_trans.pload.size < 500;})
37      `uvm_info("sequence1", "send one transaction", UVM_MEDIUM)
38    end
39    grab();
40    `uvm_info("sequence1", "grab the sequencer ", UVM_MEDIUM)
41    repeat (4) begin
42      `uvm_do_with(m_trans, {m_trans.pload.size < 500;})
43      `uvm_info("sequence1", "send one transaction", UVM_MEDIUM)
44    end
45    `uvm_info("sequence1", "ungrab the sequencer ", UVM_MEDIUM)
46    ungrab();
47    repeat (3) begin
48      `uvm_do_with(m_trans, {m_trans.pload.size < 500;})
49      `uvm_info("sequence1", "send one transaction", UVM_MEDIUM)
50    end
...
54  endtask
55
56  `uvm_object_utils(sequence1)
57 endclass
```

如果两个 *sequence* 同时试图使用 grab 任务获取 *sequencer* 的所有权将会如何呢？这种情况与两个 *sequence* 同时试图调用 lock 函数一样，在先获得所有权的 *sequence* 执行完毕后才会将所有权交还给另外一个试图所有权的 *sequence*。

如果一个 *sequence* 在使用 grab 任务获取 *sequencer* 的所有权前，另外一个 *sequence* 已经使用 lock 任务获得了 *sequencer* 的所有权则会如何呢？答案是 grab 任务会一直等待 lock 的释放。grab 任务还是比较讲文明的，虽然它会插队，但是绝不会打断别人正在进行的事情。

6.2.4　sequence 的有效性

当有多个 *sequence* 同时在一个 *sequencer* 上启动时，所有的 *sequence* 都参与仲裁，根据算法决定哪个 *sequence* 发送 *transaction*。仲裁算法是由 *sequencer* 决定的，*sequence* 除了

可以在优先级上进行设置外，对仲裁的结果无能为力。

通过 lock 任务和 grab 任务，*sequence* 可以独占 *sequencer*，强行使 *sequencer* 发送自己产生的 *transaction*。同样的，UVM 也提供措施使 *sequence* 可以在一定时间内不参与仲裁，即令此 *sequence* 失效。

sequencer 在仲裁时，会查看 *sequence* 的 is_relevant 函数的返回结果。如果为 1，说明此 *sequence* 有效，否则无效。因此可以通过重载 is_relevant 函数来使 *sequence* 失效：

代码清单　6-19

```
文件: src/ch6/section6.2/6.2.4/is_relevant/my_case0.sv
 3 class sequence0 extends uvm_sequence #(my_transaction);
 4   my_transaction m_trans;
 5   int num;
 6   bit has_delayed;
...
14   virtual function bit is_relevant();
15     if((num >= 3)&&(!has_delayed)) return 0;
16     else return 1;
17   endfunction
18
19   virtual task body();
...
22     fork
23       repeat (10) begin
24           num++;
25           `uvm_do(m_trans)
26           `uvm_info("sequence0", "send one transaction", UVM_MEDIUM)
27       end
28       while(1) begin
29         if(!has_delayed) begin
30           if(num >= 3) begin
31               `uvm_info("sequence0", "begin to delay", UVM_MEDIUM)
32               #500000;
33               has_delayed = 1'b1;
34               `uvm_info("sequence0", "end delay", UVM_MEDIUM)
35               break;
36           end
37           else
38               #1000;
39         end
40       end
41     join
...
45   endtask
...
48 endclass
```

这个 *sequence* 在发送了 3 个 *transaction* 后开始变为无效，延时 500000 时间单位后又开始有效。将此 *sequence* 与代码清单 6-11 中的 sequence1 同时启动，会发现在失效前 sequence0

和 sequence1 交替发送 *transaction*；而在失效的 500000 时间单位内，只有 sequence1 发送 *transaction*；当 sequence0 重新变有效后，sequence0 和 sequence1 又开始交替发送 *transaction*。从某种程度上来说，is_relevant 与 grab 任务和 lock 任务是完全相反的。通过设置 is_relevant，可以使 *sequence* 主动放弃 *sequencer* 的使用权，而 grab 任务和 lock 任务则强占 *sequencer* 的所有权。

除了 is_relevant 外，*sequence* 中还有一个任务 wait_for_relevant 也与 *sequence* 的有效性相关：

代码清单　6-20

```
文件: src/ch6/section6.2/6.2.4/wait_for_relevant/my_case0.sv
 3 class sequence0 extends uvm_sequence #(my_transaction);
 ...
14   virtual function bit is_relevant();
15       if((num >= 3)&&(!has_delayed)) return 0;
16       else return 1;
17   endfunction
18
19   virtual task wait_for_relevant();
20       #10000;
21       has_delayed = 1;
22   endtask
23
24   virtual task body();
 ...
27       repeat (10) begin
28           num++;
29           `uvm_do(m_trans)
30           `uvm_info("sequence0", "send one transaction", UVM_MEDIUM)
31       end
 ...
35   endtask
 ...
38 endclass
```

当 *sequencer* 发现在其上启动的所有 *sequence* 都无效时，此时会调用 wait_for_relevant 并等待 *sequence* 变有效。当此 *sequence* 与代码清单 6-11 中的 sequence1 同时启动，并发送了 3 个 transaction 后，sequence0 变为无效。此后 *sequencer* 一直发送 sequence1 的 *transaction*，直到全部的 *transaction* 都发送完毕。此时，*sequencer* 发现 sequence0 无效，会调用其 wait_for_relevant。换言之，sequence0 失效是自己控制的，但是重新变得有效却是受其他 *sequence* 的控制。如果其他 *sequence* 永远不结束，那么 sequence0 将永远处于失效状态。这里与代码清单 6-19 中例子的区别是，代码清单 6-19 例子中 sequence0 并不是等待着 sequence1 的 *transaction* 全部发送完毕，而是自己主动控制着自己何时有效何时无效。

在 wait_for_relevant 中，必须将使 *sequence* 无效的条件清除。在代码清单 6-20 中，假如 wait_for_relevant 只是如下定义：

代码清单　6-21

```
virtual task wait_for_relevant();
  #10000;
endtask
```

那么当 wait_for_relevant 返回后，*sequencer* 会继续调用 sequence0 的 is_relevant，发现依然是无效状态，则继续调用 wait_for_relevant。系统会处于死循环的状态。

在代码清单 6-19 的例子中，通过控制延时（500000）单位时间来使 sequence0 重新变得有效。假如在这段时间内，sequence1 的 *transaction* 发送完毕后，而 sequence0 中又没有重载 wait_for_relevant 任务，那么将会给出如下错误提示：

```
UVM_FATAL @ 1166700: uvm_test_top.env.i_agt.sqr@@seq0 [RELMSM] is_relevant()was
implemented without defining wait_for_relevant()
```

因此，is_relevant 与 wait_for_relevant 一般应成对重载，不能只重载其中的一个。代码清单 6-19 的例子中没有重载 wait_for_relevant，是因为巧妙地设置了延时，可以保证不会调用到 wait_for_relevant。读者在使用时应该重载 wait_for_relevant 这个任务。

6.3　sequence 相关宏及其实现

6.3.1　uvm_do 系列宏

uvm_do 系列宏主要有以下 8 个：

代码清单　6-22

```
来源：UVM 源代码
`uvm_do(SEQ_OR_ITEM)。
`uvm_do_pri(SEQ_OR_ITEM, PRIORITY)
`uvm_do_with(SEQ_OR_ITEM, CONSTRAINTS)
`uvm_do_pri_with(SEQ_OR_ITEM, PRIORITY, CONSTRAINTS)
`uvm_do_on(SEQ_OR_ITEM, SEQR)
`uvm_do_on_pri(SEQ_OR_ITEM, SEQR, PRIORITY)
`uvm_do_on_with(SEQ_OR_ITEM, SEQR, CONSTRAINTS)
`uvm_do_on_pri_with(SEQ_OR_ITEM, SEQR, PRIORITY, CONSTRAINTS)
```

其中 uvm_do、uvm_do_with、uvm_do_pri、uvm_do_pri_with 在前面已经提到过了，这里只介绍另外 4 个。

uvm_do_on 用于显式地指定使用哪个 *sequencer* 发送此 *transaction*。它有两个参数，第一个是 *transaction* 的指针，第二个是 *sequencer* 的指针。当在 *sequence* 中使用 uvm_do 等宏时，其默认的 *sequencer* 就是此 *sequence* 启动时为其指定的 *sequencer*，*sequence* 将这个 *sequencer* 的指针放在其成员变量 m_sequencer 中。事实上，uvm_do 等价于：

代码清单　6-23

```
`uvm_do_on(tr, this.m_sequencer)
```

在这里看起来指定使用哪个 *sequencer* 似乎并没有用，它的真正作用要在 6.5 节 *virtual sequence* 中得到体现。

uvm_do_on_pri，它有三个参数，第一个参数是 *transaction* 的指针，第二个是 sequencer 的指针，第三个是优先级：

代码清单　6-24

```
`uvm_do_on_pri(tr, this, 100)
```

uvm_do_on_with，它有三个参数，第一个参数是 *transaction* 的指针，第二个是 *sequencer* 的指针，第三个是约束：

代码清单　6-25

```
`uvm_do_on_with(tr, this, {tr.pload.size == 100;})
```

uvm_do_on_pri_with，它有四个参数，是所有 uvm_do 宏中参数最多的一个。第一个参数是 *transaction* 的指针，第二个是 *sequencer* 的指针，第三个是优先级，第四个是约束：

代码清单　6-26

```
`uvm_do_on_pri_with(tr, this, 100, {tr.pload.size == 100;})
```

uvm_do 系列的其他七个宏其实都是用 uvm_do_on_pri_with 宏来实现的。如 uvm_do 宏：

代码清单　6-27

```
来源：UVM 源代码
`define uvm_do(SEQ_OR_ITEM) \
  `uvm_do_on_pri_with(SEQ_OR_ITEM, m_sequencer, -1, {})
```

*6.3.2　uvm_create 与 uvm_send

除了使用 uvm_do 宏产生 *transaction*，还可以使用 uvm_create 宏与 uvm_send 宏来产生：

代码清单　6-28

```
文件：src/ch6/section6.3/6.3.2/my_case0.sv
 3 class case0_sequence extends uvm_sequence #(my_transaction);
  …
10    virtual task body();
11        int num = 0;
12        int p_sz;
  …
15        repeat (10) begin
16            num++;
17            `uvm_create(m_trans)
18            assert(m_trans.randomize());
19            p_sz = m_trans.pload.size();
20            {m_trans.pload[p_sz - 4],
21             m_trans.pload[p_sz - 3],
22             m_trans.pload[p_sz - 2],
```

```
23              m_trans.pload[p_sz - 1]}
24              = num;
25              `uvm_send(m_trans)
26          end
...
30      endtask
...
33 endclass
```

uvm_create 宏的作用是实例化 *transaction*。当一个 *transaction* 被实例化后，可以对其做更多的处理，处理完毕后使用 uvm_send 宏发送出去。这种使用方式比 uvm_do 系列宏更加灵活。如在上例中，就将 pload 的最后 4 个 byte 替换为此 *transaction* 的序号。

事实上，在上述的代码中，也完全可以不使用 uvm_create 宏，而直接调用 new 进行实例化：

代码清单 6-29

```
virtual task body();
  ...
  m_trans = new("m_trans");
  assert(m_trans.randomize());
  p_sz = m_trans.pload.size();
  {m_trans.pload[p_sz - 4],
   m_trans.pload[p_sz - 3],
   m_trans.pload[p_sz - 2],
   m_trans.pload[p_sz - 1]}
   = num;
  `uvm_send(m_trans)
  ...
endtask
```

除了 uvm_send 外，还有 uvm_send_pri 宏，它的作用是在将 *transaction* 交给 *sequencer* 时设定优先级：

代码清单 6-30

```
virtual task body();
  ...
  m_trans = new("m_trans");
  assert(m_trans.randomize());
  p_sz = m_trans.pload.size();
  {m_trans.pload[p_sz - 4],
   m_trans.pload[p_sz - 3],
   m_trans.pload[p_sz - 2],
   m_trans.pload[p_sz - 1]}
   = num;
  `uvm_send_pri(m_trans, 200)
  ...
endtask
```

*6.3.3 uvm_rand_send 系列宏

uvm_rand_send 系列宏有如下几个：

代码清单　6-31

```
来源：UVM 源代码
`uvm_rand_send(SEQ_OR_ITEM)
`uvm_rand_send_pri(SEQ_OR_ITEM, PRIORITY)
`uvm_rand_send_with(SEQ_OR_ITEM, CONSTRAINTS)
`uvm_rand_send_pri_with(SEQ_OR_ITEM, PRIORITY, CONSTRAINTS)
```

uvm_rand_send 宏与 uvm_send 宏类似，唯一的区别是它会对 *transaction* 进行随机化。这个宏使用的前提是 *transaction* 已经被分配了空间，换言之，即已经实例化了：

代码清单　6-32

```
m_trans = new("m_trans");
`uvm_rand_send(m_trans)
```

uvm_rand_send_pri 宏用于指定 *transaction* 的优先级。它有两个参数，第一个是 *transaction* 的指针，第二个是优先级：

代码清单　6-33

```
m_trans = new("m_trans");
`uvm_rand_send_pri(m_trans, 100)
```

uvm_rand_send_with 宏，用于指定使用随机化时的约束，它有两个参数，第一个是 *transaction* 的指针，第二个是约束：

代码清单　6-34

```
m_trans = new("m_trans");
`uvm_rand_send_with(m_trans, {m_trans.pload.size == 100;})
```

uvm_rand_send_pri_with 宏，用于指定优先级和约束，它有三个参数，第一个是 *transaction* 的指针，第二个是优先级，第三个是约束：

代码清单　6-35

```
m_trans = new("m_trans");
`uvm_rand_send_pri_with(m_trans, 100, {m_trans.pload.size == 100;})
```

uvm_rand_send 系列宏及 uvm_send 系列宏的意义主要在于，如果一个 *transaction* 占用的内存比较大，那么很可能希望前后两次发送的 *transaction* 都使用同一块内存，只是其中的内容可以不同，这样比较省内存。

*6.3.4 start_item 与 finish_item

在前面的章节中一直使用宏来产生 *transaction*。宏隐藏了细节，方便了用户的使用，但是也给用户带来了困扰：宏到底做了什么事情？

不使用宏产生 *transaction* 的方式要依赖于两个任务：start_item 和 finish_item。在使用这两个任务前，必须要先实例化 *transaction* 后才可以调用这两个任务：

代码清单 6-36

```
tr = new("tr");
start_item(tr);
finish_item(tr);
```

完整使用如上两个任务构建的一个 *sequence* 如下：

代码清单 6-37

```
virtual task body();
  repeat(10) begin
    tr = new("tr");
    start_item(tr);
    finish_item(tr);
  end
endtask
```

上述代码中并没有对 tr 进行随机化。可以在 *transaction* 实例化后、finish_item 调用前对其进行随机化：

代码清单 6-38

```
文件: src/ch6/section6.3/6.3.4/my_case0.sv
 3 class case0_sequence extends uvm_sequence #(my_transaction);
...
 9    virtual task body();
...
13       repeat (10) begin
14          tr = new("tr");
15          assert(tr.randomize() with {tr.pload.size == 200;});
16          start_item(tr);
17          finish_item(tr);
18       end
...
22    endtask
...
25 endclass
```

上述 assert 语句也可以放在 start_item 之后、finish_item 之前。uvm_do 系列宏其实是将下述动作封装在了一个宏中：

代码清单 6-39

```
virtual task body();
  ...
  tr = new("tr");
  start_item(tr);
  assert(tr.randomize() with {tr.pload.size() == 200;});
  finish_item(tr);
  ...
endtask
```

如果要指定 *transaction* 的优先级，那么要在调用 start_item 和 finish_item 时都要加入优先级参数：

代码清单 6-40

```
virtual task body();
  ...
  start_item(tr, 100);
  finish_item(tr, 100);
  ...
endtask
```

如果不指定优先级参数，默认的优先级为 −1。

*6.3.5 pre_do、mid_do 与 post_do

uvm_do 宏封装了从 *transaction* 实例化到发送的一系列操作，封装的越多，则其灵活性越差。为了增加 uvm_do 系列宏的功能，UVM 提供了三个接口：pre_do、mid_do 与 post_do。

pre_do 是一个任务，在 start_item 中被调用，它是 start_item 返回前执行的最后一行代码，在它执行完毕后才对 *transaction* 进行随机化。mid_do 是一个函数，位于 finish_item 的最开始。在执行完此函数后，finish_item 才进行其他操作。post_do 也是一个函数，也位于 finish_item 中，它是 finish_item 返回前执行的最后一行代码。它们的执行顺序大致为：

代码清单 6-41

```
sequencer.wait_for_grant(prior)  (task) \   start_item \
parent_seq.pre_do(1)             (task) /              \
                                                        `uvm_do* macros
parent_seq.mid_do(item)          (func) \              /
sequencer.send_request(item)     (func) \ finish_item /
sequencer.wait_for_item_done()   (task) /
parent_seq.post_do(item)         (func) /
```

wait_for_grant、send_request 及 wait_for_item_done 都是 UVM 内部的一些接口。

这三个接口函数 / 任务的使用示例如下：

代码清单 6-42

```
文件: src/ch6/section6.3/6.3.5/my_case0.sv
 3 class case0_sequence extends uvm_sequence #(my_transaction);
 4    my_transaction m_trans;
 5    int num;
...
11    virtual task pre_do(bit is_item);
12       #100;
13       `uvm_info("sequence0", "this is pre_do", UVM_MEDIUM)
14    endtask
15
16    virtual function void mid_do(uvm_sequence_item this_item);
17       my_transaction tr;
```

```
18        int p_sz;
19        `uvm_info("sequence0", "this is mid_do", UVM_MEDIUM)
20        void'($cast(tr, this_item));
21        p_sz = tr.pload.size();
22        {tr.pload[p_sz - 4],
23         tr.pload[p_sz - 3],
24         tr.pload[p_sz - 2],
25         tr.pload[p_sz - 1]} = num;
26        tr.crc = tr.calc_crc();
27        tr.print();
28     endfunction
29
30     virtual function void post_do(uvm_sequence_item this_item);
31        `uvm_info("sequence0", "this is post_do", UVM_MEDIUM)
32     endfunction
33
34     virtual task body();
...
37        repeat (10) begin
38           num++;
39           `uvm_do(m_trans)
40        end
...
44     endtask
...
47 endclass
```

pre_do 有一个参数，此参数用于表明 uvm_do 宏是在对一个 *transaction* 还是在对一个 *sequence* 进行操作，关于这一点请参考 6.4.1 节。mid_do 和 post_do 的两个参数是正在操作的 *sequence* 或者 item 的指针，但是其类型是 uvm_sequence_item 类型。通过 cast 可以转换成目标类型（示例中为 my_transaction）。

6.4 sequence 进阶应用

*6.4.1 嵌套的 sequence

假设一个产生 CRC 错误包的 *sequence* 如下：

代码清单 6-43

```
文件: src/ch6/section6.4/6.4.1/start/my_case0.sv
 4 class crc_seq extends uvm_sequence#(my_transaction);
...
10     virtual task body();
11        my_transaction tr;
12        `uvm_do_with(tr, {tr.crc_err == 1;
13                          tr.dmac == 48'h980F;})
14     endtask
15 endclass
```

另外一个产生长包的 *sequence* 如下：

代码清单 6-44

```
文件: src/ch6/section6.4/6.4.1/start/my_case0.sv
17 class long_seq extends uvm_sequence#(my_transaction);
...
23  virtual task body();
24    my_transaction tr;
25    `uvm_do_with(tr, {tr.crc_err == 0;
26                      tr.pload.size() == 1500;
27                      tr.dmac == 48'hF675;})
28  endtask
29 endclass
```

现在要写一个新的 *sequence*，它可以交替产生上面的两种包。那么在新的 *sequence* 里面可以这样写：

代码清单 6-45

```
class case0_sequence extends uvm_sequence #(my_transaction);
  virtual task body();
    my_transaction tr;
    repeat (10) begin
      `uvm_do_with(tr, {tr.crc_err == 1;
                        tr.dmac == 48'h980F;})
      `uvm_do_with(tr, {tr.crc_err == 0;
                        tr.pload.size() == 1500;
                        tr.dmac == 48'hF675;})
    end
  endtask
endclass
```

似乎这样写起来显得特别麻烦。产生的两种不同的包中，第一个约束条件有两个，第二个约束条件有三个。但是假如约束条件有十个呢？如果整个验证平台中有 30 个测试用例都用到这样的两种包，那就要在这 30 个测试用例的 *sequence* 中加入这些代码，这是一件相当恐怖的事情，而且特别容易出错。既然已经定义好 crc_seq 和 long_seq，那么有没有简单的方法呢？答案是肯定的。在一个 *sequence* 的 body 中，除了可以使用 uvm_do 宏产生 *transaction* 外，其实还可以启动其他的 *sequence*，即一个 *sequence* 内启动另外一个 *sequence*，这就是嵌套的 *sequence*：

代码清单 6-46

```
文件: src/ch6/section6.4/6.4.1/start/my_case0.sv
31 class case0_sequence extends uvm_sequence #(my_transaction);
...
37  virtual task body();
38    crc_seq cseq;
39    long_seq lseq;
...
```

```
42       repeat (10) begin
43          cseq = new("cseq");
44          cseq.start(m_sequencer);
45          lseq = new("lseq");
46          lseq.start(m_sequencer);
47       end
...
51     endtask
...
54 endclass
```

直接在新的 *sequence* 的 body 中调用定义好的 *sequence*，从而实现 *sequence* 的重用。这个功能是非常强大的。在上面代码中，m_sequencer 是 case0_sequence 在启动后所使用的 *sequencer* 的指针。但通常来说并不用这么麻烦，可以使用 uvm_do 宏来完成这些事情：

代码清单　6-47

```
文件：src/ch6/section6.4/6.4.1/uvm_do/my_case0.sv
31 class case0_sequence extends uvm_sequence #(my_transaction);
...
38     virtual task body();
39        crc_seq cseq;
40        long_seq lseq;
...
43        repeat (10) begin
44           `uvm_do(cseq)
45           `uvm_do(lseq)
46        end
...
50     endtask
...
53 endclass
```

uvm_do 系列宏中，其第一个参数除了可以是 *transaction* 的指针外，还可以是某个 *sequence* 的指针。当第一个参数是 *transaction* 时，它如 6.3.4 节代码清单 6-39 中所示，调用 start_item 和 finish_item；当第一个参数是 *sequence* 时，它调用此 *sequence* 的 start 任务。

除了 uvm_do 宏外，前面介绍的 uvm_send 宏、uvm_rand_send 宏、uvm_create 宏，其第一个参数都可以是 *sequence* 的指针。唯一例外的是 start_item 与 finish_item，这两个任务的参数必须是 *transaction* 的指针。

*6.4.2 在 sequence 中使用 rand 类型变量

在 *transaction* 的定义中，通常使用 rand 来对变量进行修饰，说明在调用 randomize 时要对此字段进行随机化。其实在 *sequence* 中也可以使用 *rand* 修饰符。有如下的 *sequence*，它有成员变量 ldmac：

代码清单 6-48

```
文件: src/ch6/section6.4/6.4.2/rand/my_case0.sv
  4 class long_seq extends uvm_sequence#(my_transaction);
  5    rand bit[47:0] ldmac;
...
 11    virtual task body();
 12       my_transaction tr;
 13       `uvm_do_with(tr, {tr.crc_err == 0;
 14                         tr.pload.size() == 1500;
 15                         tr.dmac == ldmac;})
 16       tr.print();
 17    endtask
 18 endclass
```

这个 *sequence* 可以作为底层的 *sequence* 被顶层的 *sequence* 调用:

代码清单 6-49

```
文件: src/ch6/section6.4/6.4.2/rand/my_case0.sv
 20 class case0_sequence extends uvm_sequence #(my_transaction);
...
 27    virtual task body();
 28       long_seq lseq;
...
 31       repeat (10) begin
 32          `uvm_do_with(lseq, {lseq.ldmac == 48'hFFFF;})
 33       end
...
 37    endtask
...
 40 endclass
```

sequence 里可以添加任意多的 *rand* 修饰符,用以规范它产生的 *transaction*。*sequence* 与 *transaction* 都可以调用 randomize 进行随机化,都可以有 rand 修饰符的成员变量,从某种程度上来说,二者的界限比较模糊。这也就是为什么 uvm_do 系列宏可以接受 *sequence* 作为其参数的原因。

在 *sequence* 中定义 rand 类型变量时,要注意变量的命名。很多人习惯于变量的名字和 *transaction* 中相应字段的名字一致:

代码清单 6-50

```
文件: src/ch6/section6.4/6.4.2/name/my_case0.sv
  4 class long_seq extends uvm_sequence#(my_transaction);
  5    rand bit[47:0] dmac;
...
 11    virtual task body();
 12       my_transaction tr;
 13       `uvm_do_with(tr, {tr.crc_err == 0;
 14                         tr.pload.size() == 1500;
 15                         tr.dmac == dmac;})
```

```
16        tr.print();
17     endtask
18 endclass
```

在 case0_sequence 中启动上述 *sequence*，并将 dmac 地址约束为 48'hFFFF，此时将会发现产生的 *transaction* 的 dmac 并不是 48'hFFFF，而是一个随机值！这是因为，当运行到上述代码的第 15 行时，编译器会首先去 my_transaction 寻找 dmac，如果找到了，就不再继续寻找。换言之，上述代码第 13 到第 15 行等价于：

代码清单　6-51

```
`uvm_do_with(tr, {tr.crc_err == 0;
                 tr.pload.size() == 1500;
                 tr.dmac == tr.dmac;})
```

long_seq 中的 dmac 并没有起到作用。所以，在 *sequence* 中定义 rand 类型变量以向产生的 *transaction* 传递约束时，变量的名字一定要与 *transaction* 中相应字段的名字不同。

*6.4.3　transaction 类型的匹配

一个 *sequencer* 只能产生一种类型的 *transaction*，一个 *sequence* 如果要想在此 *sequencer* 上启动，那么其所产生的 *transaction* 的类型必须是这种 *transaction* 或者派生自这种 *transaction*。

如果一个 *sequence* 中产生的 *transaction* 的类型不是此种 *transaction*，那么将会报错：

代码清单　6-52

```
class case0_sequence extends uvm_sequence #(my_transaction);
   your_transaction y_trans;
   virtual task body();
      repeat (10) begin
         `uvm_do(y_trans)
      end
   endtask
endclass
```

嵌套 *sequence* 的前提是，在套里面的所有 *sequence* 产生的 *transaction* 都可以被同一个 *sequencer* 所接受。

那么有没有办法将两个截然不同的 *transaction* 交给同一个 *sequencer* 呢？可以，只是需要将 *sequencer* 和 *driver* 能够接受的数据类型设置为 uvm_sequence_item：

代码清单　6-53

```
class my_sequencer extends uvm_sequencer #(uvm_sequence_item);
class my_driver extends uvm_driver#(uvm_sequence_item);
```

在 *sequence* 中可以交替发送 my_transaction 和 your_transaction：

代码清单　6-54

```
文件: src/ch6/section6.4/6.4.3/my_case0.sv
12 class case0_sequence extends uvm_sequence;
13    my_transaction m_trans;
14    your_transaction y_trans;
...
20    virtual task body();
...
23       repeat (10) begin
24          `uvm_do(m_trans)
25          `uvm_do(y_trans)
26       end
...
30    endtask
31
32    `uvm_object_utils(case0_sequence)
33 endclass
```

这样带来的问题是，由于 *driver* 中接收的数据类型是 uvm_sequence_item，如果它要使用 my_transaction 或者 your_transaction 中的成员变量，必须使用 cast 转换：

代码清单　6-55

```
文件: src/ch6/section6.4/6.4.3/my_driver.sv
24 task my_driver::main_phase(uvm_phase phase);
25    my_transaction m_tr;
26    your_transaction y_tr;
...
31    while(1) begin
32       seq_item_port.get_next_item(req);
33       if($cast(m_tr, req)) begin
34          drive_my_transaction(m_tr);
35          `uvm_info("driver", "receive a transaction whose type is my_
             transaction", UVM_MEDIUM)
36       end
37       else if($cast(y_tr, req)) begin
38          drive_your_transaction(y_tr);
39          `uvm_info("driver", "receive a transaction whose type is your_
             transaction", UVM_MEDIUM)
40       end
41       else begin
42          `uvm_error("driver", "receive a transaction whose type is unknown")
43       end
44       seq_item_port.item_done();
45    end
46 endtask
```

*6.4.4　p_sequencer 的使用

考虑如下一种情况，在 *sequencer* 中存在如下成员变量：

代码清单　6-56

```
文件: src/ch6/section6.4/6.4.4/my_sequencer.sv
  4 class my_sequencer extends uvm_sequencer #(my_transaction);
  5    bit[47:0] dmac;
  6    bit[47:0] smac;
  ...
 12    virtual function void build_phase(uvm_phase phase);
 13       super.build_phase(phase);
 14       void'(uvm_config_db#(bit[47:0])::get(this, "", "dmac", dmac));
 15       void'(uvm_config_db#(bit[47:0])::get(this, "", "smac", smac));
 16    endfunction
 17
 18    `uvm_component_utils(my_sequencer)
 19 endclass
```

在其 build_phase 中，使用 config_db::get 得到这两个成员变量的值。之后 *sequence* 在发送 *transaction* 时，必须将目的地址设置为 dmac，源地址设置为 smac。现在的问题是，如何在 *sequence* 的 body 中得到这两个变量的值呢？

在 6.4.1 节中介绍嵌套的 *sequence* 时，引入了 m_sequencer 这个属于每个 *sequence* 的成员变量，但是如果直接使用 m_sequencer 得到这两个变量的值：

代码清单　6-57

```
virtual task body();
  ...
  repeat (10) begin
    `uvm_do_with(m_trans, {m_trans.dmac == m_sequencer.dmac;
                           m_trans.smac == m_sequencer.smac;})
  end
  ...
endtask
```

如上写法会引起编译错误。其根源在于 m_sequencer 是 uvm_sequencer_base（uvm_sequencer 的基类）类型的，而不是 my_sequencer 类型的。m_sequencer 的原型为：

代码清单　6-58

```
来源: UVM 源代码
protected  uvm_sequencer_base m_sequencer;
```

但是由于 case0_sequence 在 my_sequencer 上启动，其中的 m_sequencer 本质上是 my_sequencer 类型的，所以可以在 my_sequence 中通过 cast 转换将 m_sequencer 转换成 my_sequencer 类型，并引用其中的 dmac 和 smac：

代码清单　6-59

```
virtual task body();
  my_sequencer x_sequencer;
  ...
  $cast(x_sequencer, m_sequencer);
```

```
      repeat (10) begin
         `uvm_do_with(m_trans, {m_trans.dmac == x_sequencer.dmac;
                                m_trans.smac == x_sequencer.smac;})
      end
      ...
   endtask
```

上述过程稍显麻烦。在实际的验证平台中，用到 *sequencer* 中成员变量的情况非常多。UVM 考虑到这种情况，内建了一个宏：uvm_declare_p_sequencer(SEQUENCER)。这个宏的本质是声明了一个 SEQUENCER 类型的成员变量，如在定义 *sequence* 时，使用此宏声明 *sequencer* 的类型：

代码清单　6-60

```
文件: src/ch6/section6.4/6.4.4/my_case0.sv
  3 class case0_sequence extends uvm_sequence #(my_transaction);
  4   my_transaction m_trans;
  5   `uvm_object_utils(case0_sequence)
  6   `uvm_declare_p_sequencer(my_sequencer)
  ...
 24 endclass
```

则相当于声明了如下的成员变量：

代码清单　6-61

```
class case0_sequence extends uvm_sequence #(my_transaction);
  my_sequencer p_sequencer;
  ...
endclass
```

UVM 之后会自动将 m_sequencer 通过 cast 转换成 p_sequencer。这个过程在 pre_body() 之前就完成了。因此在 *sequence* 中可以直接使用成员变量 p_sequencer 来引用 dmac 和 smac：

代码清单　6-62

```
文件: src/ch6/section6.4/6.4.4/my_case0.sv
  3 class case0_sequence extends uvm_sequence #(my_transaction);
  ...
 12   virtual task body();
  ...
 15     repeat (10) begin
 16        `uvm_do_with(m_trans, {m_trans.dmac == p_sequencer.dmac;
 17                               m_trans.smac == p_sequencer.smac;})
 18     end
  ...
 22   endtask
 23
 24 endclass
```

*6.4.5　sequence 的派生与继承

sequence 作为一个类，是可以从其中派生其他 *sequence* 的：

代码清单　6-63

```
文件: src/ch6/section6.4/6.4.5/my_case0.sv
 4 class base_sequence extends uvm_sequence #(my_transaction);
 5   `uvm_object_utils(base_sequence)
 6   `uvm_declare_p_sequencer(my_sequencer)
 7   function  new(string name= "base_sequence");
 8      super.new(name);
 9   endfunction
10   //define some common function and task
11 endclass
12
13 class case0_sequence extends base_sequence;
...
31 endclass
```

由于在同一个项目中各 *sequence* 都是类似的，所以可以将很多公用的函数或者任务写在 *base sequence* 中，其他 *sequence* 都从此 *sequence* 派生。

普通的 sequence 这样使用没有任何问题，但对于那些使用了 uvm_declare_p_sequence 声明 p_sequencer 的 *base sequence*，在派生的 *sequence* 中是否也要调用此宏声明 p_sequencer？这个问题的答案是否定的，因为 uvm_declare_p_sequence 的实质是在 *base sequence* 中声明了一个成员变量 p_sequencer。当其他的 *sequence* 从其派生时，p_sequencer 依然是新的 *sequence* 的成员变量，所以无须再声明一次了。

当然了，如果再声明一次，系统也并不会报错：

代码清单　6-64

```
class base_sequence extends uvm_sequence #(my_transaction);
  `uvm_object_utils(base_sequence)
  `uvm_declare_p_sequencer(my_sequencer)
  ...
endclass

class case0_sequence extends base_sequence;
  `uvm_object_utils(case0_sequence)
  `uvm_declare_p_sequencer(my_sequencer)
  ...
endclass
```

虽然这相当于连续声明了两个成员变量 p_sequencer，但是由于这两个成员变量一个是属于父类的，一个是属于子类的，所以并不会出错。

6.5　virtual sequence 的使用

*6.5.1　带双路输入输出端口的 DUT

在本书以前所有的例子中，使用的 DUT 几乎都是基于 2.2.1 节中所示的最简单的 DUT。为了说明 *virtual sequence*，本节引入附录 B 的代码 B-1 所示的 DUT。

这个 DUT 相当于在 2.2.1 节所示的 DUT 的基础上增加了一组数据口，这组新的数据口与原先的数据口功能完全一样。新的数据端口增加后，由于这组新的数据端口与原先的一模一样，所以可以在 test 中再额外实例化一个 my_env：

代码清单　6-65

```
文件：src/ch6/section6.5/6.5.1/base_test.sv
  4 class base_test extends uvm_test;
  5
  6   my_env          env0;
  7   my_env          env1;
 …
 16 endclass
 17
 18
 19 function void base_test::build_phase(uvm_phase phase);
 20   super.build_phase(phase);
 21   env0  =  my_env::type_id::create("env0", this);
 22   env1  =  my_env::type_id::create("env1", this);
 23 endfunction
```

在 top_tb 中做相应更改，多增加一组 my_if，并通过 config_db 将其设置为新的 *env* 中的 *driver* 和 *monitor*：

代码清单　6-66

```
文件：src/ch6/section6.5/6.5.1/top_tb.sv
 17 module top_tb;
 …
 22 my_if input_if0(clk, rst_n);
 23 my_if input_if1(clk, rst_n);
 24 my_if output_if0(clk, rst_n);
 25 my_if output_if1(clk, rst_n);
 26
 27 dut my_dut(.clk(clk),
 28           .rst_n(rst_n),
 29           .rxd0(input_if0.data),
 30           .rx_dv0(input_if0.valid),
 31           .rxd1(input_if1.data),
 32           .rx_dv1(input_if1.valid),
 33           .txd0(output_if0.data),
 34           .tx_en0(output_if0.valid),
 35           .txd1(output_if1.data),
```

```
36                .tx_en1(output_if1.valid));
...
55 initial begin
56    uvm_config_db#(virtual my_if)::set(null, "uvm_test_top.env0.i_agt.drv",
      "vif", input_if0);
57    uvm_config_db#(virtual my_if)::set(null, "uvm_test_top.env0.i_agt.
      mon","vif", input_if0);
58    uvm_config_db#(virtual my_if)::set(null, "uvm_test_top.env0.o_agt.mon",
      "vif", output_if0);
59    uvm_config_db#(virtual my_if)::set(null, "uvm_test_top.env1.i_agt.drv",
      "vif", input_if1);
60    uvm_config_db#(virtual my_if)::set(null, "uvm_test_top.env1.i_agt.mon",
      "vif", input_if1);
61    uvm_config_db#(virtual my_if)::set(null, "uvm_test_top.env1.o_agt.mon",
      "vif", output_if1);
62 end
63
64 endmodule
```

通过在测试用例中设置两个 *default sequence*，可以分别向两个数据端口施加激励：

代码清单　6-67

```
文件: src/ch6/section6.5/6.5.1/my_case0.sv
36 function void my_case0::build_phase(uvm_phase phase);
37    super.build_phase(phase);
38
39    uvm_config_db#(uvm_object_wrapper)::set(this,
40                                   "env0.i_agt.sqr.main_phase",
41                                   "default_sequence",
42                                   case0_sequence::type_id::get());
43    uvm_config_db#(uvm_object_wrapper)::set(this,
44                                   "env1.i_agt.sqr.main_phase",
45                                   "default_sequence",
46                                   case0_sequence::type_id::get());
47 endfunction
```

*6.5.2　sequence 之间的简单同步

在这个新的验证平台中有两个 *driver*，它们原本是完全等价的，但是出于某些原因的考虑，如 DUT 要求 driver0 必须先发送一个最大长度的包，在此基础上 driver1 才可以发送包。这是一个 *sequence* 之间同步的过程，一种很自然的想法是，将这个同步的过程使用一个全局的事件来完成：

代码清单　6-68

```
文件: src/ch6/section6.5/6.5.2/my_case0.sv
 3 event send_over;//global event
 4 class drv0_seq extends uvm_sequence #(my_transaction);
...
```

```
12    virtual task body();
...
15      `uvm_do_with(m_trans, {m_trans.pload.size == 1500;})
16      ->send_over;
17      repeat (10) begin
18        `uvm_do(m_trans)
19        `uvm_info("drv0_seq", "send one transaction", UVM_MEDIUM)
20      end
...
24    endtask
25  endclass
26
27  class drv1_seq extends uvm_sequence #(my_transaction);
...
35    virtual task body();
...
38      @send_over;
39      repeat (10) begin
40        `uvm_do(m_trans)
41        `uvm_info("drv1_seq", "send one transaction", UVM_MEDIUM)
42      end
...
46    endtask
47  endclass
```

之后，通过 uvm_config_db 的方式分别将这两个 *sequence* 作为 env0.i_agt.sqr 和 env1.
i_agt.sqr 的 default_sequence：

代码清单　6-69

```
文件: src/ch6/section6.5/6.5.2/my_case0.sv
60  function void my_case0::build_phase(uvm_phase phase);
61    super.build_phase(phase);
62
63    uvm_config_db#(uvm_object_wrapper)::set(this,
64                                "env0.i_agt.sqr.main_phase",
65                                "default_sequence",
66                                drv0_seq::type_id::get());
67    uvm_config_db#(uvm_object_wrapper)::set(this,
68                                "env1.i_agt.sqr.main_phase",
69                                "default_sequence",
70                                drv1_seq::type_id::get());
71  endfunction
```

当进入到 main_phase 时，这两个 *sequence* 会同步启动，但是由于 drv1_seq 要等待
send_over 事件的到来，所以它并不会马上产生 *transaction*，而 drv0_seq 则会直接产生
transaction。当 drv0_seq 发送完一个最长包后，send_over 事件被触发，于 drv1_seq 开始产
生 *transaction*。

*6.5.3　sequence 之间的复杂同步

上节中解决同步的方法看起来非常简单、实用。不过这里有两个问题，第一个问题是

使用了一个全局的事件 send_over。全局变量对于初写代码的人来说是非常受欢迎的，但是几乎所有的老师及书本中都会这么说：除非有必要，否则尽量不要使用全局变量。使用全局变量的主要问题即它是全局可见的，本来只是打算在 drv0_seq 和 drv1_seq 中使用这个全局变量，但是假如其他的某个 *sequence* 也不小心使用了这个全局变量，在 drv0_seq 触发 send_over 事件之前，这个 *sequence* 已经触发了此事件，这是不允许的。所以应该尽量避免全局变量的使用。

第二个问题是上面只是实现了一次同步，如果是有多次同步怎么办？如 *sequence* A 要先执行，之后是 B，B 执行后才能是 C，C 执行后才能是 D，D 执行后才能是 E。这依然可以使用上面的全局方法解决，只是这会显得相当笨拙。

实现 *sequence* 之间同步的最好的方式就是使用 *virtual sequence*。从字面上理解，即虚拟的 *sequence*。虚拟的意思就是它根本就不发送 *transaction*，它只是控制其他的 *sequence*，起统一调度的作用。

如图 6-1 所示，为了使用 *virtual sequence*，一般需要一个 *virtual sequencer*。*virtual sequencer* 里面包含指向其他真实 *sequencer* 的指针：

代码清单　6-70

```
文件: src/ch6/section6.5/6.5.3/uvm_do_on/my_vsqr.sv
 4 class my_vsqr extends uvm_sequencer;
 5
 6    my_sequencer p_sqr0;
 7    my_sequencer p_sqr1;
...
14 endclass
```

在 base_test 中，实例化 vsqr，并将相应的 *sequencer* 赋值给 vsqr 中的 *sequencer* 的指针：

代码清单　6-71

```
文件: src/ch6/section6.5/6.5.3/uvm_do_on/base_test.sv
 4 class base_test extends uvm_test;
 5
 6    my_env          env0;
 7    my_env          env1;
 8    my_vsqr         v_sqr;
...
18 endclass
19
20
21 function void base_test::build_phase(uvm_phase phase);
22    super.build_phase(phase);
23    env0  = my_env::type_id::create("env0", this);
24    env1  = my_env::type_id::create("env1", this);
25    v_sqr = my_vsqr::type_id::create("v_sqr", this);
26 endfunction
27
```

```
28 function void base_test::connect_phase(uvm_phase phase);
29   v_sqr.p_sqr0 = env0.i_agt.sqr;
30   v_sqr.p_sqr1 = env1.i_agt.sqr;
31 endfunction
```

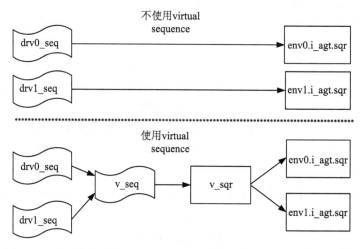

图 6-1   *virtual sequence* 示意图

在 *virtual sequene* 中则可以使用 uvm_do_on 系列宏来发送 *transaction*：

代码清单   6-72

文件: src/ch6/section6.5/6.5.3/uvm_do_on/my_case0.sv
```
35 class case0_vseq extends uvm_sequence;
36   `uvm_object_utils(case0_vseq)
37   `uvm_declare_p_sequencer(my_vsqr)
...
42   virtual task body();
43     my_transaction tr;
44     drv0_seq seq0;
45     drv1_seq seq1;
...
48     `uvm_do_on_with(tr, p_sequencer.p_sqr0, {tr.pload.size == 1500;})
49     `uvm_info("vseq", "send one longest packet on p_sequencer.p_sqr0", UVM_
       MEDIUM)
50     fork
51       `uvm_do_on(seq0, p_sequencer.p_sqr0);
52       `uvm_do_on(seq1, p_sequencer.p_sqr1);
53     join
...
57   endtask
58 endclass
```

在 6.3.1 节介绍 uvm_do_on 宏时，读者对其用处感到非常迷茫，现在终于找到答案了。
virtual sequence 是 uvm_do_on 宏用得最多的地方。

在 case0_vseq 中，先使用 uvm_do_on_with 在 p_sequencer.sqr0 上发送一个最长包，当其发送完毕后，再启动 drv0_seq 和 drv1_seq。这里的 drv0_seq 和 drv1_seq 非常简单，两者之间不需要为同步做任何事情：

代码清单　6-73

```
文件: src/ch6/section6.5/6.5.3/uvm_do_on/my_case0.sv
 3 class drv0_seq extends uvm_sequence #(my_transaction);
...
11   virtual task body();
12     repeat (10) begin
13       `uvm_do(m_trans)
14       `uvm_info("drv0_seq", "send one transaction", UVM_MEDIUM)
15     end
16   endtask
17 endclass
18
19 class drv1_seq extends uvm_sequence #(my_transaction);
...
27   virtual task body();
28     repeat (10) begin
29       `uvm_do(m_trans)
30       `uvm_info("drv1_seq", "send one transaction", UVM_MEDIUM)
31     end
32   endtask
33 endclass
```

在使用 uvm_do_on 宏的情况下，虽然 seq0 是在 case0_vseq 中启动，但是它最终会被交给 p_sequencer.p_sqr0，也即 env0.i_agt.sqr 而不是 v_sqr。这个就是 *virtual sequence* 和 *virtual sequencer* 中 *virtual* 的来源。它们各自并不产生 *transaction*，而只是控制其他的 *sequence* 为相应的 *sequencer* 产生 *transaction*。*virtual sequence* 和 *virtual sequencer* 只是起一个调度的作用。由于根本不直接产生 *transaction*，所以 *virtual sequence* 和 *virtual sequencer* 在定义时根本无需指明要发送的 *transaction* 数据类型。

如果不使用 uvm_do_on 宏，那么也可以手工启动 *sequence*，其效果完全一样。手工启动 *sequence* 的一个优势是可以向其中传递一些值：

代码清单　6-74

```
文件: src/ch6/section6.5/6.5.3/start/my_case0.sv
 3 class read_file_seq extends uvm_sequence #(my_transaction);
 4   my_transaction m_trans;
 5   string file_name;
...
19 endclass
...
37 class case0_vseq extends uvm_sequence;
...
44   virtual task body();
```

```
45      my_transaction tr;
46      read_file_seq seq0;
47      drv1_seq seq1;
...
50      `uvm_do_on_with(tr, p_sequencer.p_sqr0, {tr.pload.size == 1500;})
51      `uvm_info("vseq", "send one longest packet on p_sequencer.p_sqr0", UVM_
        MEDIUM)
52      seq0 = new("seq0");
53      seq0.file_name = "data.txt";
54      seq1 = new("seq1");
55      fork
56          seq0.start(p_sequencer.p_sqr0);
57          seq1.start(p_sequencer.p_sqr1);
58      join
...
62   endtask
63 endclass
```

在 read_file_seq 中，需要一个字符串的文件名字，在手工启动时可以指定文件名字，但是 uvm_do 系列宏无法实现这个功能，因为 string 类型变量前不能使用 rand 修饰符。这就是手工启动 *sequence* 的优势。

在 case0_vseq 的定义中，一般都要使用 uvm_declare_p_sequencer 宏。这个在前文已经讲述过了，通过它可以引用 *sequencer* 的成员变量。

回顾一下，为了解决 *sequence* 的同步，之前使用 send_over 这个全局变量的方式来解决。那么在 *virtual sequence* 中是如何解决的呢？事实上这个问题在 *virtual sequence* 中根本就不是个问题。由于 *virtual sequence* 的 *body* 是顺序执行，所以只需要先产生一个最长的包，产生完毕后再将其他的 *sequence* 启动起来，没有必要去刻意地同步。这只是 *virtual sequence* 强大的调度功能的一个小小的体现。

virtual sequence 的使用可以减少 config_db 语句的使用。由于 config_db::set 函数的第二个路径参数是字符串，非常容易出错，所以减少 config_db 语句的使用可以降低出错的概率。在上节中，使用了两个 uvm_config_db 语句将两个 *sequence* 送给了相应的 *sequencer* 作为 default_sequence。假如验证平台中的 *sequencer* 有多个，如 10 个，那么就需要写 10 个 uvm_config_db 语句，这是一件很令人厌烦的事情。使用 *virtual sequence* 后可以将这 10 句只压缩成一句：

代码清单 6-75

```
文件: src/ch6/section6.5/6.5.3/uvm_do_on/my_case0.sv
70 function void my_case0::build_phase(uvm_phase phase);
...
73   uvm_config_db#(uvm_object_wrapper)::set(this,
74                                 "v_sqr.main_phase",
75                                 "default_sequence",
76                                 case0_vseq::type_id::get());
77 endfunction
```

virtual sequence 作为一种特殊的 *sequence*，也可以在其中启动其他的 *virtual sequence*：

代码清单 6-76

```
文件：src/ch6/section6.5/6.5.3/multi_vseq/my_case0.sv
55 class case0_vseq extends uvm_sequence;
...
62     virtual task body();
63         cfg_vseq cvseq;
...
66         `uvm_do(cvseq)
...
70     endtask
71 endclass
```

其中 cfg_vseq 是另外一个已经定义好的 *virtual sequence*。

6.5.4 仅在 virtual sequence 中控制 objection

在 *sequence* 中可以使用 starting_phase 来控制验证平台的关闭。除了手工启动 *sequence* 时为 starting_phase 赋值外，只有将此 *sequence* 作为 *sequencer* 的某动态运行 *phase* 的 default_sequence 时，其 starting_phase 才不为 null。如果将某 *sequence* 作为 uvm_do 宏的参数，那么此 *sequence* 中的 *starting_phase* 是为 *null* 的。在此 *sequence* 中使用 starting_phase. raise_objection 是没有任何用处的：

代码清单 6-77

```
文件：src/ch6/section6.5/6.5.3/my_case0.sv
 3 class drv0_seq extends uvm_sequence #(my_transaction);
...
11    virtual task body();
12      if(starting_phase != null) begin
13         starting_phase.raise_objection(this);
14         `uvm_info("drv0_seq", "raise objection", UVM_MEDIUM)
15      end
16      else begin
17        `uvm_info("drv0_seq", "starting_phase is null, can't raise
           objection", UVM_MEDIUM)
18      end
...
29    endtask
30 endclass
31
32 class case0_vseq extends uvm_sequence;
...
39    virtual task body();
40       drv0_seq seq0;
41       if(starting_phase != null)
42          starting_phase.raise_objection(this);
43       `uvm_do_on(seq0, p_sequencer.p_sqr0);
```

```
44        #100;
45        if(starting_phase != null)
46            starting_phase.drop_objection(this);
47    endtask
48 endclass
```

运行上述代码，会发现 drv0_seq 中的 starting_phase 为 null，从而不会对 *objection* 进行操作。

若使 drv0_seq 中的 starting_phase 不为 null 其实比较容易解决，只要将父 sequence 的 starting_phase 赋值给子 *sequence* 的 starting_phase 即可。只是可惜 uvm_do 系列宏并不提供 starting_phase 的传递功能。

5.2.3 节中提过要么在 *scoreboard* 中控制 *objection*，要么在 *sequence* 中控制。关于在 *sequence* 中控制 *objection*，在没有 *virtual sequence* 之前，这没有什么疑问。但是当 *virtual sequence* 存在时，尤其是 *virtual sequence* 中又可以启动其他的 *virtual sequence* 时，有三个地方可以控制 *objection*：一是普通的 *sequence*，二是中间层的 *virtual sequence*（如代码清单 6-76 中的 cfg_vseq），三是最顶层的 *virtual sequence*（代码清单 6-76 中的 case0_vseq）。那么应该在何处控制 *objection* 来最终控制验证平台的关闭呢？

一般来说，只在最顶层的 *virtual sequence* 中控制 *objection*。因为 *virtual sequence* 是起统一调度作用的，这种统一调度不只体现在 *transaction* 上，也应该体现在 *objection* 的控制上。在验证平台中使用 *objection* 时，经常会出现没有按照预期结束仿真的情况。这种情况下就需要层层地查找哪里有 *objection* 被提起了，哪里有 *objection* 被撤销了。虽然可以通过 5.2.5 节提及的 *objection* 调试手段来辅助进行，但它终归是一件比较麻烦的事情。如果大家约定俗成都只在最顶层的 *virtual sequence* 中控制 *objection*，那么在遇到这样的问题时，只查找最顶层的 *virtual sequence* 即可，从而大大提高效率。

*6.5.5 在 sequence 中慎用 fork join_none

将 6.5.1 节中的 DUT 的数据口扩展为 4 路，那么相应的验证平台中也要有 4 个完全相同的 *driver*、*sequencer*。那么 my_vsqr 可以这样定义：

代码清单 6-78

```
文件: src/ch6/section6.5/6.5.5/my_vsqr.sv
  4 class my_vsqr extends uvm_sequencer;
  5
  6   my_sequencer p_sqr[4];
 ...
 12   `uvm_component_utils(my_vsqr)
 13 endclass
```

当 DUT 上电复位后，需要 4 个 my_driver 同时发送数据。在 *virtual sequence* 中可以使用 fork 来启动 4 个 *sequence*：

```
class case0_vseq extends uvm_sequence;
   virtual task body();
      drv_seq dseq[4];
      for(int i = 0; i < 4; i++)
         fork
            automatic int j = i;
            uvm_do_on(dseq[j], p_sequencer.p_sqr[j]);
         join_none
   endtask
endclass
```

这里使用了 join_none,由于 join_none 的特性,系统并不等 fork 起来的进程结束就进入下一次的 for 循环,因此上面的 for 循环的展开后如下:

```
class case0_vseq extends uvm_sequence;
   virtual task body();
      drv_seq dseq[4];
      fork
         uvm_do_on(dseq[0], p_sequencer.p_sqr[0]);
      join_none
      fork
         uvm_do_on(dseq[1], p_sequencer.p_sqr[1]);
      join_none
      fork
         uvm_do_on(dseq[2], p_sequencer.p_sqr[2]);
      join_none
      fork
         uvm_do_on(dseq[3], p_sequencer.p_sqr[3]);
      join_none
   endtask
endclass
```

这样会有什么问题?

当 sequence 启动后会自动执行它的 body 任务。当 body 执行完成时,那么这个 sequence 就相当于已经完成了其使命,已经结束了。如果使用 fork join_none,由于 join_none 的特性,当使用 uvm_do_on 宏将四个 dseq 分别放在四个 p_sqr 上执行时,系统会新启动 4 个进程,但是并不等待这 4 个 mseq 执行完毕就直接返回了。返回之后就到了 endtask,此时系统认为这个 sequence 已经执行完成了。执行完成之后,系统将会清理这个 sequence 之前占据的内存空间,"杀死"掉由其启动的进程,于是这 4 个启动的 dseq 还没有完成就直接被"杀死"掉了。也就是说,看似分别往 4 个 p_sqr 分别丢了一个 sequence,但是事实上这个 sequence 根本没有执行。这是关键所在!

要避免这个问题有多种方法,一是使用 wait fork 语句:

代码清单   6-81

```
文件：src/ch6/section6.5/6.5.5/my_case0.sv
19 class case0_vseq extends uvm_sequence;
...
26    virtual task body();
27        my_transaction tr;
28        drv_seq dseq[4];
...
31        for(int i = 0; i < 4; i++)
32          fork
33            automatic int j = i;
34            `uvm_do_on(dseq[j], p_sequencer.p_sqr[j]);
35          join_none
36        wait fork;
...
40    endtask
41 endclass
```

wait fork 语句将会等待前面被 fork 起来的进程执行完毕。

另外一种方法是使用 fork join：

代码清单   6-82

```
class case0_vseq extends uvm_sequence;
  virtual task body();
    drv_seq dseq[4];
    fork
      uvm_do_on(dseq[0], p_sequencer.p_sqr[0]);
      uvm_do_on(dseq[1], p_sequencer.p_sqr[1]);
      uvm_do_on(dseq[2], p_sequencer.p_sqr[2]);
      uvm_do_on(dseq[3], p_sequencer.p_sqr[3]);
    join
  endtask
endclass
```

只是这样就无法使用 for 循环了。

6.6   在 sequence 中使用 config_db

*6.6.1   在 sequence 中获取参数

在 3.5 节中介绍 config_db 机制时，set 函数的目标都是一个 *component*，或者说，之前所有获取参数的操作都是在一个 *component* 中进行的。*sequence* 机制是 UVM 中最强大的机制之一，config_db 机制也对 *sequence* 机制提供了支持，可以在 *sequence* 中获取参数。

能够调用 config_db::get 的前提是已经进行了设置。*sequence* 本身是一个 uvm_object，它无法像 uvm_component 那样出现在 UVM 树中，从而很难确定在对其进行设置时的第二个路径参数。所以在 *sequence* 中使用 config_db::get 函数得到参数的最大障碍是路径问题。

在 UVM 中使用 get_full_name() 可以得到一个 *component* 的完整路径，同样的，此函数也可以在一个 *sequence* 中被调用，尝试着在一个 *sequence* 的 body 中调用此函数，并打印出返回值，其结果大体如下：

```
uvm_test_top.env.i_agt.sqr.case0_sequence
```

这个路径是由两个部分组成：此 *sequence* 的 *sequencer* 的路径，及实例化此 *sequence* 时传递的名字。因此，可以使用如下的方式为一个 *sequence* 传递参数：

代码清单 6-83

```
文件: src/ch6/section6.6/6.6.1/my_case0.sv
43 function void my_case0::build_phase(uvm_phase phase);
...
46   uvm_config_db#(int)::set(this, "env.i_agt.sqr.*", "count", 9);
...
52 endfunction
```

set 函数的第二个路径参数里面出现了通配符，这是因为 *sequence* 在实例化时名字一般是不固定的，而且有时是未知的（比如使用 default_sequence 启动的 *sequence* 的名字就是未知的），所以使用通配符。

在 *sequence* 中以如下的方式调用 config_db::get 函数：

代码清单 6-84

```
文件: src/ch6/section6.6/6.6.1/my_case0.sv
 3 class case0_sequence extends uvm_sequence #(my_transaction);
 ...
11   virtual task pre_body();
12     if(uvm_config_db#(int)::get(null, get_full_name(), "count", count))
13       `uvm_info("seq0", $sformatf("get count value %0d via config_db", count),
          UVM_MEDIUM)
14     else
15       `uvm_error("seq0", "can't get count value!")
16   endtask
...
30 endclass
```

这里需要引起关注的是第一个参数。在 get 函数原型中，第一个参数必须是一个 *component*，而 *sequence* 不是一个 *component*，所以这里不能使用 this 指针，只能使用 null 或者 uvm_root::get()。前文已经提过，当使用 null 时，UVM 会自动将其替换为 uvm_root::get()，再加上第二个参数 get_full_name()，就可以完整地得到此 *sequence* 的路径，从而得到参数。

*6.6.2 在 sequence 中设置参数

与获取参数相比，在 *sequence* 中使用 config_db::set 设置参数就比较简单。有了在 top_tb 中设置 *virtual interface* 的经验，读者在这里可以使用类似的方式为 UVM 树中的任意结点传递参数：

代码清单　6-85

```
文件: src/ch6/section6.6/6.6.2/component/my_case0.sv
33 class case0_vseq extends uvm_sequence;
...
40   virtual task body();
...
46     fork
47       `uvm_do_on(seq0, p_sequencer.p_sqr0);
48       `uvm_do_on(seq1, p_sequencer.p_sqr1);
49       begin
50         #10000;
51         uvm_config_db#(bit)::set(uvm_root::get(), "uvm_test_top.env0.scb",
           "cmp_en", 0);
52         #10000;
53        uvm_config_db#(bit)::set(uvm_root::get(), "uvm_test_top.env0.scb",
           "cmp_en", 1);
54       end
55     join
...
59   endtask
60 endclass
```

上例中是向 *scoreboard* 中传递了一个 cmp_en 的参数。除了向 *component* 中传递参数外，也可以向 *sequence* 中传递参数：

代码清单　6-86

```
文件: src/ch6/section6.6/6.6.2/sequence/my_case0.sv
 3 class drv0_seq extends uvm_sequence #(my_transaction);
 4   my_transaction m_trans;
 5   bit first_start;
 6   `uvm_object_utils(drv0_seq)
 7
 8   function  new(string name= "drv0_seq");
 9     super.new(name);
10     first_start = 1;
11   endfunction
12
13   virtual task body();
14    void'(uvm_config_db#(bit)::get(uvm_root::get(), get_full_name(), "first_
       start", first_start));
15     if(first_start)
16       `uvm_info("drv0_seq", "this is the first start of the sequence", UVM_MEDIUM)
17     else
18       `uvm_info("drv0_seq", "this is not the first start of the sequence",UVM_
         MEDIUM)
19     uvm_config_db#(bit)::set(uvm_root::get(), "uvm_test_top.v_sqr.*", "first_
       start", 0);
...
```

```
23   endtask
24 endclass
```

这个 *sequence* 向自己传递了一个参数：first_start。在一次仿真中，当此 *sequence* 第一次启动时，其 first_start 值为 1 ；当后面再次启动时，其 first_start 为 0。根据 first_start 值的不同，可以在 body 中有不同的行为。

这里需要注意的是，由于此 *sequence* 在 *virtual sequence* 中被启动，所以其 get_full_name 的结果应该是 uvm_test_top.v_sqr.*，而不是 uvm_test_top.env0.i_agt.sqr.*，所以在设置时，第二个参数应该是前者。

*6.6.3   wait_modified 的使用

在上一节的例子中，向 *scoreboard* 传递了一个 cmp_en 的参数，*scoreboard* 可以根据此参数决定是否对收到的 *transaction* 进行检查。在做一些异常用例测试的时候，经常用到这种方式。但是关键是如何在 *scoreboard* 中获取这个参数。

在前面的章节中，*scoreboard* 都是在 build_phase 中调用 get 函数，并且调用的前提是参数已经被设置过。一个 *sequence* 是在 *task phase* 中运行的，当其设置一个参数的时候，其时间往往是不固定的。

针对这种不固定的设置参数的方式，UVM 中提供了 wait_modified 任务，它的参数有三个，与 config_db::get 的前三个参数完全一样。当它检测到第三个参数的值被更新过后，它就返回，否则一直等待在那里。其调用方式如下：

代码清单　6-87

```
文件: src/ch6/section6.6/6.6.3/component/my_scoreboard.sv
24 task my_scoreboard::main_phase(uvm_phase phase);
...
30   fork
31     while(1) begin
32       uvm_config_db#(bit)::wait_modified(this, "", "cmp_en");
33       void'(uvm_config_db#(bit)::get(this, "", "cmp_en", cmp_en));
34       `uvm_info("my_scoreboard", $sformatf("cmp_en value modified, the new
           value is %0d", cmp_en), UVM_LOW)
35     end
...
62   join
63 endtask
```

在上述代码中，wait_modified 与 main_phase 中的其他进程在同一时刻被 fork 起来，当检测到参数值被设置后，立刻调用 config_db::get 得到新的参数。其他进程可以根据新的参数值决定后续的比对策略。

与 get 函数一样，除了可以在一个 *component* 中使用外，还可以在一个 *sequence* 中调用 wait_modified 任务：

代码清单　6-88

文件: src/ch6/section6.6/6.6.3/sequence/my_case0.sv

```
 3 class drv0_seq extends uvm_sequence #(my_transaction);
...
11   virtual task body();
12     bit send_en = 1;
13     fork
14       while(1) begin
15         uvm_config_db#(bit)::wait_modified(null, get_full_name(), "send_en");
16         void'(uvm_config_db#(bit)::get(null, get_full_name, "send_en", send_en));
17         `uvm_info("drv0_seq", $sformatf("send_en value modified, the
            new value is %0d", send_en), UVM_LOW)
18       end
19     join_none
...
23   endtask
24 endclass
```

6.7　response 的使用

*6.7.1　put_response 与 get_response

　　sequence 机制提供了一种 *sequence* → *sequencer* → *driver* 的单向数据传输机制。但是在复杂的验证平台中，*sequence* 需要根据 *driver* 对 *transaction* 的反应来决定接下来要发送的 *transaction*，换言之，*sequence* 需要得到 *driver* 的一个反馈。*sequence* 机制提供对这种反馈的支持，它允许 *driver* 将一个 *response* 返回给 *sequence*。

　　如果需要使用 response，那么在 *sequence* 中需要使用 get_response 任务:

代码清单　6-89

文件: src/ch6/section6.7/6.7.1/my_case0.sv

```
 3 class case0_sequence extends uvm_sequence #(my_transaction);
...
10   virtual task body();
...
13     repeat (10) begin
14       `uvm_do(m_trans)
15       get_response(rsp);
16       `uvm_info("seq", "get one response", UVM_MEDIUM)
17       rsp.print();
18     end
...
22   endtask
23
24   `uvm_object_utils(case0_sequence)
25 endclass
```

在 *driver* 中，则需要使用 put_response 任务：

代码清单　6-90

```
文件: src/ch6/section6.7/6.7.1/my_driver.sv
22 task my_driver::main_phase(uvm_phase phase);
...
27   while(1) begin
28     seq_item_port.get_next_item(req);
29     drive_one_pkt(req);
30     rsp = new("rsp");
31     rsp.set_id_info(req);
32     seq_item_port.put_response(rsp);
33     seq_item_port.item_done();
34   end
35 endtask
```

这里的关键是设置 set_id_info 函数，它将 req 的 id 等信息复制到 rsp 中。由于可能存在多个 *sequence* 在同一个 *sequencer* 上启动的情况，只有设置了 rsp 的 id 等信息，*sequencer* 才知道将 response 返回给哪个 *sequence*。

除了使用 put_response 外，UVM 还支持直接将 response 作为 item_done 的参数：

代码清单　6-91

```
while(1) begin
   seq_item_port.get_next_item(req);
   drive_one_pkt(req);
   rsp = new("rsp");
   rsp.set_id_info(req);
   seq_item_port.item_done(rsp);
end
```

6.7.2　response 的数量问题

通常来说，一个 *transaction* 对应一个 response，但是事实上，UVM 也支持一个 *transaction* 对应多个 response 的情况，在这种情况下，在 *sequence* 中需要多次调用 get_response，而在 *driver* 中，需要多次调用 put_response：

代码清单　6-92

```
task my_driver::main_phase(uvm_phase phase);
   while(1) begin
     seq_item_port.get_next_item(req);
     drive_one_pkt(req);
     rsp = new("rsp");
     rsp.set_id_info(req);
     seq_item_port.put_response(rsp);
     seq_item_port.put_response(rsp);
     seq_item_port.item_done();
   end
```

```
    endtask

class case0_sequence extends uvm_sequence #(my_transaction);
    virtual task body();
        repeat (10) begin
            `uvm_do(m_trans)
            get_response(rsp);
            rsp.print();
            get_response(rsp);
            rsp.print();
        end
    endtask
endclass
```

当存在多个 response 时，将 response 作为 item_done 参数的方式就不适用了。由于一个 *transaction* 只能对应一个 item_done，所以使用多次 item_done(rsp) 是会出错的。

response 机制的原理是 *driver* 将 rsp 推送给 *sequencer*，而 *sequencer* 内部维持一个队列，当有新的 response 进入时，就推入此队列。但是此队列的大小并不是无限制的，在默认情况下，其大小为 8。当队列中有 8 个 response 时，如果 *driver* 再次向此队列推送新的 response，UVM 就会给出如下错误提示：

```
UVM_ERROR @ 1753500000: uvm_test_top.env.i_agt.sqr@@case0_sequence [uvm_test_
top.env.i_agt.sqr.case0_sequence] Response queue overflow, response was dropped
```

因此，如果在 *driver* 中每个 *transaction* 后都发送一个 response，而 *sequence* 又没能及时 get_response，*sequencer* 中的 response 队列就存在溢出的风险。

*6.7.3 response handler 与另类的 response

前面讲述的 get_response 和 put_response 是一一对应的。当在 *sequence* 中启动 get_response 时，进程就会阻塞在那里，一直到 response_queue 中被放入新的记录。如果 driver 能够马上将 response 通过 put_response 的方式传回 *sequence*，那么 *sequence* 被阻塞的进程就会得到释放，可以接着发送下一个 *transaction* 给 *driver*。但是假如 *driver* 需要延时较长的一段时间才能将 *transaction* 传回，在此期间，*driver* 希望能够继续从 *sequence* 得到新的 *transaction* 并驱动它，但是由于 *sequence* 被阻塞在了那里，根本不可能发出新的 *transaction*。

发生上述情况的主要原因为 *sequence* 中发送 *transaction* 与 get_response 是在同一个进程中执行的，假如将二者分离开来，在不同的进程中运行将会得到不同的结果。在这种情况下需要使用 response_handler：

代码清单 6-93

文件：src/ch6/section6.7/6.7.3/rsp_handler/my_case0.sv
```
 3 class case0_sequence extends uvm_sequence #(my_transaction);
   ...
```

```
10    virtual task pre_body();
11        use_response_handler(1);
12    endtask
13
14    virtual function void response_handler(uvm_sequence_item response);
15        if(!$cast(rsp, response))
16            `uvm_error("seq", "can't cast")
17        else begin
18            `uvm_info("seq", "get one response", UVM_MEDIUM)
19            rsp.print();
20        end
21    endfunction
22
23    virtual task body();
24        if(starting_phase != null)
25            starting_phase.raise_objection(this);
26        repeat (10) begin
27            `uvm_do(m_trans)
28        end
29        #100;
30        if(starting_phase != null)
31            starting_phase.drop_objection(this);
32    endtask
33
34    `uvm_object_utils(case0_sequence)
35 endclass
```

由于 response handler 功能默认是关闭的，所以要使用 response_handler，首先需要调用 use_response_handler 函数，打开 *sequence* 的 response handler 功能。

当打开 response handler 功能后，用户需要重载虚函数 response_handler。此函数的参数是一个 uvm_sequence_item 类型的指针，需要首先将其通过 cast 转换变成 my_transaction 类型，之后就可以根据 rsp 的值来决定后续 sequence 的行为。

无论是 put/get_response 或者 response_handler，都是新建了一个 *transaction*，并将其返回给 *sequence*。事实上，当一个 uvm_do 语句执行完毕后，其第一个参数并不是一个空指针，而是指向刚刚被送给 *driver* 的 *transaction*。利用这一点，可以实现一种另类的 response：

代码清单　6-94

```
文件: src/ch6/section6.7/6.7.3/smart/my_driver.sv
22 task my_driver::main_phase(uvm_phase phase);
...
27    while(1) begin
28        seq_item_port.get_next_item(req);
29        drive_one_pkt(req);
30        req.frm_drv = "this is information from driver";
31        seq_item_port.item_done();
32    end
33 endtask
```

driver 中向 req 中的成员变量赋值，而 *sequence* 则检测这个值：

代码清单 6-95

```
文件: src/ch6/section6.7/6.7.3/smart/my_case0.sv
 3 class case0_sequence extends uvm_sequence #(my_transaction);
 ...
10    virtual task body();
 ...
13        repeat (10) begin
14            `uvm_do(m_trans)
15            `uvm_info("seq", $sformatf("get information from driver: %0s", m_trans.frm_
              drv), UVM_MEDIUM)
16        end
 ...
20    endtask
21
22    `uvm_object_utils(case0_sequence)
23 endclass
```

这种另类的 response 在很多总线的 *driver* 中用到。读者可以参考 7.1.1 节的内容。

*6.7.4 rsp 与 req 类型不同

前面所有的例子中，response 的类型都与 req 的类型完全相同。UVM 也支持 response 与 req 类型不同的情况。

uvm_driver、uvm_sequencer 与 uvm_sequence 的原型分别是：

代码清单 6-96

```
来源: UVM 源代码
class uvm_driver #(type REQ=uvm_sequence_item,
                type RSP=REQ) extends uvm_component;

class uvm_sequencer #(type REQ=uvm_sequence_item, RSP=REQ)
                        extends uvm_sequencer_param_base #(REQ, RSP);

virtual class uvm_sequence #(type REQ = uvm_sequence_item,
                type RSP = REQ) extends uvm_sequence_base;
```

在前面章节的例子中只向它们传递了一个参数，因此 response 与 req 的类型是一样的。如果要使用不同类型的 rsp 与 req，那么 *driver*、*sequencer* 与 *sequence* 在定义时都要传入两个参数：

代码清单 6-97

```
class my_driver extends uvm_driver#(my_transaction, your_transaction);

class my_sequencer extends uvm_sequencer #(my_transaction, your_transaction);

class case0_sequence extends uvm_sequence #(my_transaction, your_transaction);
```

之后，可以使用 put _response 来发送 response：

代码清单 6-98

```
文件: src/ch6/section6.7/6.7.4/my_driver.sv
22 task my_driver::main_phase(uvm_phase phase);
...
27   while(1) begin
28     seq_item_port.get_next_item(req);
29     drive_one_pkt(req);
30     rsp = new("rsp");
31     rsp.set_id_info(req);
32     rsp.information = "driver information";
33     seq_item_port.put_response(rsp);
34     seq_item_port.item_done();
35   end
36 endtask
```

使用 get_response 来接收 response：

代码清单 6-99

```
文件: src/ch6/section6.7/6.7.4/my_case0.sv
 3 class case0_sequence extends uvm_sequence #(my_transaction, your_transaction);
...
10   virtual task body();
...
13     repeat (10) begin
14       `uvm_do(m_trans)
15       get_response(rsp);
16     `uvm_info("seq", $sformatf("response information is: %0s", rsp.
       information), UVM_MEDIUM)
17     end
...
21   endtask
22
23   `uvm_object_utils(case0_sequence)
24 endclass
```

除了 put/get_response 外，也可以使用 response handler，这与 req 及 rsp 类型相同时完全一样。

6.8 sequence library

6.8.1 随机选择 sequence

所谓 *sequence library*，就是一系列 *sequence* 的集合。sequence_library 类的原型为：

代码清单 6-100

```
来源: UVM 源代码
class uvm_sequence_library #(type REQ=uvm_sequence_item,RSP=REQ) extends uvm_
sequence #(REQ,RSP);
```

由上述代码可以看出 *sequence library* 派生自 uvm_sequence，从本质上说它是一个 *sequence*。它根据特定的算法随机选择注册在其中的一些 *sequence*，并在 *body* 中执行这些 *sequence*。

一个 *sequence library* 的定义如下：

代码清单　6-101

```
文件: src/ch6/section6.8/6.8.1/my_case0.sv
 4 class simple_seq_library extends uvm_sequence_library#(my_transaction);
 5    function  new(string name= "simple_seq_library");
 6       super.new(name);
 7       init_sequence_library();
 8    endfunction
 9
10    `uvm_object_utils(simple_seq_library)
11    `uvm_sequence_library_utils(simple_seq_library);
12
13 endclass
```

在定义 *sequence library* 时有三点要特别注意：一是从 uvm_sequence 派生时要指明此 *sequence library* 所产生的 *transaction* 类型，这点与普通的 *sequence* 相同；二是在其 new 函数中要调用 init_sequence_library，否则其内部的候选 *sequence* 队列就是空的；三是要调用 uvm_sequence_library_utils 注册。

一个 *sequence library* 在定义之后，如果没有其他任何的 *sequence* 注册到其中，是没有任何意义的。一个 *sequence* 在定义时使用宏 uvm_add_to_seq_lib 来将其加入某个 *sequence library* 中：

代码清单　6-102

```
文件: src/ch6/section6.8/6.8.1/my_case0.sv
15 class seq0 extends uvm_sequence#(my_transaction);
...
20    `uvm_object_utils(seq0)
21    `uvm_add_to_seq_lib(seq0, simple_seq_library)
22    virtual task body();
23       repeat(10) begin
24          `uvm_do(req)
25          `uvm_info("seq0", "this is seq0", UVM_MEDIUM)
26       end
27    endtask
28 endclass
```

uvm_add_to_seq_lib 有两个参数，第一个是此 *sequence* 的名字，第二个是要加入的 *sequence library* 的名字。一个 *sequence* 可以加入多个不同的 *sequence library* 中：

代码清单　6-103

```
class seq0 extends uvm_sequence#(my_transaction);
   `uvm_object_utils(seq0)
```

```
      `uvm_add_to_seq_lib(seq0, simple_seq_library)
      `uvm_add_to_seq_lib(seq0, hard_seq_library)
   virtual task body();
      repeat(10) begin
         `uvm_do(req)
         `uvm_info("seq0", "this is seq0", UVM_MEDIUM)
      end
   endtask
endclass
```

同样的，可以有多个 *sequence* 加入同一 *sequence library* 中：

代码清单　6-104

```
文件: src/ch6/section6.8/6.8.1/my_case0.sv
30 class seq1 extends uvm_sequence#(my_transaction);
...
35    `uvm_object_utils(seq1)
36    `uvm_add_to_seq_lib(seq1, simple_seq_library)
37    virtual task body();
38       repeat(10) begin
39          `uvm_do(req)
40          `uvm_info("seq1", "this is seq1", UVM_MEDIUM)
41       end
42    endtask
43 endclass
```

当 *sequence* 与 *sequence library* 定义好后，可以将 *sequence library* 作为 *sequencer* 的 *default sequence*：

代码清单　6-105

```
文件: src/ch6/section6.8/6.8.1/my_case0.sv
85 function void my_case0::build_phase(uvm_phase phase);
86    super.build_phase(phase);
87
88    uvm_config_db#(uvm_object_wrapper)::set(this,
89                                "env.i_agt.sqr.main_phase",
90                                "default_sequence",
91                                simple_seq_library::type_id::get());
92 endfunction
```

执行上述代码，将发现 UVM 会随机从加入 simple_seq_library 的 *sequence* 中选择几个，并顺序启动它们。

6.8.2　控制选择算法

在上节中，*sequence library* 随机从其 *sequence* 队列中选择几个执行。这是由其变量 selection_mode 决定的，这个变量的定义为：

代码清单　6-106

```
来源: UVM 源代码
uvm_sequence_lib_mode selection_mode;
```

uvm_sequence_lib_mode 是一个枚举类型，共有四个值：

代码清单　6-107

```
来源: UVM 源代码
typedef enum
{
  UVM_SEQ_LIB_RAND,
  UVM_SEQ_LIB_RANDC,
  UVM_SEQ_LIB_ITEM,
  UVM_SEQ_LIB_USER
} uvm_sequence_lib_mode;
```

UVM_SEQ_LIB_RAND 就是完全的随机，上节中的例子使用的就是这种算法。

UVM_SEQ_LIB_RANDC 就是将加入其中的 *sequence* 随机排一个顺序，然后按照此顺序执行。这可以保证每个 *sequence* 执行一遍，在所有的 *sequence* 被执行完一遍之前，不会有 *sequence* 被执行第二次，其配置方式如下：

代码清单　6-108

```
文件: src/ch6/section6.8/6.8.2/randc/my_case0.sv
85 function void my_case0::build_phase(uvm_phase phase);
...
92    uvm_config_db#(uvm_sequence_lib_mode)::set(this,
93                            "env.i_agt.sqr.main_phase",
94                            "default_sequence.selection_mode",
95                            UVM_SEQ_LIB_RANDC);
96 endfunction
```

UVM_SEQ_LIB_ITEM 的意思是 *sequence library* 并不执行其 *sequence* 队列中的 *sequence*，而是自己产生 *transaction*。换言之，*sequence library* 在此种情况下就是一个普通的 *sequence*，只是其产生的 *transaction* 除了定义时施加的约束外，没有任何额外的约束。

UVM_SEQ_LIB_USER 是用户自定义选择的算法。此时需要用户重载 select_sequence 参数：

代码清单　6-109

```
文件: src/ch6/section6.8/6.8.2/user/my_case0.sv
 4 class simple_seq_library extends uvm_sequence_library#(my_transaction);
 5    function new(string name= "simple_seq_library");
 6        super.new(name);
 7        init_sequence_library();
 8    endfunction
 9
10    `uvm_object_utils(simple_seq_library)
11    `uvm_sequence_library_utils(simple_seq_library);
```

```
12
13    virtual function int unsigned select_sequence(int unsigned max);
14       static int unsigned index[$];
15       static bit inited;
16       int value;
17       if(!inited) begin
18         for(int i = 0; i <= max; i++) begin
19           if((sequences[i].get_type_name() == "seq0") ||
20               (sequences[i].get_type_name() == "seq1") ||
21               (sequences[i].get_type_name() == "seq3"))
22               index.push_back(i);
23         end
24         inited = 1;
25       end
26       value = $urandom_range(0, index.size() - 1);
27       return index[value];
28    endfunction
29 endclass
```

假设有 4 个 *sequence* 加入了 *sequence library* 中：seq0、seq1、seq2 和 seq3。现在由于各种原因，不想使用 seq2 了。上述代码的 select_sequence 第一次被调用时初始化 index 队列，把 seq0、seq1 和 seq3 在 *sequences* 中的索引号存入其中。之后，从 index 中随机选择一个值返回，相当于是从 seq0、seq1 和 seq3 随机选一个执行。*sequences* 是 *sequence library* 中存放候选 *sequence* 的队列。select_sequence 会传入一个参数 max，select_sequence 函数必须返回一个介于 0 到 max 之间的数值。如果 *sequences* 队列的大小为 4，那么传入的 max 的数值是 3，而不是 4。

6.8.3 控制执行次数

在 6.8.1 节及 6.8.2 节中，执行的次数都是 10 次，这是由 sequence library 内部的两个变量控制的：

代码清单 6-110

来源：UVM 源代码
```
int unsigned min_random_count=10;
int unsigned max_random_count=10;
```

sequence library 会在 min_random_count 和 max_random_count 之间随意选择一个数来作为执行次数。这里只能选择 10。当 selection_mode 为 UVM_SEQ_LIB_ITEM 时，将会产生 10 个 item；为其他模式时，将会顺序启动 10 个 *sequence*。可以设置这两个值为其他值来改变迭代次数：

代码清单 6-111

文件：src/ch6/section6.8/6.8.3/my_case0.sv
```
85 function void my_case0::build_phase(uvm_phase phase);
```

```
     ...
 88   uvm_config_db#(uvm_object_wrapper)::set(this,
 89                                "env.i_agt.sqr.main_phase",
 90                                "default_sequence",
 91                                simple_seq_library::type_id::get());
 92   uvm_config_db#(uvm_sequence_lib_mode)::set(this,
 93                                "env.i_agt.sqr.main_phase",
 94                                "default_sequence.selection_mode",
 95                                UVM_SEQ_LIB_ITEM);
 96   uvm_config_db#(int unsigned)::set(this,
 97                                "env.i_agt.sqr.main_phase",
 98                                "default_sequence.min_random_count",
 99                                5);
100   uvm_config_db#(int unsigned)::set(this,
101                                "env.i_agt.sqr.main_phase",
102                                "default_sequence.max_random_count",
103                                20);
104 endfunction
```

上述设置将会产生最多 20 个，最少 5 个 *transaction*。

6.8.4 使用 sequence_library_cfg

在代码清单 6-111 中使用 3 个 config_db 设置迭代次数和选择算法稍显麻烦。UVM 提供了一个类 uvm_sequence_library_cfg 来对 *sequence library* 进行配置。它一共有三个成员变量：

代码清单　6-112

```
来源：UVM 源代码
class uvm_sequence_library_cfg extends uvm_object;
  `uvm_object_utils(uvm_sequence_library_cfg)
  uvm_sequence_lib_mode selection_mode;
  int unsigned min_random_count;
  int unsigned max_random_count;
  ...
endclass
```

通过配置如上三个成员变量，并将其传递给 *sequence library* 就可对 *sequence library* 进行配置：

代码清单　6-113

```
文件: src/ch6/section6.8/6.8.4/cfg/my_case0.sv
 85 function void my_case0::build_phase(uvm_phase phase);
 86   uvm_sequence_library_cfg cfg;
 87   super.build_phase(phase);
 88
 89   cfg = new("cfg", UVM_SEQ_LIB_RANDC, 5, 20);
 90
 91   uvm_config_db#(uvm_object_wrapper)::set(this,
```

```
92                              "env.i_agt.sqr.main_phase",
93                              "default_sequence",
94                              simple_seq_library::type_id::get());
95   uvm_config_db#(uvm_sequence_library_cfg)::set(this,
96                              "env.i_agt.sqr.main_phase",
97                              "default_sequence.config",
98                              cfg);
99 endfunction
```

除了使用专门的 cfg 外，还有一种简单的配置方法是使用代码清单 6-7 的方式启动 *sequence*，在对 *sequence library* 进行实例化后，对其中的变量进行赋值：

代码清单 6-114

文件：src/ch6/section6.8/6.8.4/start/my_case0.sv
```
85 function void my_case0::build_phase(uvm_phase phase);
86   simple_seq_library seq_lib;
87   super.build_phase(phase);
88
89   seq_lib = new("seq_lib");
90   seq_lib.selection_mode = UVM_SEQ_LIB_RANDC;
91   seq_lib.min_random_count = 10;
92   seq_lib.max_random_count = 15;
93   uvm_config_db#(uvm_sequence_base)::set(this,
94                              "env.i_agt.sqr.main_phase",
95                              "default_sequence",
96                              seq_lib);
97 endfunction
```

第 7 章
UVM 中的寄存器模型

7.1 寄存器模型简介

*7.1.1 带寄存器配置总线的 DUT

在本书以前所有的例子中，使用的 DUT 几乎都是基于 2.2.1 节中所示的最简单的 DUT，只有一组数据输入输出口，而没有行为控制口，这样的 DUT 几乎是没有任何价值的。通常来说，DUT 中会有一组控制端口，通过控制端口，可以配置 DUT 中的寄存器，DUT 可以根据寄存器的值来改变其行为。这组控制端口就是寄存器配置总线。这样的 DUT 的一个示例如附录 B 的代码清单 B-2 所示。

在这个 DUT 中，只有一个 1bit 的寄存器 invert，为其分配地址 16'h9。如果它的值为 1，那么 DUT 在输出时会将输入的数据取反；如果为 0，则将输入数据直接发送出去。invert 可以通过总线 bus_* 进行配置。这组总线的行为比较简单，bus_op 为 1 时表示写操作，为 0 表示读操作。bus_addr 表示地址，bus_rd_data 表示读取的数据，bus_wr_data 表示要写入的数据。bus_cmd_valid 为 1 时表示总线数据有效，只持续一个时钟，DUT 应该在其为 1 期间采样总线数据；如果是读操作，应该在下一个时钟给出读数据，如果是写操作，应该在下一个时钟把数据写入。当在此总线上对 16'h9（即 invert 寄存器）的地址进行读写操作时，会得到结果，对其他地址进行操作则不会有任何结果。这个总线模型非常简单，不支持 burst 操作，不支持延时响应等，但是用于这里说明问题足够了。

针对此总线，有如下的 *transaction* 定义：

代码清单　7-1

```
文件: src/ch7/section7.1/7.1.1/bus_transaction.sv
 4 typedef enum{BUS_RD, BUS_WR} bus_op_e;
 5
 6 class bus_transaction extends uvm_sequence_item;
 7
 8    rand bit[15:0] rd_data;
 9    rand bit[15:0] wr_data;
10    rand bit[15:0] addr;
11
12    rand bus_op_e  bus_op;
```

...
25 endclass

有如下的 *driver* 定义：

代码清单 7-2

文件：src/ch7/section7.1/7.1.1/bus_driver.sv
```
22 task bus_driver::run_phase(uvm_phase phase);
...
29   while(1) begin
30     seq_item_port.get_next_item(req);
31     drive_one_pkt(req);
32     seq_item_port.item_done();
33   end
34 endtask
35
36 task bus_driver::drive_one_pkt(bus_transaction tr);
37   `uvm_info("bus_driver", "begin to drive one pkt", UVM_LOW);
38   repeat(1) @(posedge vif.clk);
39
40   vif.bus_cmd_valid <= 1'b1;
41   vif.bus_op <= ((tr.bus_op == BUS_RD) ? 0 : 1);
42   vif.bus_addr = tr.addr;
43   vif.bus_wr_data <= ((tr.bus_op == BUS_RD) ? 0 : tr.wr_data);
44
45   @(posedge vif.clk);
46   vif.bus_cmd_valid <= 1'b0;
47   vif.bus_op <= 1'b0;
48   vif.bus_addr <= 16'b0;
49   vif.bus_wr_data <= 16'b0;
50
51   @(posedge vif.clk);
52   if(tr.bus_op == BUS_RD) begin
53     tr.rd_data = vif.bus_rd_data;
54     //$display("@%0t, rd_data is %0h", $time, tr.rd_data);
55   end
56
57   `uvm_info("bus_driver", "end drive one pkt", UVM_LOW);
58 endtask
```

需要说明的是，如果是读操作，这里直接将读到的数据赋值给 rd_data。在 *sequence*
中，可以使用如下方式进行读操作：

代码清单 7-3

文件：src/ch7/section7.1/7.1.1/my_case0.sv
```
26   virtual task body();
27     `uvm_do_with(m_trans, {m_trans.addr == 16'h9;
28                            m_trans.bus_op == BUS_RD;})
29     `uvm_info("case0_bus_seq", $sformatf("invert's initial value is %0h",m_trans.rd_data), UVM_LOW)
```

```
...
36      endtask
```

这里用到了 6.7.3 节中介绍的另类的 response，在 *sequence* 中直接引用 m_trans.rd_data 可以得到读取数据的值。

以如下的方式进行写操作：

代码清单　7-4

```
文件：src/ch7/section7.1/7.1.1/my_case0.sv
26      virtual task body();
...
30         `uvm_do_with(m_trans, {m_trans.addr == 16'h9;
31                        m_trans.bus_op == BUS_WR;
32                        m_trans.wr_data == 16'h1;})
...
36      endtask
```

现在，整个验证平台的框图变为如图 7-1 所示的形式。

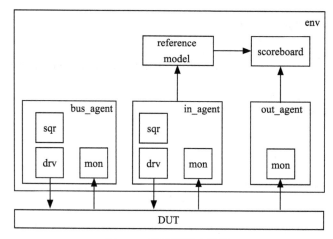

图 7-1　新验证平台框图

7.1.2　需要寄存器模型才能做的事情

考虑如下一个问题，在上节所示的 DUT 中，invert 寄存器用于控制 DUT 是否将输入的激励按位取反。在取反的情况下，参考模型需要读取此寄存器的值，如果为 1，那么其输出 *transaction* 也需要进行反转。可是如何在参考模型中读取一个寄存器的值呢？

就目前读者所掌握的知识来说，只能先通过使用 bus_driver 向总线上发送读指令，并给出要读的寄存器地址来查看一个寄存器的值。要实现这个过程，需要启动一个 *sequence*，这个 *sequence* 会发送一个 *transaction* 给 bus_driver。所以第一个问题是如何在参考模型的控制下来启动一个 *sequence* 以读取寄存器。第二个问题是，*sequence* 读取的寄存器的值如何传递给参考模型。

对于第一个问题，一个简单的想法是设置一个全局事件（又是全局变量！），然后在参考模型中触发这个事件。在 *virtual sequence* 中等待这个事件的到来，等到了，则启动 *sequence*。这里用到了全局变量，这是相当忌讳的。

如果不使用全局变量，那么可以用一个非全局事件来代替。利用 *config* 机制分别为 *virtual sequencer* 和 *scoreboard* 设置一个 config_object，在此 *object* 中设置一个事件，如 rd_reg_event，然后在 *scoreboard* 中触发这个事件，而在 *virtual sequence* 中则要等待这个事件的到来：

代码清单　7-5

```
@p_sequencer.config_object.rd_reg_event;
```

这个事件等到后就启动一个 *sequence*，开始读寄存器。

对于第二个问题，当 *sequence* 读取到寄存器后，可以再通过 6.6.2 节所示的 config_db 传递给参考模型，在参考模型中使用 6.6.3 节所示的 wait_modified 来更新数据。

从上面可以看出这个过程相当麻烦。在一个大的设计中，其寄存器有成百上千个。为了区分这么多的寄存器，又需要许多其他额外的设置。其实，这个读取过程可以使用寄存器模型来实现。如果有了寄存器模型，那么这个过程就可以简化为：

代码清单　7-6

```
task my_model::main_phase(uvm_phase phase);
    ...
    reg_model.INVERT_REG.read(status, value, UVM_FRONTDOOR);
    ...
endtask
```

只要一条语句就可以实现上述复杂的过程。像启动 *sequence* 及将读取结果返回这些事情，都会由寄存器模型来自动完成。

图 7-2 示出了读取寄存器的过程，其中左图为不使用寄存器模型，右图为使用寄存器模型的读取方式。

在没有寄存器模型之前，只能启动 *sequence* 通过前门（FRONTDOOR）访问的方式来读取寄存器，局限较大，在 *scoreboard*（或者其他 *component*）中难以控制。而有了寄存器模型之后，*scoreboard* 只与寄存器模型打交道，无论是发送读的指令还是获取读操作的返回值，都可以由寄存器模型完成。有了寄存器模型后，可以在任何耗费时间的 *phase* 中使用寄存器模型以前门访问或后门（BACKDOOR）访问的方式来读取寄存器的值，同时还能在某些不耗费时间的 *phase*（如 check_phase）中使用后门访问的方式来读取寄存器的值。

前门访问与后门访问是两种寄存器的访问方式。所谓前门访问，指的是通过模拟 cpu 在总线上发出读指令，进行读写操作。在这个过程中，仿真时间（$time 函数得到的时间）是一直往前走的。

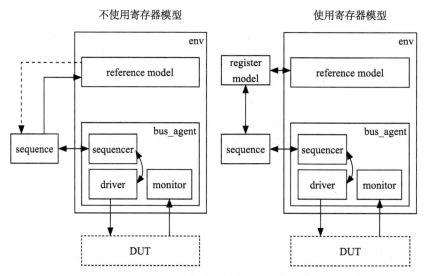

图 7-2　两种寄存器读取方式

而后门访问是与前门访问相对的概念。它并不通过总线进行读写操作，而是直接通过层次化的引用来改变寄存器的值。关于前门访问与后门访问的问题，将会在 7.3 节中详细说明。

另外，寄存器模型还提供一些任务，如 mirror、update，它们可以批量完成寄存器模型与 DUT 中相关寄存器的交互。

可见，UVM 寄存器模型的本质就是重新定义了验证平台与 DUT 的寄存器接口，使验证人员更好地组织及配置寄存器，简化流程、减少工作量。

7.1.3　寄存器模型中的基本概念

uvm_reg_field：这是寄存器模型中的最小单位。什么是 reg_field？假如有一个状态寄存器，它各个位的含义如图 7-3 所示。

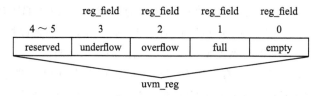

图 7-3　uvm_reg 与 uvm_reg_field 示意

如上的状态寄存器共有四个域，分别是 empty、full、overflow、underflow。这四个域对应寄存器模型中的 uvm_reg_field。名字为 "reserved" 的并不是一个域。

uvm_reg：它比 uvm_reg_field 高一个级别，但是依然是比较小的单位。一个寄存器中至少包含一个 uvm_reg_field。

uvm_reg_block：它是一个比较大的单位，在其中可以加入许多的 uvm_reg，也可以加入其他的 uvm_reg_block。一个寄存器模型中至少包含一个 uvm_reg_block。

uvm_reg_map：每个寄存器在加入寄存器模型时都有其地址，uvm_reg_map 就是存储这些地址，并将其转换成可以访问的物理地址（因为加入寄存器模型中的寄存器地址一般都是偏移地址，而不是绝对地址）。当寄存器模型使用前门访问方式来实现读或写操作时，uvm_reg_map 就会将地址转换成绝对地址，启动一个读或写的 *sequence*，并将读或写的结果返回。在每个 reg_block 内部，至少有一个（通常也只有一个）uvm_reg_map。

7.2 简单的寄存器模型

*7.2.1 只有一个寄存器的寄存器模型

本节为 7.1.1 节所示的 DUT 建立寄存器模型。这个 DUT 非常简单，它只有一个寄存器 invert。要为其建造寄存器模型，首先要从 uvm_reg 派生一个 invert 类：

代码清单　7-7

```
文件: src/ch7/section7.2/reg_model.sv
 4 class reg_invert extends uvm_reg;
 5
 6     rand uvm_reg_field reg_data;
 7
 8     virtual function void build();
 9         reg_data = uvm_reg_field::type_id::create("reg_data");
10         // parameter: parent, size, lsb_pos, access, volatile, reset value,
            has_reset, is_rand, individually accessible
11         reg_data.configure(this, 1, 0, "RW", 1, 0, 1, 1, 0);
12     endfunction
13
14     `uvm_object_utils(reg_invert)
15
16     function new(input string name="reg_invert");
17         //parameter: name, size, has_coverage
18         super.new(name, 16, UVM_NO_COVERAGE);
19     endfunction
20 endclass
```

在 new 函数中，要将 invert 寄存器的宽度作为参数传递给 super.new 函数。这里的宽度并不是指这个寄存器的有效宽度，而是指这个寄存器中总共的位数。如对于一个 16 位的寄存器，其中可能只使用了 8 位，那么这里要填写的是 16，而不是 8。这个数字一般与系统总线的宽度一致。super.new 中另外一个参数是是否要加入覆盖率的支持，这里选择 UVM_NO_COVERAGE，即不支持。

每一个派生自 uvm_reg 的类都有一个 build，这个 build 与 uvm_component 的 build_phase 并不一样，它不会自动执行，而需要手工调用，与 build_phase 相似的是所有的 uvm_reg_field

都在这里实例化。当 reg_data 实例化后，要调用 reg_data.configure 函数来配置这个字段。

configure 的第一个参数就是此域（uvm_reg_field）的父辈，也即此域位于哪个寄存器中，这里当然是填写 this 了。

第二个参数是此域的宽度，由于 DUT 中 invert 的宽度为 1，所以这里为 1。

第三个参数是此域的最低位在整个寄存器中的位置，从 0 开始计数。假如一个寄存器如图 7-4 所示，其低 3 位和高 5 位没有使用，其中只有一个字段，此字段的有效宽度为 8 位，那么在调用 configure 时，第二个参数就要填写 8，第三个参数则要填写 3，因为此 reg_field 是从第 4 位开始的。

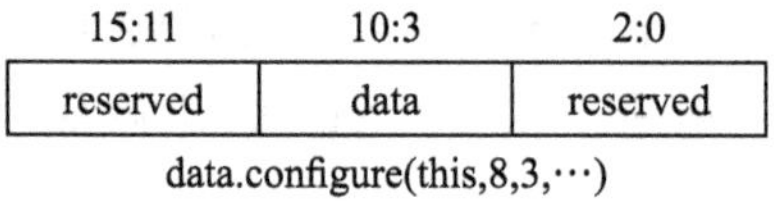

15:11	10:3	2:0
reserved	data	reserved

data.configure(this,8,3,…)

图 7-4 reg_field 的 lsb

第四个参数表示此字段的存取方式。UVM 共支持如下 25 种存取方式：

1）RO：读写此域都无影响。

2）RW：会尽量写入，读取时对此域无影响。

3）RC：写入时无影响，读取时会清零。

4）RS：写入时无影响，读取时会设置所有的位。

5）WRC：尽量写入，读取时会清零。

6）WRS：尽量写入，读取时会设置所有的位。

7）WC：写入时会清零，读取时无影响。

8）WS：写入时会设置所有的位，读取时无影响。

9）WSRC：写入时会设置所有的位，读取时会清零。

10）WCRS：写入时会清零，读取时会设置所有的位。

11）W1C：写 1 清零，写 0 时无影响，读取时无影响。

12）W1S：写 1 设置所有的位，写 0 时无影响，读取时无影响。

13）W1T：写 1 入时会翻转，写 0 时无影响，读取时无影响。

14）W0C：写 0 清零，写 1 时无影响，读取时无影响。

15）W0S：写 0 设置所有的位，写 1 时无影响，读取时无影响。

16）W0T：写 0 入时会翻转，写 1 时无影响，读取时无影响。

17）W1SRC：写 1 设置所有的位，写 0 时无影响，读清零。

18）W1CRS：写 1 清零，写 0 时无影响，读设置所有位。

19）W0SRC：写 0 设置所有的位，写 1 时无影响，读清零。

20）W0CRS：写 0 清零，写 1 时无影响，读设置所有位。

21）WO：尽可能写入，读取时会出错。

22）WOC：写入时清零，读取时出错。

23）WOS：写入时设置所有位，读取时会出错。

24）W1：在复位（reset）后，第一次会尽量写入，其他写入无影响，读取时无影响。

25）WO1：在复位后，第一次会尽量写入，其他的写入无影响，读取时会出错。

事实上，寄存器的种类多种多样，如上 25 种存取方式有时并不能满足用户的需求，这时就需要自定义寄存器的模型。

第五个参数表示是否是易失的（volatile），这个参数一般不会使用。

第六个参数表示此域上电复位后的默认值。

第七个参数表示此域是否有复位，一般的寄存器或者寄存器的域都有上电复位值，因此这里一般也填写 1。

第八个参数表示这个域是否可以随机化。这主要用于对寄存器进行随机写测试，如果选择了 0，那么此域将不会随机化，而一直是复位值，否则将会随机出一个数值来。这一个参数当且仅当第四个参数为 RW、WRC、WRS、WO、W1、WO1 时才有效。

第九个参数表示这个域是否可以单独存取。

定义好此寄存器后，需要在一个由 reg_block 派生的类中将其实例化：

代码清单　7-8

```
文件: src/ch7/section7.2/reg_model.sv
22 class reg_model extends uvm_reg_block;
23    rand reg_invert invert;
24
25    virtual function void build();
26       default_map = create_map("default_map", 0, 2, UVM_BIG_ENDIAN, 0);
27
28       invert = reg_invert::type_id::create("invert", , get_full_name());
29       invert.configure(this, null, "");
30       invert.build();
31       default_map.add_reg(invert, 'h9, "RW");
32    endfunction
33
34    `uvm_object_utils(reg_model)
35
36    function new(input string name="reg_model");
37       super.new(name, UVM_NO_COVERAGE);
38    endfunction
39
40 endclass
```

同 uvm_reg 派生的类一样，每一个由 uvm_reg_block 派生的类也要定义一个 build 函数，一般在此函数中实现所有寄存器的实例化。

一个 uvm_reg_block 中一定要对应一个 uvm_reg_map，系统已经有一个声明好的 default_map，只需要在 build 中将其实例化。这个实例化的过程并不是直接调用 uvm_reg_map 的 new 函数，而是通过调用 uvm_reg_block 的 create_map 来实现，create_map 有众多的参数，其中第一个参数是名字，第二个参数是基地址，第三个参数则是系统总线的宽度，这里的单位是 byte 而不是 bit，第四个参数是大小端，最后一个参数表示是否能够按照 byte 寻址。

随后实例化 invert 并调用 invert.configure 函数。这个函数的主要功能是指定寄存器进行后门访问操作时的路径。其第一个参数是此寄存器所在 uvm_reg_block 的指针,这里填写 this,第二个参数是 reg_file 的指针(7.4.2 节将会介绍 reg_file 的概念)这里暂时填写 null,第三个参数是此寄存器的后门访问路径,关于这点请参考 7.3 节,这里暂且为空。当调用完 configure 时,需要手动调用 invert 的 build 函数,将 invert 中的域实例化。

最后一步则是将此寄存器加入 default_map 中。uvm_reg_map 的作用是存储所有寄存器的地址,因此必须将实例化的寄存器加入 default_map 中,否则无法进行前门访问操作。add_reg 函数的第一个参数是要加入的寄存器,第二个参数是寄存器的地址,这里是 16'h9,第三个参数是此寄存器的存取方式。

到此为止,一个简单的寄存器模型已经完成。

回顾一下前面介绍过的寄存器模型中的一些常用概念。uvm_reg_field 是最小的单位,是具体存储寄存器数值的变量,可以直接用这个类。uvm_reg 则是一个"空壳子",或者用专业名词来说,它是一个纯虚类,因此是不能直接使用的,必须由其派生一个新类,在这个新类中至少加入一个 uvm_reg_field,然后这个新类才可以使用。uvm_reg_block 则是用于组织大量 uvm_reg 的一个大容器。打个比方说,uvm_reg 是一个小瓶子,其中必须装上药丸(uvm_reg_field)才有意义,这个装药丸的过程就是定义派生类的过程,而 uvm_reg_block 则是一个大箱子,它中可以放许多小瓶子(uvm_reg),也可以放其他稍微小一点的箱子(uvm_reg_block)。整个寄存器模型就是一个大箱子(uvm_reg_block)。

*7.2.2 将寄存器模型集成到验证平台中

寄存器模型的前门访问方式工作流程如图 7-5 所示,其中图 a 为读操作,图 b 为写操作:

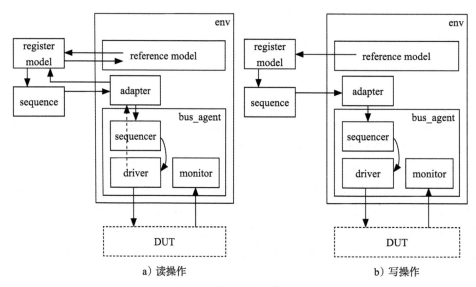

a)读操作   b)写操作

图 7-5　前门访问工作流程

　　寄存器模型的前门访问操作可以分成读和写两种。无论是读或写，寄存器模型都会通过 sequence 产生一个 uvm_reg_bus_op 的变量，此变量中存储着操作类型（读还是写）和操作的地址，如果是写操作，还会有要写入的数据。此变量中的信息要经过一个转换器（adapter）转换后交给 bus_sequencer，随后交给 bus_driver，由 bus_driver 实现最终的前门访问读写操作。因此，必须要定义好一个转换器。如下例为一个简单的转换器的代码：

代码清单 7-9

```
文件：src/ch7/section7.2/my_adapter.sv
 3 class my_adapter extends uvm_reg_adapter;
 4    string tID = get_type_name();
 5
 6    `uvm_object_utils(my_adapter)
 7
 8    function new(string name="my_adapter");
 9       super.new(name);
10    endfunction : new
11
12    function uvm_sequence_item reg2bus(const ref uvm_reg_bus_op rw);
13       bus_transaction tr;
14       tr = new("tr");
15       tr.addr = rw.addr;
16       tr.bus_op = (rw.kind == UVM_READ) ? BUS_RD: BUS_WR;
17       if (tr.bus_op == BUS_WR)
18          tr.wr_data = rw.data;
19       return tr;
20    endfunction : reg2bus
21
22    function void bus2reg(uvm_sequence_item bus_item, ref uvm_reg_bus_op rw);
23       bus_transaction tr;
24       if(!$cast(tr, bus_item)) begin
25          `uvm_fatal(tID,
26             "Provided bus_item is not of the correct type. Expecting bus_trans
             action")
27          return;
28       end
29       rw.kind = (tr.bus_op == BUS_RD) ? UVM_READ : UVM_WRITE;
30       rw.addr = tr.addr;
31       rw.byte_en = 'h3;
32       rw.data = (tr.bus_op == BUS_RD) ? tr.rd_data : tr.wr_data;
33       rw.status = UVM_IS_OK;
34    endfunction : bus2reg
35
36 endclass : my_adapter
```

　　一个转换器要定义好两个函数，一是 reg2bus，其作用为将寄存器模型通过 *sequence* 发出的 uvm_reg_bus_op 型的变量转换成 bus_sequencer 能够接受的形式，二是 bus2reg，其作用为当监测到总线上有操作时，它将收集来的 *transaction* 转换成寄存器模型能够接受的形式，以便寄存器模型能够更新相应的寄存器的值。

说到这里，不得不考虑寄存器模型发起的读操作的数值是如何返回给寄存器模型的？由于总线的特殊性，bus_driver 在驱动总线进行读操作时，它也能顺便获取要读的数值，如果它将此值放入从 bus_sequencer 获得的 bus_transaction 中时，那么 bus_transaction 中就会有读取的值，此值经过 adapter 的 bus2reg 函数的传递，最终被寄存器模型获取，这个过程如图 7-5a 所示。由于并没有实际的 *transaction* 的传递，所以从 *driver* 到 adapter 使用了虚线。

转换器写好之后，就可以在 base_test 中加入寄存器模型了：

代码清单　7-10

```
文件: src/ch7/section7.2/base_test.sv
 4 class base_test extends uvm_test;
 5
 6     my_env          env;
 7     my_vsqr         v_sqr;
 8     reg_model       rm;
 9     my_adapter      reg_sqr_adapter;
...
19 endclass
20
21
22 function void base_test::build_phase(uvm_phase phase);
23     super.build_phase(phase);
24     env = my_env::type_id::create("env", this);
25     v_sqr = my_vsqr::type_id::create("v_sqr", this);
26     rm = reg_model::type_id::create("rm", this);
27     rm.configure(null, "");
28     rm.build();
29     rm.lock_model();
30     rm.reset();
31     reg_sqr_adapter = new("reg_sqr_adapter");
32     env.p_rm = this.rm;
33 endfunction
34
35 function void base_test::connect_phase(uvm_phase phase);
36     super.connect_phase(phase);
37     v_sqr.p_my_sqr = env.i_agt.sqr;
38     v_sqr.p_bus_sqr = env.bus_agt.sqr;
39     v_sqr.p_rm = this.rm;
40     rm.default_map.set_sequencer(env.bus_agt.sqr, reg_sqr_adapter);
41     rm.default_map.set_auto_predict(1);
42 endfunction
```

要将一个寄存器模型集成到 base_test 中，那么至少需要在 base_test 中定义两个成员变量，一是 reg_model，另外一个就是 reg_sqr_adapter。将所有用到的类在 build_phase 中实例化。在实例化后 reg_model 还要做四件事：第一是调用 configure 函数，其第一个参数是 parent block，由于是最顶层的 reg_block，因此填写 null，第二个参数是后门访问路径，请参考 7.3 节，这里传入一个空的字符串。第二是调用 build 函数，将所有的寄存器实例化。第三是调用 lock_model 函数，调用此函数后，reg_model 中就不能再加入新的寄存器了。第四是调用 reset 函数，如果不调用此函数，那么 reg_model 中所有寄存器的值都是 0，调用此函数后，所有寄存器的值都将变为设置的复位值。

　　寄存器模型的前门访问操作最终都将由 uvm_reg_map 完成，因此在 connect_phase 中，需要将转换器和 bus_sequencer 通过 set_sequencer 函数告知 reg_model 的 default_map，并将 default_map 设置为自动预测状态。

*7.2.3　在验证平台中使用寄存器模型

　　当一个寄存器模型被建立好后，可以在 *sequence* 和其他 *component* 中使用。以在参考模型中使用为例，需要在参考模型中有一个寄存器模型的指针：

代码清单　7-11

```
文件: src/ch7/section7.2/my_model.sv
 4 class my_model extends uvm_component;
...
 9   reg_model p_rm;
...
16 endclass
```

　　在代码清单 7-10 中已经为 *env* 的 p_rm 赋值，因此只需要在 *env* 中将 p_rm 传递给参考模型即可：

代码清单　7-12

```
文件: src/ch7/section7.2/my_env.sv
43 function void my_env::connect_phase(uvm_phase phase);
...
51   mdl.p_rm = this.p_rm;
52 endfunction
```

　　对于寄存器，寄存器模型提供了两个基本的任务：read 和 write。若要在参考模型中读取寄存器，使用 read 任务：

代码清单　7-13

```
文件: src/ch7/section7.2/my_model.sv
37 task my_model::main_phase(uvm_phase phase);
38   my_transaction tr;
39   my_transaction new_tr;
40   uvm_status_e status;
41   uvm_reg_data_t value;
42   super.main_phase(phase);
43   p_rm.invert.read(status, value, UVM_FRONTDOOR);
44   while(1) begin
45     port.get(tr);
46     new_tr = new("new_tr");
```

```
47        new_tr.copy(tr);
48        //`uvm_info("my_model", "get one transaction, copy and print it:", UV
          M_LOW)
49        //new_tr.print();
50        if(value)
51            invert_tr(new_tr);
52        ap.write(new_tr);
53    end
54 endtask
```

read 任务的原型如下所示：

代码清单　7-14

```
来源：UVM 源代码
    extern virtual task read(output uvm_status_e      status,
                        output uvm_reg_data_t     value,
                        input  uvm_path_e         path = UVM_DEFAULT_PATH,
                        input  uvm_reg_map        map = null,
                        input  uvm_sequence_base  parent = null,
                        input  int                prior = -1,
                        input  uvm_object         extension = null,
                        input  string             fname = "",
                        input  int                lineno = 0);
```

它有多个参数，常用的是其前三个参数。其中第一个是 uvm_status_e 型的变量，这是一个输出，用于表明读操作是否成功；第二个是读取的数值，也是一个输出；第三个是读取的方式，可选 UVM_FRONTDOOR 和 UVM_BACKDOOR。

由于参考模型一般不会写寄存器，因此对于 write 任务，以在 *virtual sequence* 进行写操作为例说明。在 *sequence* 中使用寄存器模型，通常通过 p_sequencer 的形式引用。需要首先在 *sequencer* 中有一个寄存器模型的指针，代码清单 7-10 中已经为 v_sqr.p_rm 赋值了。因此可以直接以如下方式进行写操作：

代码清单　7-15

```
文件：src/ch7/section7.2/my_case0.sv
19 class case0_cfg_vseq extends uvm_sequence;
...
28    virtual task body();
29        uvm_status_e    status;
30        uvm_reg_data_t value;
...
35        p_sequencer.p_rm.invert.write(status, 1, UVM_FRONTDOOR);
...
40    endtask
41
42 endclass
```

write 任务的原型为：

代码清单　7-16

```
来源：UVM 源代码
   extern virtual task write(output uvm_status_e       status,
                             input  uvm_reg_data_t     value,
                             input  uvm_path_e         path = UVM_DEFAULT_PATH,
                             input  uvm_reg_map        map = null,
                             input  uvm_sequence_base  parent = null,
                             input  int                prior = -1,
                             input  uvm_object         extension = null,
                             input  string             fname = "",
                             input  int                lineno = 0);
```

　　它的参数也有很多个，但是与 read 类似，常用的也只有前三个。其中第一个为 uvm_status_e 型的变量，这是一个输出，用于表明写操作是否成功。第二个要写的值，是一个输入，第三个是写操作的方式，可选 UVM_FRONTDOOR 和 UVM_BACKDOOR。

　　寄存器模型对 *sequence* 的 *transaction* 类型没有任何要求。因此，可以在一个发送 my_transaction 的 *sequence* 中使用寄存器模型对寄存器进行读写操作。

7.3　后门访问与前门访问

*7.3.1　UVM 中前门访问的实现

　　所谓前门访问操作就是通过寄存器配置总线（如 APB 协议、OCP 协议、I^{2}C 协议等）来对 DUT 进行操作。无论在任何总线协议中，前门访问操作只有两种：读操作和写操作。前门访问操作是比较正统的用法。对一块实际焊接在电路板上正常工作的芯片来说，此时若要访问其中的某些寄存器，前门访问操作是唯一的方法。

　　在 7.1.2 节中介绍寄存器模型时曾经讲过，对于参考模型来说，最大的问题是如何在其中启动一个 *sequence*，当时列举了全局变量和 config_db 的两种方式。除了这两种方式之外，如果能够在参考模型中得到一个 *sequencer* 的指针，也可以在此 *sequencer* 上启动一个 *sequence*。这通常比较容易实现，只要在其中设置一个 p_sqr 的变量，并在 *env* 中将 *sequencer* 的指针赋值给此变量即可。

　　接下来的关键就是分别写一个读写的 *sequence*：

代码清单　7-17

```
文件：src/ch7/section7.2/7.3.1/reg_access_sequence.sv
 4 class reg_access_sequence extends uvm_sequence#(bus_transaction);
 5    string tID = get_type_name();
 6
 7    bit[15:0] addr;
 8    bit[15:0] rdata;
 9    bit[15:0] wdata;
10    bit       is_wr;
```

```
...
17    virtual task body();
18       bus_transaction tr;
19       tr = new("tr");
20       tr.addr = this.addr;
21       tr.wr_data = this.wdata;
22       tr.bus_op = (is_wr ? BUS_WR : BUS_RD);
23       `uvm_info(tID, $sformatf("begin to access register: is_wr = %0d, addr
         = %0h", is_wr, addr), UVM_MEDIUM)
24       `uvm_send(tr)
25       `uvm_info(tID, "successfull access register", UVM_MEDIUM)
26       this.rdata = tr.rd_data;
27    endtask
28 endclass
```

之后，在参考模型中使用如下的方式来进行读操作：

代码清单 7-18

```
文件: src/ch7/section7.2/7.3.1/my_model.sv
37 task my_model::main_phase(uvm_phase phase);
...
40    reg_access_sequence reg_seq;
41    super.main_phase(phase);
42    reg_seq = new("reg_seq");
43    reg_seq.addr = 16'h9;
44    reg_seq.is_wr = 0;
45    reg_seq.start(p_sqr);
46    while(1) begin
...
52       if(reg_seq.rdata)
53          invert_tr(new_tr);
54       ap.write(new_tr);
55    end
56 endtask
```

sequence 是自动执行的，但是在其执行完毕后（body 及 post_body 调用完成），为此 sequence 分配的内存依然是有效的，所以可以使用 reg_seq 继续引用此 sequence。上述读操作正是用到了这一点。

对 UVM 来说，其在寄存器模型中使用的方式也与此类似。上述操作方式的关键是在参考模型中有一个 sequencer 的指针，而在寄存器模型中也有一个这样的指针，它就是 7.2.2 节中，在 base_test 的 connect_phase 为 default map 设置的 sequencer 指针。

当然，对于 UVM 来说，它是一种通用的验证方法学，所以要能够处理各种 transaction 类型。幸运的是，这些要处理的 transaction 都非常相似，在综合了它们的特征后，UVM 内建了一种 transaction：uvm_reg_item。通过 adapter 的 bus2reg 及 reg2bus，可以实现 uvm_reg_item 与目标 transaction 的转换。以读操作为例，其完整的流程为：

❑ 参考模型调用寄存器模型的读任务。

- 寄存器模型产生 *sequence*，并产生 uvm_reg_item：rw。
- 产生 *driver* 能够接受的 *transaction*：bus_req=adapter.reg2bus（rw）。
- 把 bus_req 交给 bus_sequencer。
- *driver* 得到 bus_req 后驱动它，得到读取的值，并将读取值放入 bus_req 中，调用 item_done。
- 寄存器模型调用 adapter.bus2reg（bus_req, rw）将 bus_req 中的读取值传递给 rw。
- 将 rw 中的读数据返回参考模型。

在 6.7.2 节中介绍 *sequence* 的应答机制时提到过，如果 *driver* 一直发送应答而 *sequence* 不收集应答，那么将会导致 *sequencer* 的应答队列溢出。UVM 考虑到这种情况，在 adapter 中设置了 provide_responses 选项：

代码清单 7-19

```
来源：UVM 源代码
virtual class uvm_reg_adapter extends uvm_object;
…
  bit provides_responses;
…
endclass
```

在设置了此选项后，寄存器模型在调用 bus2reg 将目标 *transaction* 转换成 uvm_reg_item 时，其传入的参数是 rsp，而不是 req。使用应答机制的操作流程为：

- 参考模型调用寄存器模型的读任务。
- 寄存器模型产生 *sequence*，并产生 uvm_reg_item：rw。
- 产生 *driver* 能够接受的 *transaction*：bus_req=adapter.reg2bus（rw）。
- 将 bus_req 交给 bus_sequencer。
- driver 得到 bus_req，驱动它，得到读取的值，并将读取值放入 rsp 中，调用 item_done。
- 寄存器模型调用 adapter.bus2reg（rsp, rw）将 rsp 中的读取值传递给 rw。
- 将 rw 中的读数据返回参考模型。

7.3.2 后门访问操作的定义

为了讲述后门访问操作，从本节开始，将在 7.1.1 节的 DUT 的基础上引入一个新的 DUT，如附录 B 的代码清单 B-3 所示。这个 DUT 中加入了寄存器 counter。它的功能就是统计 rx_dv 为高电平的时钟数。

在通信系统中，有大量计数器用于统计各种包裹的数量，如超长包、长包、中包、短包、超短包等。这些计数器的一个共同的特点是它们是只读的，DUT 的总线接口无法通过前门访问操作对其进行写操作。除了是只读外，这些寄存器的位宽一般都比较宽，如 32 位、48 位或者 64 位等，它们的位宽超过了设计中对加法器宽度的上限限制。计数器在计数过程中需要使用加法器，对于加法器来说，在同等工艺下，位宽越宽则其时序越差，因此在设计中一般会规定加法器的最大位宽。在上述 DUT 中，加法器的位宽被限制在 16 位。要实现 32 位的 counter 的加法操作，需要使用两个叠加的 16 位加法器。

为 counter 分配 16'h5 和 16'h6 的地址，采用大端格式将高位数据存放在低地址。此计数器是可读的，另外可以对其进行写 1 清 0 操作。如果对其写入其他数值，则不会起作用。

后门访问是与前门访问相对的操作，从广义上来说，所有不通过 DUT 的总线而对 DUT 内部的寄存器或者存储器进行存取的操作都是后门访问操作。如在 top_tb 中可以使用如下方式对 counter 赋初值：

代码清单　7-20

```
文件: src/ch7/section7.3/7.3.2/top_tb.sv
50 initial begin
51    @(posedge rst_n);
52    my_dut.counter = 32'hFFFD;
53 end
```

所有后门访问操作都是不消耗仿真时间（即 $time 打印的时间）而只消耗运行时间的。这是后门访问操作的最大优势。既然有了前门访问操作，那么为什么还需要后门访问操作呢？后门访问操作存在的意义在于：

- ❑ 后门访问操作能够更好地完成前门访问操作所做的事情。后门访问不消耗仿真时间，与前门访问操作相比，它消耗的运行时间要远小于前门访问操作的运行时间。在一个大型芯片的验证中，在其正常工作前需要配置众多的寄存器，配置时间可能要达到一个或几个小时，而如果使用后门访问操作，则时间可能缩短为原来的 1/100。

- ❑ 后门访问操作能够完成前门访问操作不能完成的事情。如在网络通信系统中，计数器通常都是只读的（有一些会附加清零功能），无法对其指定一个非零的初值。而大部分计数器都是多个加法器的叠加，需要测试它们的进位操作。本节 DUT 的 counter 使用了两个叠加的 16 位加法器，需要测试当计数到 32'hFFFF 时能否顺利进位成为 32'h1_0000，这可以通过延长仿真时间来使其计数到 32'hFFFF，这在本节的 DUT 中是可以的，因为计数器每个时钟都加 1。但是在实际应用中，可能要几万个或者更多的时钟才会加 1，因此需要大量的运行时间，如几天。这只是 32 位加法器的情况，如果是 48 位的计数器，情况则会更坏。这种情况下，后门访问操作能够完成前门访问操作完成的事情，给只读的寄存器一个初值。

当然，与前门访问操作相比，后门访问操作也有其劣势。如所有的前门访问操作都可以在波形文件中找到总线信号变化的波形及所有操作的记录。但是后门访问操作则无法在波形文件中找到操作痕迹。其操作记录只能仰仗验证平台编写者在进行后门访问操作时输出的打印信息，这样便增加了调试的难度。

*7.3.3 使用 interface 进行后门访问操作

上一节中提到过在 top_tb 中使用绝对路径对寄存器进行后门访问操作，这需要更改 top_tb.sv 文件，但是这个文件一般是固定的，不会因测试用例的不同而变化，所以这种方式的可操作性不强。在 *driver* 等组件中也可以使用这种绝对路径的方式进行后门访问操作，但强烈建议不要在 *driver* 等验证平台的组件中使用绝对路径。这种方式的可移植性不强。

如果想在 *driver* 或 *monitor* 中使用后门访问，一种方法是使用接口。可以新建一个后门 *interface*：

代码清单 7-21

```
文件: src/ch7/section7.3/7.3.3/backdoor_if.sv
  4 interface backdoor_if(input clk, input rst_n);
  5
  6     function void poke_counter(input bit[31:0] value);
  7         top_tb.my_dut.counter = value;
  8     endfunction
  9
 10     function void peek_counter(output bit[31:0] value);
 11         value = top_tb.my_dut.counter;
 12     endfunction
 13 endinterface
```

poke_counter 为后门写，而 peek_counter 为后门读。在测试用例（或者 drvier、scoreboard）中，若要对寄存器赋初值可以直接调用此函数：

代码清单 7-22

```
文件: src/ch7/section7.3/7.3.3/my_case0.sv
103 task my_case0::configure_phase(uvm_phase phase);
104     phase.raise_objection(this);
105     @(posedge vif.rst_n);
106     vif.poke_counter(32'hFFFD);
107     phase.drop_objection(this);
108 endtask
```

如果有 n 个寄存器，那么需要写 n 个 poke 函数，同时如果有读取要求的话，还要写 n 个 peek 函数，这限制了其使用，且此文件完全没有任何移植性。

这种方式在实际中是有应用的，它适用于不想使用寄存器模型提供的后门访问或者根本不想建立寄存器模型，同时又必须要对 DUT 中的一个寄存器或一块存储器（memory）进行后门访问操作的情况。

7.3.4 UVM 中后门访问操作的实现：DPI+VPI

在 7.3.2 节和 7.3.3 节提供了两种广义的后门访问方式，它们的共同点即都是在 SystemVerilog 中实现的。但是在实际的验证平台中，还有在 C/C++ 代码中对 DUT 中的寄存器进行读写的需求。Verilog 提供 VPI 接口，可以将 DUT 的层次结构开放给外部的 C/C++ 代码。

常用的 VPI 接口有如下两个：

代码清单　7-23

```
vpi_get_value(obj, p_value);
vpi_put_value(obj, p_value, p_time, flags);
```

其中 vpi_get_value 用于从 RTL 中得到一个寄存器的值。vpi_put_value 用于将 RTL 中的寄存器设置为某个值。

但是如果单纯地使用 VPI 进行后门访问操作，在 SystemVerilog 与 C/C++ 之间传递参数时将非常麻烦。VPI 是 Verilog 提供的接口，为了调用 C/C++ 中的函数，提供更好的用户体验，SystemVerilog 提供了一种更好的接口：DPI。如果使用 DPI，以读操作为例，在 C/C++ 中定义如下一个函数：

代码清单　7-24

```
来源：UVM 源代码
int uvm_hdl_read(char *path, p_vpi_vecval value);
```

在这个函数中通过最终调用 vpi_get_value 得到寄存器的值。

在 SystemVerilog 中首先需要使用如下的方式将在 C/C++ 中定义的函数导入：

代码清单　7-25

```
来源：UVM 源代码
import "DPI-C" context function int uvm_hdl_read(string path, output uvm_hdl_d
ata_t value);
```

以后就可以在 SystemVerilog 中像普通函数一样调用 uvm_hdl_read 函数了。这种方式比单纯地使用 VPI 的方式简练许多。它可以直接将参数传递给 C/C++ 中的相应函数，省去了单纯使用 VPI 时繁杂的注册系统函数的步骤。

整个过程如图 7-6 所示。

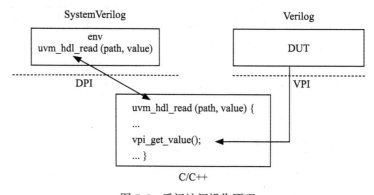

图 7-6　后门访问操作原理

在这种 DPI+VPI 的方式中，要操作的寄存器的路径被抽象成了一个字符串，而不再是一个绝对路径：

代码清单　7-26

```
uvm_hdl_read("top_tb.my_dut.counter", value);
```

与代码清单 7-21 相比，可以发现这种方式的优势：路径被抽象成了一个字符串，从而可以以参数的形式传递，并可以存储，这为建立寄存器模型提供了可能。一个单纯的 Verilog 路径，如 top_tb.my_dut.counter，它是不能被传递的，也是无法存储的。

UVM 中使用 DPI+VPI 的方式来进行后门访问操作，它大体的流程是：

1）在建立寄存器模型时将路径参数设置好。

2）在进行后门访问的写操作时，寄存器模型调用 uvm_hdl_deposit 函数：

代码清单　7-27

```
来源：UVM 源代码
import "DPI-C" context function int uvm_hdl_deposit(string path, uvm_hdl_data_t
value);
```

在 C/C++ 侧，此函数内部会调用 vpi_put_value 函数来对 DUT 中的寄存器进行写操作。

3）进行后门访问的读操作时，调用 uvm_hdl_read 函数，在 C/C++ 侧，此函数内部会调用 vpi_get_value 函数来对 DUT 中的寄存器进行读操作，并将读取值返回。

*7.3.5　UVM 中后门访问操作接口

在掌握 UVM 中后门访问操作的原理后，就可以使用寄存器模型的后门访问功能。要使用这个功能，需要做如下的准备：

在 reg_block 中调用 uvm_reg 的 configure 函数时，设置好第三个路径参数：

代码清单　7-28

```
文件：src/ch7/section7.3/7.3.5/reg_model.sv
58 class reg_model extends uvm_reg_block;
59     rand reg_invert invert;
60     rand reg_counter_high counter_high;
61     rand reg_counter_low counter_low;
62
63     virtual function void build();
...
67         invert.configure(this, null, "invert");
...
71         counter_high.configure(this, null, "counter[31:16]");
...
75         counter_low.configure(this, null, "counter[15:0]");
...
78     endfunction
...
86 endclass
```

由于 counter 是 32bit，占据两个地址，因此在寄存器模型中它是作为两个寄存器存在的。7.4.4 节将会介绍使它们作为一个寄存器的方法。

当上述工作完成后，在将寄存器模型集成到验证平台时，需要设置好根路径 hdl_root：

代码清单　7-29

```
文件: src/ch7/section7.3/7.3.5/base_test.sv
22 function void base_test::build_phase(uvm_phase phase);
...
26    rm = reg_model::type_id::create("rm", this);
27    rm.configure(null, "");
28    rm.build();
29    rm.lock_model();
30    rm.reset();
31    rm.set_hdl_path_root("top_tb.my_dut");
...

34 endfunction
```

UVM 提供两类后门访问的函数：一是 UVM_BACKDOOR 形式的 read 和 write，二是 peek 和 poke。这两类函数的区别是，第一类会在进行操作时模仿 DUT 的行为，第二类则完全不管 DUT 的行为。如对一个只读的寄存器进行写操作，那么第一类由于要模拟 DUT 的只读行为，所以是写不进去的，但是使用第二类可以写进去。

poke 函数用于第二类写操作，其原型为：

代码清单　7-30

```
来源：UVM 源代码
task uvm_reg::poke(output uvm_status_e        status,
                   input  uvm_reg_data_t      value,
                   input  string              kind = "",
                   input  uvm_sequence_base   parent = null,
                   input  uvm_object          extension = null,
                   input  string              fname = "",
                   input  int                 lineno = 0);
```

peek 函数用于第二类的读操作，其原型为：

代码清单　7-31

```
来源：UVM 源代码
task uvm_reg::peek(output uvm_status_e        status,
                   output uvm_reg_data_t      value,
                   input  string              kind = "",
                   input  uvm_sequence_base   parent = null,
                   input  uvm_object          extension = null,
                   input  string              fname = "",
                   input  int                 lineno = 0);
```

无论是 peek 还是 poke，其常用的参数都是前两个。各自的第一个参数表示操作是否成功，第二个参数表示读写的数据。

在 *sequence* 中，可以使用如下的方式来调用这两个任务：

代码清单 7-32

```
文件：src/ch7/section7.3/7.3.5/my_case0.sv
19 class case0_cfg_vseq extends uvm_sequence;
...
28    virtual task body();
...
44        p_sequencer.p_rm.counter_low.poke(status, 16'hFFFD);
...
50        p_sequencer.p_rm.counter_low.peek(status, value);
51        counter[15:0] = value[15:0];
52        p_sequencer.p_rm.counter_high.peek(status, value);
53        counter[31:16] = value[15:0];
54        `uvm_info("case0_cfg_vseq", $sformatf("after poke, counter's value(B
          ACKDOOR) is %0h", counter), UVM_LOW)
...
57    endtask
58
59 endclass
```

7.4 复杂的寄存器模型

*7.4.1 层次化的寄存器模型

7.2 节的例子中的寄存器模型是一个最小、最简单的寄存器模型。在整个实现过程中，只是将一个寄存器加入了 uvm_reg_block 中，并在最后的 *base_test* 中实例化此 reg_block。这个例子之所以这么做是因为只有一个寄存器。在现实应用中，一般会将 uvm_reg_block 再加入一个 uvm_reg_block 中，然后在 *base_test* 中实例化后者。从逻辑关系上看，呈现出的是两级的寄存器模型，如图 7-7 所示。

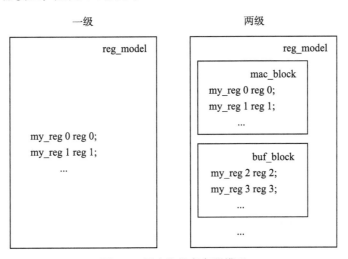

图 7-7 层次化的寄存器模型

一般的，只会在第一级的 uvm_reg_block 中加入寄存器，而第二级的 uvm_reg_block 通常只添加 uvm_reg_block。这样从整体上呈现出一个比较清晰的结构。假如一个 DUT 分了三个子模块：用于控制全局的 global 模块、用于缓存数据的 buf 模块、用于接收发送以太网帧的 mac 模块。global 模块寄存器的地址为 0x0000 ～ 0x0FFF，buf 部分的寄存器地址为 0x1000 ～ 0x1FFF，mac 部分的寄存器地址为 0x2000 ～ 0x2FFF，那么可以按照如下方式定义寄存器模型：

代码清单　7-33

```
文件: src/ch7/section7.4/7.4.1/reg_model.sv
 58 class global_blk extends uvm_reg_block;
...
 76 endclass
 77
 78 class buf_blk extends uvm_reg_block;
...
 96 endclass
 97
 98 class mac_blk extends uvm_reg_block;
...
116 endclass
117

118 class reg_model extends uvm_reg_block;
119
120     rand global_blk gb_ins;
121     rand buf_blk    bb_ins;
122     rand mac_blk    mb_ins;
123
124     virtual function void build();
125         default_map = create_map("default_map", 0, 2, UVM_BIG_ENDIAN, 0);
126         gb_ins = global_blk::type_id::create("gb_ins");
127         gb_ins.configure(this, "");
128         gb_ins.build();
129         gb_ins.lock_model();
130         default_map.add_submap(gb_ins.default_map, 16'h0);
131
132         bb_ins = buf_blk::type_id::create("bb_ins");
133         bb_ins.configure(this, "");
134         bb_ins.build();
135         bb_ins.lock_model();
136         default_map.add_submap(bb_ins.default_map, 16'h1000);
137
138         mb_ins = mac_blk::type_id::create("mb_ins");
139         mb_ins.configure(this, "");
140         mb_ins.build();
141         mb_ins.lock_model();
142         default_map.add_submap(mb_ins.default_map, 16'h2000);
143
```

```
144    endfunction
145
146    `uvm_object_utils(reg_model)
147
148    function new(input string name="reg_model");
149        super.new(name, UVM_NO_COVERAGE);
150    endfunction
151
152 endclass
```

要将一个子 reg_block 加入父 reg_block 中，第一步是先实例化子 reg_block。第二步是调用子 reg_block 的 configure 函数。如果需要使用后门访问，则在这个函数中要说明子 reg_block 的路径，这个路径不是绝对路径，而是相对于父 reg_block 来说的路径（简单起见，上述代码中的路径参数设置为空字符串，不能发起后门访问操作）。第三步是调用子 reg_block 的 build 函数。第四步是调用子 reg_block 的 lock_model 函数。第五步则是将子 reg_block 的 default_map 以子 map 的形式加入父 reg_block 的 default_map 中。这是可以理解的，因为一般在子 reg_block 中定义寄存器时，给定的都是寄存器的偏移地址，其实际物理地址还要再加上一个基地址。寄存器前门访问的读写操作最终都要通过 default_map 来完成。很显然，子 reg_block 的 default_map 并不知道寄存器的基地址，它只知道寄存器的偏移地址，只有将其加入父 reg_block 的 default_map，并在加入的同时告知子 map 的偏移地址，这样父 reg_block 的 default_map 就可以完成前门访问操作了。

因此，一般将具有同一基地址的寄存器作为整体加入一个 uvm_reg_block 中，而不同的基地址对应不同的 uvm_reg_block。每个 uvm_reg_block 一般都有与其对应的物理地址空间。对于本节介绍的子 reg_block，其里面还可以加入小的 reg_block，这相当于将地址空间再次细化。

*7.4.2 reg_file 的作用

到目前为止，引入了 uvm_reg_field、uvm_reg、uvm_reg_block 的概念，这三者的组合已经能够组成一个可以使用的寄存器模型了。然而，UVM 的寄存器模型中还有一个称为 uvm_reg_file 的概念。这个类的引入主要是用于区分不同的 hdl 路径。

假设有两个寄存器 regA 和 regB，它们的 hdl 路径分别为 top_tb.mac_reg.fileA.regA 和 top_tb.mac_reg.fileB.regB，延续上一节的例子，设 top_tb.mac_reg 下面所有寄存器的基地址为 0x2000，这样，在最顶层的 reg_block 中加入 mac 模块时，其 hdl 路径要写成：

代码清单 7-34

```
mb_ins.configure(this, "mac_reg");
```

相应的，在 mac_blk 的 build 中，要通过如下方式将 regA 和 regB 的路径告知寄存器模型：

代码清单　7-35

```
regA.configure(this, null, "fileA.regA");
...
regB.configure(this, null, "fileB.regB");
```

当 fileA 中的寄存器只有一个 regA 时，这种写法是没有问题的，但是假如 fileA 中有几十个寄存器时，那么很显然，fileA.* 会几十次地出现在这几十个寄存器的 configure 函数里。假如有一天，fileA 的名字忽然变为 filea_inst，那么就需要把这几十行中所有 fileA 替换成 filea_inst，这个过程很容易出错。

为了适应这种情况，在 UVM 的寄存器模型中引入了 uvm_reg_file 的概念。uvm_reg_file 同 uvm_reg 相同是一个纯虚类，不能直接使用，而必须使用其派生类：

代码清单　7-36

```
文件: src/ch7/section7.4/7.4.2/reg_model.sv
 94 class regfile extends uvm_reg_file;
 95    function new(string name = "regfile");
 96       super.new(name);
 97    endfunction
 98
 99    `uvm_object_utils(regfile)
100 endclass
...
142 class mac_blk extends uvm_reg_block;
143
144    rand regfile file_a;
145    rand regfile file_b;
146    rand reg_regA regA;
147    rand reg_regB regB;
148    rand reg_vlan vlan;
149
150    virtual function void build();
151       default_map = create_map("default_map", 0, 2, UVM_BIG_ENDIAN, 0);
152
153       file_a = regfile::type_id::create("file_a", , get_full_name());
154       file_a.configure(this, null, "fileA");
155       file_b = regfile::type_id::create("file_b", , get_full_name());
156       file_b.configure(this, null, "fileB");
...
159       regA.configure(this, file_a, "regA");
...
164       regB.configure(this, file_b, "regB");
...
172    endfunction
...
180 endclass
```

如上所示，先从 uvm_reg_file 派生一个类，然后在 my_blk 中实例化此类，之后调用其 configure 函数，此函数的第一个参数是其所在的 reg_block 的指针，第二个参数是假设此

reg_file 是另外一个 reg_file 的父文件，那么这里就填写其父 reg_file 的指针。由于这里只有这一级 reg_file，因此填写 null。第三个参数则是此 reg_file 的 hdl 路径。当把 reg_file 定义好后，在调用寄存器的 configure 参数时，就可以将其第二个参数设为 reg_file 的指针。

加入 reg_file 的概念后，当 fileA 变为 filea_inst 时，只需要将 file_a 的 configure 参数值改变一下即可，其他则不需要做任何改变。这大大减少了出错的概率。

*7.4.3 多个域的寄存器

前面所有例子中的寄存器都是只有一个域的，如果一个寄存器有多个域时，那么在建立模型时会稍有改变。

设某个寄存器有三个域，其中最低两位为 filedA，接着三位为 filedB，接着四位为 filedC，其余位未使用。

这个寄存器从逻辑上来看是一个寄存器，但是从物理上来看，即它的 DUT 实现中是三个寄存器，因此这一个寄存器实际上对应着三个不同的 hdl 路径：fieldA、fieldB、fieldC。对于这种情况，前面介绍的模型建立方法已经不适用了。

代码清单 7-37

文件: src/ch7/section7.4/7.4.3/reg_model.sv

```
 98 class three_field_reg extends uvm_reg;
 99    rand uvm_reg_field fieldA;
100    rand uvm_reg_field fieldB;
101    rand uvm_reg_field fieldC;
102
103    virtual function void build();
104       fieldA = uvm_reg_field::type_id::create("fieldA");
105       fieldB = uvm_reg_field::type_id::create("fieldB");
106       fieldC = uvm_reg_field::type_id::create("fieldC");
107    endfunction
...
115 endclass
116
117 class mac_blk extends uvm_reg_block;
...
120    rand three_field_reg tf_reg;
121
122    virtual function void build();
...
130       tf_reg = three_field_reg::type_id::create("tf_reg", , get_full_name());
131       tf_reg.configure(this, null, "");
132       tf_reg.build();
133       tf_reg.fieldA.configure(tf_reg, 2, 0, "RW", 1, 0, 1, 1, 1);
134       tf_reg.add_hdl_path_slice("fieldA", 0, 2);
135       tf_reg.fieldB.configure(tf_reg, 3, 2, "RW", 1, 0, 1, 1, 1);
136       tf_reg.add_hdl_path_slice("fieldB", 2, 3);
137       tf_reg.fieldC.configure(tf_reg, 4, 5, "RW", 1, 0, 1, 1, 1);
```

```
138        tf_reg.add_hdl_path_slice("fieldC", 5, 4);
139        default_map.add_reg(tf_reg, 'h41, "RW");
140    endfunction
...
148 endclass
```

这里要先从 uvm_reg 派生一个类，在此类中加入 3 个 uvm_reg_field。在 reg_block 中将此类实例化后，调用 tf_reg.configure 时要注意，最后一个代表 hdl 路径的参数已经变为了空的字符串，在调用 tf_reg.build 之后要调用 tf_reg.fieldA 的 configure 函数。

调用完 fieldA 的 configure 函数后，需要将 fieldA 的 hdl 路径加入 tf_reg 中，此时用到的函数是 add_hdl_path_slice。这个函数的第一个参数是要加入的路径，第二个参数则是此路径对应的域在此寄存器中的起始位数，如 fieldA 是从 0 开始的，而 fieldB 是从 2 开始的，第三个参数则是此路径对应的域的位宽。

上述 fieldA.configure 和 tf_reg.add_hdl_path_slice 其实也可以如 7.2.1 节那样在 three_field_reg 的 build 中被调用。这两者有什么区别呢？如果是在所定义的 uvm_reg 类中调用，那么此 uvm_reg 其实就已经定型了，不能更改了。例如 7.2.1 节中定义了具有一个域的 uvm_reg 派生类，现在假如有一个新的寄存器，它也是只有一个域，但是这个域并不是如 7.2.1 节中那样占了 1bit，而只占据了 8bit，那么此时就需要重新从 uvm_reg 派生一个类，然后再重新定义。如果 7.2.1 节中的 reg_invert 在定义时并没有在其 build 中调用 reg_data 的 configure 函数，那么就不必重新定义。因为没有调用 configure 之前，这个域是不确定的。

*7.4.4　多个地址的寄存器

实际的 DUT 中，有些寄存器会同时占据多个地址。如 7.3.2 节 DUT 中的 counter 是 32bit 的，而系统的数据位宽是 16 位的，所以就占据了两个地址。

在 7.3.5 节中，是以代码清单 7-28 的方式将一个寄存器分割成两个寄存器的方式加入寄存器模型中的。因其每次要读取 counter 的值时，都需要对 counter_low 和 counter_high 各进行一次读取操作，然后再将两次读取的值合成一个 counter 的值，所以这种方式使用起来非常不方便。

UVM 提供另外一种方式，可以使一个寄存器占据多个地址：

代码清单　7-38

```
文件：src/ch7/section7.4/7.4.4/reg_model.sv
22 class reg_counter extends uvm_reg;
23
24     rand uvm_reg_field reg_data;
25
26     virtual function void build();
27         reg_data = uvm_reg_field::type_id::create("reg_data");
28         // parameter: parent, size, lsb_pos, access, volatile, reset value,
           has_reset, is_rand, individually accessible
```

```
29          reg_data.configure(this, 32, 0, "W1C", 1, 0, 1, 1, 0);
30      endfunction
31
32      `uvm_object_utils(reg_counter)
33
34      function new(input string name="reg_counter");
35          //parameter: name, size, has_coverage
36          super.new(name, 32, UVM_NO_COVERAGE);
37      endfunction
38  endclass
39
40  class reg_model extends uvm_reg_block;
41      rand reg_invert invert;
42      rand reg_counter counter;
43
44      virtual function void build();
...
52          counter= reg_counter::type_id::create("counter", , get_full_name());
53          counter.configure(this, null, "counter");
54          counter.build();
55          default_map.add_reg(counter, 'h5, "RW");
56      endfunction
...
64  endclass
```

这种方法相对简单，可以定义一个 reg_counter，并在其构造函数中指明此寄存器的大小为 32 位，此寄存器中只有一个域，此域的宽度也为 32bit，之后在 reg_model 中将其实例化即可。在调用 default_map 的 add_reg 函数时，要指定寄存器的地址，这里只需要指明最小的一个地址即可。这是因为在前面实例化 default_map 时，已经指明了它使用 UVM_LITTLE_ENDIAN 形式，同时总线的宽度为 2byte，即 16bit，UVM 会自动根据这些信息计算出此寄存器占据两个地址。当使用前门访问的形式读写此寄存器时，寄存器模型会进行两次读写操作，即发出两个 *transaction*，这两个 *transaction* 对应的读写操作的地址从 0x05 一直递增到 0x06。

当将 counter 作为一个整体时，可以一次性地访问它：

代码清单 7-39

```
文件: src/ch7/section7.4/7.4.4/my_case0.sv
19  class case0_cfg_vseq extends uvm_sequence;
...
28      virtual task body();
...
38          p_sequencer.p_rm.counter.read(status, value, UVM_FRONTDOOR);
39          `uvm_info("case0_cfg_vseq", $sformatf("counter's initial value(FRONT
            DOOR) is %0h", value), UVM_LOW)
40          p_sequencer.p_rm.counter.poke(status, 32'h1FFFD);
41          p_sequencer.p_rm.counter.read(status, value, UVM_FRONTDOOR);
42          `uvm_info("case0_cfg_vseq", $sformatf("after poke, counter's value(F
```

```
        RONTDOOR) is %0h", value), UVM_LOW)
43      p_sequencer.p_rm.counter.peek(status, value);
44      `uvm_info("case0_cfg_vseq", $sformatf("after poke, counter's value(B
        ACKDOOR) is %0h", value), UVM_LOW)
...
47  endtask
48
49 endclass
```

*7.4.5 加入存储器

除了寄存器外，DUT 中还存在大量的存储器。这些存储器有些被分配了地址空间，有些没有。验证人员有时需要在仿真过程中得到存放在这些存储器中数据的值，从而与期望的值比较并给出结果。

例如，一个 DUT 的功能是接收一种数据，它经过一些相当复杂的处理（操作 A）后将数据存储在存储器中，这块存储器是 DUT 内部的存储器，并没有为其分配地址。当存储器中的数据达到一定量时，将它们读出，并再另外做一些复杂处理（如封装成另外一种形式的帧，操作 B）后发送出去。在验证平台中如果只是将 DUT 输出接口的数据与期望值相比较，当数据不匹配情况出现时，则无法确定问题是出在操作 A 还是操作 B 中，如图 7-8a 所示。此时，如果在输出接口之前再增加一级比较，就可以快速地定位问题所在了，如图 7-8b 所示。

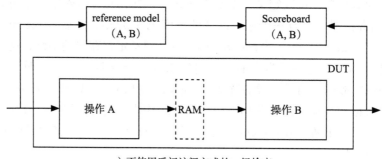

a) 不使用后门访问方式的一级检查

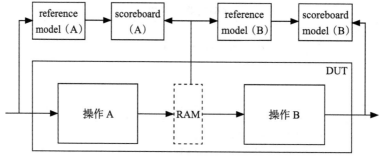

b) 使用后门访问方式的两级检查

图 7-8 一级检查与两级检查

　　要在寄存器模型中加入存储器非常容易。在一个 16 位的系统中加入一块 1024×16（深度为 1024，宽度为 16）的存储器的代码如下：

代码清单　7-40

```
文件: src/ch7/section7.4/7.4.5/ram1024x16/reg_model.sv
40 class my_memory extends uvm_mem;
41    function new(string name="my_memory");
42       super.new(name, 1024, 16);
43    endfunction
44
45    `uvm_object_utils(my_memory)
46 endclass
47
48 class reg_model extends uvm_reg_block;
...
51    rand my_memory mm;
52
53    virtual function void build();
...
66       mm = my_memory::type_id::create("mm", , get_full_name());
67       mm.configure(this, "stat_blk.ram1024x16_inst.array");
68       default_map.add_mem(mm, 'h100);
69    endfunction
...
77 endclass
```

　　首先由 uvm_mem 派生一个类 my_memory，在其 new 函数中调用 super.new 函数。这个函数有三个参数，第一个是名字，第二个是存储器的深度，第三个是宽度。在 reg_model 的 build 函数中，将存储器实例化，调用其 configure 函数，第一个参数是所在 reg_block 的指针，第二个参数是此块存储器的 hdl 路径。最后调用 default_map.add_mem 函数，将此块存储器加入 default_map 中，从而可以对其进行前门访问操作。如果没有对此块存储器分配地址空间，那么这里可以不将其加入 default_map 中。在这种情况下，只能使用后门访问的方式对其进行访问。

　　要对此存储器进行读写，可以通过调用 read、write、peek、poke 实现。相比 uvm_reg 来说，这四个任务 / 函数在调用的时候需要额外加入一个 offset 的参数，说明读取此存储器的哪个地址。

代码清单　7-41

```
来源: UVM 源代码
task uvm_mem::read(output uvm_status_e      status,
                   input  uvm_reg_addr_t    offset,
                   output uvm_reg_data_t    value,
                   input  uvm_path_e        path = UVM_DEFAULT_PATH,
                   ...);
task uvm_mem::write(output uvm_status_e     status,
                    input  uvm_reg_addr_t   offset,
```

```
                     input   uvm_reg_data_t     value,
                     input   uvm_path_e          path = UVM_DEFAULT_PATH,
                     …);
     task uvm_mem::peek(output uvm_status_e      status,
                     input   uvm_reg_addr_t      offset,
                     output  uvm_reg_data_t      value,
                     …);
     task uvm_mem::poke(output uvm_status_e      status,
                     input   uvm_reg_addr_t      offset,
                     input   uvm_reg_data_t      value,
                     …);
```

上面存储器的宽度与系统总线位宽恰好相同。假如存储器的宽度大于系统总线位宽时，情况会略有不同。如在一个 16 位的系统中加入 512×32 的存储器：

代码清单 7-42

文件：src/ch7/section7.4/7.4.5/ram512x32/reg_model.sv
```
40 class my_memory extends uvm_mem;
41    function new(string name="my_memory");
42       super.new(name, 512, 32);
43    endfunction
44
45    `uvm_object_utils(my_memory)
46 endclass
```

在派生 my_memory 时，就要在其 new 函数中指明其宽度为 32bit，在 my_block 中加入此 memory 的方法与前面的相同。很明显，这里加入的存储器的一个单元占据两个物理地址，共占据 1024 个地址。那么当使用 read、write、peek、poke 时，输入的参数 offset 代表实际的物理地址偏移还是某一个存储单元偏移呢？答案是存储单元偏移。在访问这块 512×32 的存储器时，offset 的最大值是 511，而不是 1023。当指定一个 offset，使用前门访问操作读写时，由于一个 offset 对应的是两个物理地址，所以寄存器模型会在总线上进行两次读写操作。

7.5 寄存器模型对 DUT 的模拟

7.5.1 期望值与镜像值

由于 DUT 中寄存器的值可能是实时变更的，寄存器模型并不能实时地知道这种变更，因此，寄存器模型中的寄存器的值有时与 DUT 中相关寄存器的值并不一致。对于任意一个寄存器，寄存器模型中都会有一个专门的变量用于最大可能地与 DUT 保持同步，这个变量在寄存器模型中称为 DUT 的镜像值（mirrored value）。

除了 DUT 的镜像值外，寄存器模型中还有期望值（desired value）。如目前 DUT 中 invert 的值为 'h0，寄存器模型中的镜像值也为 'h0，但是希望向此寄存器中写入一个 'h1，此时一种方法是直接调用前面介绍的 write 任务，将 'h1 写入，期望值与镜像值都更新为 'h1；另外一种方法是通过 set 函数将期望值设置为 'h1（此时镜像值依然为 0），之后调用 update 任务，update 任务会检查期望值和镜像值是否一致，如果不一致，那么将会把期望值写入 DUT 中，并且更新镜像值。

代码清单　7-43

```
文件: src/ch7/section7.5/7.5.1/my_case0.sv
19  class case0_cfg_vseq extends uvm_sequence;
...
28      virtual task body();
...
38          p_sequencer.p_rm.invert.set(16'h1);
39          value = p_sequencer.p_rm.invert.get();
40          `uvm_info("case0_cfg_vseq", $sformatf("invert's desired value is %0h ",
            value), UVM_LOW)
41          value = p_sequencer.p_rm.invert.get_mirrored_value();
42          `uvm_info("case0_cfg_vseq", $sformatf("invert's mirrored value is %0h ",
            value), UVM_LOW)
43          p_sequencer.p_rm.invert.update(status, UVM_FRONTDOOR);
44          value = p_sequencer.p_rm.invert.get();
45          `uvm_info("case0_cfg_vseq", $sformatf("invert's desired value is %0h ",
            value), UVM_LOW)
46          value = p_sequencer.p_rm.invert.get_mirrored_value();
47          `uvm_info("case0_cfg_vseq", $sformatf("invert's mirrored value is %0h ",
            value), UVM_LOW)
48          p_sequencer.p_rm.invert.peek(status, value);
49          `uvm_info("case0_cfg_vseq", $sformatf("invert's actual value is %0h",
            value), UVM_LOW)
50          if(starting_phase != null)
51              starting_phase.drop_objection(this);
52      endtask
```

通过 get 函数可以得到寄存器的期望值，通过 get_mirrored_value 可以得到镜像值。其使用方式分别见上述代码。

对于存储器来说，并不存在期望值和镜像值。寄存器模型不对存储器进行任何模拟。若要得到存储器中某个存储单元的值，只能使用 7.4.5 节中的四种操作。

7.5.2　常用操作及其对期望值和镜像值的影响

read&write 操作：这两个操作在前面已经使用过了。无论通过后门访问还是前门访问的方式从 DUT 中读取或写入寄存器的值，在操作完成后，寄存器模型都会根据读写的结果更新期望值和镜像值（二者相等）。

peek&poke 操作：前文中也讲述过这两个操作的示例。在操作完成后，寄存器模型会根据操作的结果更新期望值和镜像值（二者相等）。

get&set 操作：set 操作会更新期望值，但是镜像值不会改变。get 操作会返回寄存器模型中当前寄存器的期望值。

update 操作：这个操作会检查寄存器的期望值和镜像值是否一致，如果不一致，那么就会将期望值写入 DUT 中，并且更新镜像值，使其与期望值一致。每个由 uvm_reg 派生来的类都会有 update 操作，其使用方式在上一节中已经介绍过。每个由 uvm_reg_block 派生来的类也有 update 操作，它会递归地调用所有加入此 reg_block 的寄存器的 update 任务。

randomize 操作：寄存器模型提供 randomize 接口。randomize 之后，期望值将会变为随机出的数值，镜像值不会改变。但是并不是寄存器模型中所有寄存器都支持此函数。如果不支持，则 randomize 调用后其期望值不变。若要关闭随机化功能，如 7.2.1 节所示，在 reg_invert 的 build 中调用 reg_data.configure 时将其第八个参数设置为 0 即可。一般的，randomize 不会单独使用而是和 update 一起。如在 DUT 上电复位后，需要配置一些寄存器的值。这些寄存器的值通过 randomize 获得，并使用 update 任务配置到 DUT 中。关于 randomize 和 update，请参考 7.7.3 节。

7.6 寄存器模型中一些内建的 sequence

*7.6.1 检查后门访问中 hdl 路径的 sequence

UVM 提供了一系列的 *sequence*，可以用于检查寄存器模型及 DUT 中的寄存器。其中 uvm_reg_mem_hdl_paths_seq 即用于检查 hdl 路径的正确性。这个 *sequence* 的原型为：

代码清单　7-44

```
来源：UVM 源代码
class uvm_reg_mem_hdl_paths_seq extends uvm_reg_sequence #(uvm_sequence #(uvm
_reg_item)
```

这个 sequence 的运行依赖于在基类 uvm_reg_sequence 中定义的一个变量：

代码清单　7-45

```
来源：UVM 源代码
uvm_reg_block model
```

在启动此 *sequence* 时必须给 model 赋值。在任意的 *sequence* 中，可以启动此 *sequence*：

代码清单　7-46

```
文件：src/ch7/section7.6/7.6.1/my_case0.sv
19 class case0_cfg_vseq extends uvm_sequence;
...
28    virtual task body();
..
31        uvm_reg_mem_hdl_paths_seq ckseq;
...
34        ckseq = new("ckseq");
35        ckseq.model = p_sequencer.p_rm;
```

```
36          ckseq.start(null);
...
39      endtask
40
41 endclass
```

在调用这个 *sequence* 的 start 任务时，传入的 *sequencer* 参数为 null。因为它正常工作不依赖于这个 *sequencer*，而依赖于 model 变量。这个 *sequence* 会试图读取 hdl 所指向的寄存器，如果无法读取，则给出错误提示。

由这个 *sequence* 的名字也可以看出，它除了检查寄存器外，还检查存储器。如果某个寄存器 / 存储器在加入寄存器模型时没有指定其 hdl 路径，那么此 *sequence* 在检查时会跳过这个寄存器 / 存储器。

*7.6.2 检查默认值的 sequence

uvm_reg_hw_reset_seq 用于检查上电复位后寄存器模型与 DUT 中寄存器的默认值是否相同，它的原型为：

代码清单 7-47

来源：UVM 源代码
```
class uvm_reg_hw_reset_seq extends uvm_reg_sequence #(uvm_sequence #(uvm_reg_
item));
```

对于 DUT 来说，在复位完成后，其值就是默认值。但是对于寄存器模型来说，如果只是将它集成在验证平台上，而不做任何处理，那么它所有寄存器的值为 0，此时需要调用 reset 函数来使其内寄存器的值变为默认值（复位值）：

代码清单 7-48
```
function void base_test::build_phase(uvm_phase phase);
    ...
    rm = reg_model::type_id::create("rm", this);
    ...
    rm.reset();
    ...
endfunction
```

这个 *sequence* 在其检查前会调用 model 的 reset 函数，所以即使在集成到验证平台时没有调用 reset 函数，这个 *sequence* 也能正常工作。除了复位（reset）外，这个 *sequence* 所做的事情就是使用前门访问的方式读取所有寄存器的值，并将其与寄存器模型中的值比较。这个 *sequence* 在启动时也需要指定其 model 变量。

如果想跳过某个寄存器的检查，可以在启动此 *sequence* 前使用 resource_db 设置不检查此寄存器。resource_db 机制与 config_db 机制的底层实现是一样的，uvm_config_db 类就是从 uvm_resource_db 类派生而来的。由于在寄存器模型的 *sequence* 中，get 操作是通过 resource_db 来进行的，所以这里使用 resource_db 来进行设置：

代码清单 7-49

```
文件: src/ch7/section7.6/7.6.2/my_case0.sv
77 function void my_case0::build_phase(uvm_phase phase);
...
88    uvm_resource_db#(bit)::set({"REG::",rm.invert.get_full_name(),".*"},
89                     "NO_REG_TESTS", 1, this);
...
93 endfunction
```

或者使用:

代码清单 7-50

```
文件: src/ch7/section7.6/7.6.2/my_case0.sv
77 function void my_case0::build_phase(uvm_phase phase);
...
90    uvm_resource_db#(bit)::set({"REG::",rm.invert.get_full_name(),".*"},
91                     "NO_REG_HW_RESET_TEST", 1, this);
92
93 endfunction
```

*7.6.3 检查读写功能的 sequence

UVM 提供两个 *sequence* 分别用于检查寄存器和存储器的读写功能。uvm_reg_access_seq 用于检查寄存器的读写, 它的原型为:

代码清单 7-51

```
来源: UVM 源代码
class uvm_reg_access_seq extends uvm_reg_sequence #(uvm_sequence #(uvm_reg_item))
```

使用此 *sequence* 也需要指定其 model 变量。

这个 *sequence* 会使用前门访问的方式向所有寄存器写数据, 然后使用后门访问的方式读回, 并比较结果。最后把这个过程反过来, 使用后门访问的方式写入数据, 再用前门访问读回。这个 *sequence* 要正常工作必须为所有的寄存器设置好 hdl 路径。

如果要跳过某个寄存器的读写检查, 则可以在启动 *sequence* 前使用如下的两种方式之一进行设置:

代码清单 7-52

```
文件: src/ch7/section7.6/7.6.3/my_case0.sv
81 function void my_case0::build_phase(uvm_phase phase);
...
92    //set for reg access sequence
93    uvm_resource_db#(bit)::set({"REG::",rm.invert.get_full_name(),".*"},
94                     "NO_REG_TESTS", 1, this);
95    uvm_resource_db#(bit)::set({"REG::",rm.invert.get_full_name(),".*"},
96                     "NO_REG_ACCESS_TEST", 1, this);
```

```
 ...
106 endfunction
```

uvm_mem_access_seq 用于检查存储器的读写，它的原型为：

代码清单 7-53

```
来源：UVM 源代码
class uvm_mem_access_seq extends uvm_reg_sequence #(uvm_sequence #(uvm_reg_it
em)
```

启动此 *sequence* 同样需要指定其 model 变量。这个 *sequence* 会通过使用前门访问的方式向所有存储器写数据，然后使用后门访问的方式读回，并比较结果。最后把这个过程反过来，使用后门访问的方式写入数据，再用前门访问读回。这个 *sequence* 要正常工作必须为所有的存储器设置好 HDL 路径。

如果要跳过某块存储器的检查，则可以使用如下的三种方式之一进行设置：

代码清单 7-54

```
文件：src/ch7/section7.6/7.6.3/my_case0.sv
 81 function void my_case0::build_phase(uvm_phase phase);
 ...
 98     //set for mem access sequence
 99     uvm_resource_db#(bit)::set({"REG::",rm.get_full_name(),".*"},
100                               "NO_REG_TESTS", 1, this);
101     uvm_resource_db#(bit)::set({"REG::",rm.get_full_name(),".*"},
102                               "NO_MEM_TESTS", 1, this);
103     uvm_resource_db#(bit)::set({"REG::",rm.invert.get_full_name(),".*"},
104                               "NO_MEM_ACCESS_TEST", 1, this);
105
106 endfunction
```

7.7 寄存器模型的高级用法

*7.7.1 使用 reg_predictor

在 7.2.2 节讲述读操作的返回值时，介绍了图 7-9 中的左图的方式，这种方式要依赖于 *driver*。当 *driver* 将读取值返回后，寄存器模型会更新寄存器的镜像值和期望值。这个功能被称为寄存器模型的 auto predict 功能。在建立寄存器模型时使用如下的语句打开此功能：

代码清单 7-55

```
rm.default_map.set_auto_predict(1);
```

除了左图使用 *driver* 的返回值更新寄存器模型外，还存在另外一种形式，如图 7-9 中的右图所示。在这种形式中，是由 *monitor* 将从总线上收集到的 *transaction* 交给寄存器模型，后者更新相应寄存器的值。

要使用这种方式更新数据，需要实例化一个 reg_predictor，并为这个 reg_predictor 实例化一个 adapter：

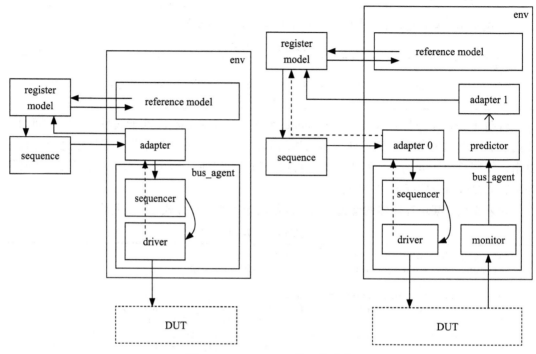

图 7-9   reg_predictor 的工作流程

代码清单   7-56

文件: src/ch7/section7.7/7.7.1/base_test.sv
```
 4 class base_test extends uvm_test;
...
 8    reg_model        rm;
 9    my_adapter       reg_sqr_adapter;
10    my_adapter       mon_reg_adapter;
11
12    uvm_reg_predictor#(bus_transaction) reg_predictor;
...
22 endclass
23
24 function void base_test::build_phase(uvm_phase phase);
...
28    rm = reg_model::type_id::create("rm", this);
29    rm.configure(null, "");
30    rm.build();
31    rm.lock_model();
32    rm.reset();
33    reg_sqr_adapter = new("reg_sqr_adapter");
34    mon_reg_adapter = new("mon_reg_adapter");
35    reg_predictor = new("reg_predictor", this);
36    env.p_rm = this.rm;
```

```
37 endfunction
38
39 function void base_test::connect_phase(uvm_phase phase);
...
44    rm.default_map.set_sequencer(env.bus_agt.sqr, reg_sqr_adapter);
45    rm.default_map.set_auto_predict(1);
46    reg_predictor.map = rm.default_map;
47    reg_predictor.adapter = mon_reg_adapter;
48    env.bus_agt.ap.connect(reg_predictor.bus_in);
49 endfunction
```

在 connect_phase 中，需要将 reg_predictor 和 bus_agt 的 ap 口连接在一起，并设置 reg_predictor 的 adapter 和 map。只有设置了 map 后，才能将 predictor 和寄存器模型关联在一起。

当总线上只有一个主设备（master）时，则图 7-9 的左图和右图是完全等价的。如果有多个主设备，则左图会漏掉某些 *trasaction*。

经过代码清单 7-56 的设置，事实上存在着两条更新寄存器模型的路径：一是图 7-9 右图虚线所示的自动预测途径，二是经由 predictor 的途径。如果要彻底关掉虚线的更新路径，则需要：

代码清单　7-57

```
rm.default_map.set_auto_predict(0);
```

*7.7.2　使用 UVM_PREDICT_DIRECT 功能与 mirror 操作

UVM 提供 mirror 操作，用于读取 DUT 中寄存器的值并将它们更新到寄存器模型中。它的函数原型为：

代码清单　7-58

```
来源：UVM 源代码
task uvm_reg::mirror(output uvm_status_e      status,
                     input   uvm_check_e      check = UVM_NO_CHECK,
                     input   uvm_path_e       path = UVM_DEFAULT_PATH,
                     ...);
```

它有多个参数，但是常用的只有前三个。其中第二个参数指的是如果发现 DUT 中寄存器的值与寄存器模型中的镜像值不一致，那么在更新寄存器模型之前是否给出错误提示。其可选的值为 UVM_CHECK 和 UVM_NO_CHECK。

它有两种应用场景，一是在仿真中不断地调用它，使得到整个寄存器模型的值与 DUT 中寄存器的值保持一致，此时 check 选项是关闭的。二是在仿真即将结束时，检查 DUT 中寄存器的值与寄存器模型中寄存器的镜像值是否一致，这种情况下，check 选项是打开的。

mirror 操作会更新期望值和镜像值。同 update 操作类似，mirror 操作既可以在 uvm_reg 级别被调用，也可以在 uvm_reg_block 级别被调用。当调用一个 uvm_reg_block 的 mirror 时，其实质是调用加入其中的所有寄存器的 mirror。

前文已经说过，在通信系统中存在大量的计数器。当网络出现异常时，借助这些计数器能够快速地找出问题所在，所以必须要保证这些计数器的正确性。一般的，会在仿真即将结束时使用 mirror 操作检查这些计数器的值是否与预期值一致。

在 DUT 中的计数器是不断累加的，但是寄存器模型中的计数器则保持静止。参考模型会不断统计收到了多少包，那么怎么将这些统计数据传递给寄存器模型呢？

前文中介绍的所有的操作都无法完成这个事情，无论是 set，还是 write，或是 poke；无论是后门访问还是前门访问。这个问题的实质是想人为地更新镜像值，但是同时又不要对 DUT 进行任何操作。

UVM 提供 predict 操作来实现这样的功能：

代码清单　7-59

```
来源：UVM 源代码
function bit uvm_reg::predict (uvm_reg_data_t    value,
                               uvm_reg_byte_en_t be = -1,
                               uvm_predict_e    kind = UVM_PREDICT_DIRECT,
                               uvm_path_e       path = UVM_FRONTDOOR,
                               …);
```

其中第一个参数表示要预测的值，第二个参数是 byte_en，默认 −1 的意思是全部有效，第三个参数是预测的类型，第四个参数是后门访问或者是前门访问。第三个参数预测类型有如下几种可以选择：

代码清单　7-60

```
来源：UVM 源代码
   typedef enum {
      UVM_PREDICT_DIRECT,
      UVM_PREDICT_READ,
      UVM_PREDICT_WRITE
   } uvm_predict_e;
```

read/peek 和 write/poke 操作在对 DUT 完成读写后，也会调用此函数，只是它们给出的参数是 UVM_PREDICT_READ 和 UVM_PREDICT_WRITE。要实现在参考模型中更新寄存器模型而又不影响 DUT 的值，需要使用 UVM_PREDICT_DIRECT，即默认值：

代码清单　7-61

```
文件：src/ch7/section7.7/7.7.2/my_model.sv
 37 task my_model::main_phase(uvm_phase phase);
 …
 45     p_rm.invert.read(status, value, UVM_FRONTDOOR);
 46     while(1) begin
 47        port.get(tr);
 …
 52        if(value)
 53           invert_tr(new_tr);
 54        counter = p_rm.counter.get();
```

```
55        length = new_tr.pload.size() + 18;
56        counter = counter + length;
57        p_rm.counter.predict(counter);
58        ap.write(new_tr);
59    end
60 endtask
```

在 my_model 中，每得到一个新的 *transaction*，就先从寄存器模型中得到 counter 的期望值（此时与镜像值一致），之后将新的 *transaction* 的长度加到 counter 中，最后使用 predict 函数将新的 counter 值更新到寄存器模型中。predict 操作会更新镜像值和期望值。

在测试用例中，仿真完成后可以检查 DUT 中 counter 的值是否与寄存器模型中的 counter 值一致：

代码清单　7-62

```
文件: src/ch7/section7.7/7.7.2/my_case0.sv
44 class case0_vseq extends uvm_sequence;
...
53    virtual task body();
...
60        dseq = case0_sequence::type_id::create("dseq");
61        dseq.start(p_sequencer.p_my_sqr);
62        #100000;
63        p_sequencer.p_rm.counter.mirror(status, UVM_CHECK, UVM_FRONTDOOR);
...
69    endtask
70
71 endclass
```

*7.7.3　寄存器模型的随机化与 update

前文中在向 uvm_reg 中加入 uvm_reg_field 时，是将加入的 uvm_reg_field 定义为 rand 类型：

代码清单　7-63

```
class reg_invert extends uvm_reg;
    rand uvm_reg_field reg_data;
...
endclass
```

在将 uvm_reg 加入 uvm_reg_block 中时，同样定义为 rand 类型：

代码清单　7-64

```
class reg_model extends uvm_reg_block;
    rand reg_invert invert;
...
endclass
```

由此可以判断对 register_model 来说，支持 randomize 操作。可以在 uvm_reg_block 级

别调用 randomize 函数，也可以在 uvm_reg 级别，甚至可以在 uvm_reg_field 级别调用：

代码清单　7-65

```
assert(rm.randomize());
assert(rm.invert.randomize());
assert(rm.invert.reg_data.randomize());
```

但是，要使某个 field 能够随机化，只是将其定义为 rand 类型是不够的。在每个 reg_field 加入 uvm_reg 时，要调用其 configure 函数：

代码清单　7-66

```
// parameter: parent, size, lsb_pos, access, volatile, reset value, has_reset,
is_rand, individually accessible
reg_data.configure(this, 1, 0, "RW", 1, 0, 1, 1, 0);
```

这个函数的第八个参数即决定此 field 是否会在 randomize 时被随机化。但是即使此参数为 1，也不一定能够保证此 field 被随机化。当一个 field 的类型中没有写操作时，此参数设置是无效的。换言之，此参数只在此 field 类型为 RW、WRC、WRS、WO、W1、WO1 时才有效。

因此，要避免一个 field 被随机化，可以在以下三种方式中任选其一：

1）当在 uvm_reg 中定义此 field 时，不要设置为 rand 类型。

2）在调用此 field 的 configure 函数时，第八个参数设置为 0。

3）设置此 field 的类型为 RO、RC、RS、WC、WS、W1C、W1S、W1T、W0C、W0S、W0T、W1SRC、W1CRS、W0SRC、W0CRS、WSRC、WCRS、WOC、WOS 中的一种。

其中第一种方式也适用于关闭某个 uvm_reg 或者某个 uvm_reg_block 的 randomize 功能。

既然存在 randomize，那么也可以为它们定义 constraint：

代码清单　7-67

```
class reg_invert extends uvm_reg;
   rand uvm_reg_field reg_data;
   constraint cons{
      reg_data.value == 0;
   }
...
endclass
```

在施加约束时，要深入 reg_field 的 value 变量。

randomize 会更新寄存器模型中的预期值：

代码清单　7-68

```
来源：UVM 源代码
function void uvm_reg_field::post_randomize();
   m_desired = value;
endfunction: post_randomize
```

这与 set 函数类似。因此，可以在 randomize 完成后调用 update 任务，将随机化后的参数更新到 DUT 中。这特别适用于在仿真开始时随机化并配置参数。

7.7.4 扩展位宽

在 7.2.1 节代码清单 7-7 的 new 函数中，调用 super.new 时的第二个参数是 16，这个数字一般表示系统总线的宽度，它可以是 32、64、128 等。但是在寄存器模型中，这个数字的默认最大值是 64，它是通过一个宏来控制的：

代码清单　7-69

```
来源：UVM 源代码
`ifndef UVM_REG_DATA_WIDTH
 `define UVM_REG_DATA_WIDTH 64
`endif
```

如果想要扩展系统总线的位宽，可以通过重新定义这个宏来扩展。

与数据位宽相似的是地址位宽也有默认最大值限制，其默认值也是 64：

代码清单　7-70

```
来源：UVM 源代码
`ifndef UVM_REG_ADDR_WIDTH
 `define UVM_REG_ADDR_WIDTH 64
`endif
```

在默认情况下，字选择信号的位宽等于数据位宽除以 8，它通过如下的宏来控制：

代码清单　7-71

```
来源：UVM 源代码
`ifndef UVM_REG_BYTENABLE_WIDTH
  `define UVM_REG_BYTENABLE_WIDTH ((`UVM_REG_DATA_WIDTH-1)/8+1)
`endif
```

如果想要使用一个其他值，也可以重新定义这个宏。

7.8　寄存器模型的其他常用函数

7.8.1　get_root_blocks

在本章以前的例子中，若某处要使用寄存器模型，则必须将寄存器模型的指针传递过去，如在 *virtual sequence* 中使用，需要传递给 *virtual sequencer*：

代码清单　7-72

```
function void base_test::connect_phase(uvm_phase phase);
   ...
   v_sqr.p_rm = this.rm;
endfunction
```

　　除了这种指针传递的形式外，UVM 还提供其他函数，使得可以在不使用指针传递的情况下得到寄存器模型的指针：

代码清单　7-73

```
来源：UVM 源代码
function void uvm_reg_block::get_root_blocks(ref uvm_reg_block blks[$]);
```

　　get_root_blocks 函数得到验证平台上所有的根块（root block）。根块指最顶层的 reg_block。如 7.4.1 节中的 reg_model 是 root block，但是 global_blk、buf_blk 和 mac_blk 不是。

　　一个 get_root_blocks 函数的使用示例如下：

代码清单　7-74

```
文件: src/ch7/section7.8/7.8.1/my_case0.sv
19 class case0_cfg_vseq extends uvm_sequence;
...
28   virtual task body();
29      uvm_status_e    status;
30      uvm_reg_data_t value;
31      bit[31:0] counter;
32      uvm_reg_block blks[$];
33      reg_model p_rm;
...
36      uvm_reg_block::get_root_blocks(blks);
37      if(blks.size() == 0)
38         `uvm_fatal("case0_cfg_vseq", "can't find root blocks")
39      else begin
40         if(!$cast(p_rm, blks[0]))
41            `uvm_fatal("case0_cfg_vseq", "can't cast to reg_model")
42      end
43
44      p_rm.invert.read(status, value, UVM_FRONTDOOR);
...
67   endtask
68
69 endclass
```

　　在使用 get_root_blocks 函数得到 reg_block 的指针后，要使用 cast 将其转化为目标 reg_block 形式（示例中为 reg_model）。以后就可以直接使用 p_rm 来进行寄存器操作，而不必使用 p_sequencer.p_rm。

7.8.2　get_reg_by_offset 函数

　　在建立了寄存器模型后，可以直接通过层次引用的方式访问寄存器：

代码清单　7-75

```
rm.invert.read(...);
```

　　但是出于某些原因，如果依然要使用地址来访问寄存器模型，那么此时可以使用 get_

reg_by_offset 函数通过寄存器的地址得到一个 uvm_reg 的指针，再调用此 uvm_reg 的 read 或者 write 就可以进行读写操作：

代码清单 7-76

文件: src/ch7/section7.8/7.8.2/my_case0.sv

```
28    virtual task read_reg(input bit[15:0] addr, output bit[15:0] value);
29       uvm_status_e    status;
30       uvm_reg target;
31       uvm_reg_data_t data;
32       uvm_reg_addr_t addrs[];
33       target = p_sequencer.p_rm.default_map.get_reg_by_offset(addr);
34       if(target == null)
35          `uvm_error("case0_cfg_vseq", $sformatf("can't find reg in register
             model with address: 'h%0h", addr))
36       target.read(status, data, UVM_FRONTDOOR);
37       void'(target.get_addresses(null,addrs));
38       if(addrs.size() == 1)
39          value = data[15:0];
40       else begin
41          int index;
42          for(int i = 0; i < addrs.size(); i++) begin
43             if(addrs[i] == addr) begin
44                data = data >> (16*(addrs.size() - i));
45                value = data[15:0];
46                break;
47             end
48          end
49       end
50    endtask
```

通过调用最顶层的 reg_block 的 get_reg_by_offset，即可以得到任一寄存器的指针。如果如 7.4.1 节那样使用了层次的寄存器模型，从最顶层的 reg_block 的 get_reg_by_offset 也可以得到子 reg_block 中的寄存器。即假如 buf_blk 的地址偏移是 'h1000，其中有偏移为 'h3 的寄存器（即此寄存器的实际物理地址是 'h1003），那么可以直接由 p_rm.get_reg_by_offset（'h1003）得到此寄存器，而不必使用 p_rm.buf_blk.get_reg_by_offset（'h3）。

如果没有使用 7.4.4 节所示的多地址寄存器，那么情况比较简单，上述代码会运行第 39 行的分支。当存在多个地址的情况下，通过 get_addresses 函数可以得到这个函数的所有地址，其返回值是一个动态数组 addrs。其中无论是大端还是小端，addrs[0] 是 LSB 对应的地址。即对于 7.3.2 节 DUT 中的 counter（此 DUT 是大端），那么 addrs[0] 中存放的是 'h6。而假如是小端，两个地址分别是 'h1005 和 'h1006，那么 addrs[0] 中存放的是 'h1005。第 41 到 48 行通过比较 addrs 中的地址与目标地址，最终得到要访问的数据。

写寄存器与读操作类似，这里不再列出。

第 8 章
UVM 中的 factory 机制

8.1 SystemVerilog 对重载的支持

*8.1.1 任务与函数的重载

SystemVerilog 是一种面向对象的语言。面向对象语言都有一大特征：重载。当在父类中定义一个函数 / 任务时，如果将其设置为 virtual 类型，那么就可以在子类中重载这个函数 / 任务：

代码清单 8-1

```
文件: src/ch8/section8.1/8.1.1/my_case0.sv
24 class bird extends uvm_object;
25    virtual function void hungry();
26       $display("I am a bird, I am hungry");
27    endfunction
28    function void hungry2();
29       $display("I am a bird, I am hungry2");
30    endfunction
...
36 endclass
37
38 class parrot extends bird;
39    virtual function void hungry();
40       $display("I am a parrot, I am hungry");
41    endfunction
42    function void hungry2();
43       $display("I am a parrot, I am hungry2");
44    endfunction
...
50 endclass
```

上述代码中的 hungry 就是虚函数，它可以被重载。但是 hungry2 不是虚函数，不能被重载。重载的最大优势是使得一个子类的指针以父类的类型传递时，其表现出的行为依然是子类的行为：

代码清单 8-2

文件: src/ch8/section8.1/8.1.1/my_case0.sv

```
62 function void my_case0::print_hungry(bird b_ptr);
63    b_ptr.hungry();
64    b_ptr.hungry2();
65 endfunction
66
67 function void my_case0::build_phase(uvm_phase phase);
68    bird bird_inst;
69    parrot parrot_inst;
70    super.build_phase(phase);
71
72    bird_inst = bird::type_id::create("bird_inst");
73    parrot_inst = parrot::type_id::create("parrot_inst");
74    print_hungry(bird_inst);
75    print_hungry(parrot_inst);
76 endfunction
```

如上所示的 print_hungry 函数，它能接收的函数类型是 bird。所以在第 74 行的第一个调用时，对应第 62 行中 b_ptr 指向的实例是 bird 类型的，b_ptr 本身是 bird 类型的，所以显示的是：

```
"I am a bird, I am hungry"
"I am a bird, I am hungry2"
```

而对于第 75 行的第二个调用，则显示的是：

```
"I am a parrot, I am hungry"
"I am a bird, I am hungry2"
```

在这个调用中，对应第 62 行 b_ptr 指向的实例是 parrot 类型的，而 b_ptr 本身虽然是 parrot 类型的，但是在调用 hungry 函数时，它被隐式地转换成了 bird 类型。hungry 是虚函数，所以即使转换成了 bird 类型，打印出来的还是 parrot。但是 hungry2 不是虚函数，打印出来的就是 bird 了。

这种函数 / 任务重载的功能在 UVM 中得到了大量的应用。其实最典型的莫过于各个 phase。当各个 phase 被调用时，以 build_phase 为例，实际上系统是使用如下的方式调用：

代码清单　8-3

```
c_ptr.build_phase();
```

其中 c_ptr 是 uvm_component 类型的，而不是其他类型，如 my_driver（但是 c_ptr 指向的实例却是 my_driver 类型的）。在一个验证平台中，UVM 树上的结点是各个类型的，UVM 不必理会它们具体是什么类型，统一将它们当作 uvm_component 来对待，这极大方便了管理。

*8.1.2　约束的重载

在测试一个接收 MAC 功能的 DUT 时，有多种异常情况需要测试，如 preamble 错误、

sfd 错误、CRC 错误等。针对这些错误，在 *transaction* 中分别加入标志位：

代码清单   8-4

```
文件: src/ch8/section8.1/8.1.2/rand_mode/my_transaction.sv
 4 class my_transaction extends uvm_sequence_item;
 5
 6    rand bit[47:0] dmac;
 7    rand bit[47:0] smac;
 8    rand bit[15:0] ether_type;
 9    rand byte      pload[];
10    rand bit[31:0] crc;
11
12    rand bit       crc_err;
13    rand bit       sfd_err;
14    rand bit       pre_err;
15
...
40    `uvm_object_utils_begin(my_transaction)
41      `uvm_field_int(dmac, UVM_ALL_ON)
42      `uvm_field_int(smac, UVM_ALL_ON)
43      `uvm_field_int(ether_type, UVM_ALL_ON)
44      `uvm_field_array_int(pload, UVM_ALL_ON)
45      `uvm_field_int(crc, UVM_ALL_ON)
46      `uvm_field_int(crc_err, UVM_ALL_ON | UVM_NOPACK)
47      `uvm_field_int(sfd_err, UVM_ALL_ON | UVM_NOPACK)
48      `uvm_field_int(pre_err, UVM_ALL_ON | UVM_NOPACK)
49    `uvm_object_utils_end
...
55 endclass
```

这些错误都是异常的情况，在大部分测试用例中，它们的值都应该为 0。如果在每次产生 *transaction* 时进行约束会非常麻烦：

代码清单   8-5

```
uvm_do_with(tr, {tr.crc_err == 0; sfd_err == 0; pre_err == 0;})
```

由于它们出现的概率非常低，因此结合 SystemVerilog 中的 dist，在定义 *transaction* 时指定如下的约束：

代码清单   8-6

```
constraint default_cons{
   crc_err dist{0 := 999_999_999, 1 := 1};
   pre_err dist{0 := 999_999_999, 1 := 1};
   sfd_err dist{0 := 999_999_999, 1 := 1};
}
```

上述语句的意思是，在随机化时，crc_err、pre_err 和 sfd_err 只有 1/1_000_000_000 的可能性取值会为 1，其余均为 0。这看似非常令人满意，但是其中最大的问题是其何时取 1、何时取 0 是无法控制的。如果某个测试用例用于测试正常的功能，里面则不能有错误产生，换句话说，crc_err、pre_err 和 sfd_err 的值要一定为 0。上面的 constraint 明显不能满足这种要求，因为虽然只有 1/1_000_000_000 的可能性，但是这种可能性依然存在。在运行特别长的测试用例时，如发送了 1_000_000_000 个包，那么这其中有非常大的可能性会产生一个 crc_err、pre_err 或 sfd_err 值为 1 的包。

要解决上述问题，有两种解决方案。

第一种方式是在定义 *transaction* 时，使用如下的方式定义 constraint：

代码清单　8-7

```
文件: src/ch8/section8.1/8.1.2/rand_mode/my_transaction.sv
  4 class my_transaction extends uvm_sequence_item;
...
 17     constraint crc_err_cons{
 18        crc_err == 1'b0;
 19     }
 20     constraint sfd_err_cons{
 21        sfd_err == 1'b0;
 22     }
 23     constraint pre_err_cons{
 24        pre_err == 1'b0;
 25     }
...
 55 endclass
```

在正常的测试用例中，可以使用如下方式随机化：

代码清单　8-8

```
my_transaction tr;
`uvm_do(tr)
```

在异常的测试用例中，可以使用如下方式随机化：

代码清单　8-9

```
文件: src/ch8/section8.1/8.1.2/rand_mode/my_case0.sv
 10    virtual task body();
...
 14        m_trans = new();
 15        `uvm_info("sequence", "turn off constraint", UVM_MEDIUM)
 16        m_trans.crc_err_cons.constraint_mode(0);
 17        `uvm_rand_send_with(m_trans, {crc_err dist {0 := 2, 1 := 1};})
...
 22     endtask
```

能够使用这种方式的前提是 m_trans 已经实例化。如果不实例化，直接使用 uvm_do 宏：

代码清单　8-10

```
my_transaction m_trans;
m_trans.crc_err_cons.constraint_mode(0);
`uvm_do(m_trans)
```

这样会报空指针的错误。

sfd_err 与 pre_err 的情况也可以使用类似的方式实现。上述语句中只是单独地关闭了某一个约束，也可以使用如下的语句关闭所有的约束：

代码清单   8-11

```
m_trans.constraint_mode(0);
```

在这种情况下，随机化时就需要分别对 crc_err、pre_err 及 sfd_err 进行约束。

第二种方式，SystemVerilog 中一个非常有用的特性是支持约束的重载。因此，依然使用第一种方式中 my_transaction 的定义，在其基础上派生一个新的 *transaction*：

代码清单   8-12

```
文件: src/ch8/section8.1/8.1.2/override/my_case0.sv
  4 class new_transaction extends my_transaction;
  5    `uvm_object_utils(new_transaction)
  6    function  new(string name= "new_transaction");
  7       super.new(name);
  8    endfunction
  9
 10    constraint crc_err_cons{
 11       crc_err dist {0 := 2, 1 := 1};
 12    }
 13 endclass
```

在这个新的 *transaction* 中将 crc_err_cons 重载了。因此，在异常的测试用例中，可以使用如下的方式随机化：

代码清单   8-13

```
文件: src/ch8/section8.1/8.1.2/override/my_case0.sv
 22    virtual task body();
 23       new_transaction ntr;
...
 26       repeat (10) begin
 27          `uvm_do(ntr)
 28          ntr.print();
 29       end
...
 33    endtask
```

8.2   使用 factory 机制进行重载

*8.2.1   factory 机制式的重载

factory 机制最伟大的地方在于其具有重载功能。重载并不是 *factory* 机制的发明，前面已经介绍过的所有面向对象的语言都支持函数 / 任务重载，另外，SystemVerilog 还额外支

持对约束的重载。只是 *factory* 机制的重载与这些重载都不一样。

以 8.1.1 节的代码清单 8-1 和代码清单 8-2 为例，定义好 bird 与 parrot，并在测试用例中调用 print_hungry 函数。只是与 8.1.1 节代码不同的地方在于，其将代码清单 8-2 的 build_phase 中改为如下语句：

代码清单　8-14

```
文件: src/ch8/section8.2/8.2.1/correct/my_case0.sv
67 function void my_case0::build_phase(uvm_phase phase);
...
72    set_type_override_by_type(bird::get_type(), parrot::get_type());
73
74    bird_inst = bird::type_id::create("bird_inst");
75    parrot_inst = parrot::type_id::create("parrot_inst");
76    print_hungry(bird_inst);
77    print_hungry(parrot_inst);
78 endfunction
```

那么运行的结果将会是：

```
"I am a parrot, I am hungry"
"I am a bird, I am hungry2"
"I am a parrot, I am hungry"
"I am a bird, I am hungry2"
```

虽然 print_hungry 接收的是 bird 类型的参数，但是从运行结果可以推测出来，无论是第一次还是第二次调用 print_hungry，传递的都是类型为 bird 但是指向 parrot 的指针。对于第二次调用，可以很好理解，但第一次却使人很难接受。这就是 *factory* 机制的重载功能，其原理如图 8-1 所示。

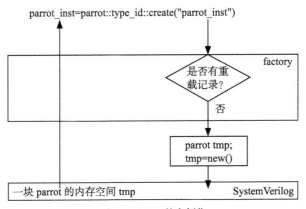

a）parrot_inst 的实例化

图 8-1　*factory* 机制的原理

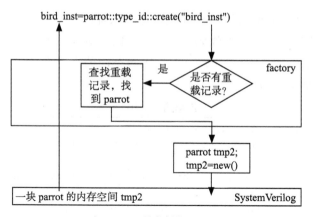

b）bird_inst 的实例化

图 8-1　（续）

　　虽然 bird_inst 在实例化以及传递给 hungry 的过程中，没有过与 parrot 的任何接触，但是它最终指向了一个 parrot 的实例。这是因为 bird_inst 使用了 UVM 的 *factory* 机制式的实例化方式：

代码清单　8-15

```
bird_inst = bird::type_id::create("bird_inst");
```

　　在实例化时，UVM 会通过 *factory* 机制在自己内部的一张表格中查看是否有相关的重载记录。set_type_override_by_type 语句相当于在 *factory* 机制的表格中加入了一条记录。当查到有重载记录时，会使用新的类型来替代旧的类型。所以虽然在 build_phase 中写明创建 bird 的实例，但是最终却创建了 parrot 的实例。

　　使用 *factory* 机制的重载是有前提的，并不是任意的类都可以互相重载。要想使用重载的功能，必须满足以下要求：

❑ 第一，无论是重载的类（parrot）还是被重载的类（bird），都要在定义时注册到 *factory* 机制中。

❑ 第二，被重载的类（bird）在实例化时，要使用 *factory* 机制式的实例化方式，而不能使用传统的 new 方式。

　　如果在这个 bird 与 parrot 的例子中，bird 在实例化时使用下述的方式：

代码清单　8-16

```
bird_inst = new("bird_inst");
```

　　那么上述的重载语句是不会生效的，最终得到的结果与 8.1.1 节完全一样。

❑ 第三，最重要的是，重载的类（parrot）要与被重载的类（bird）有派生关系。重载的类必须派生自被重载的类，被重载的类必须是重载类的父类。

　　如果没有派生关系，假如有 bear 定义如下：

代码清单　8-17

```
文件: src/ch8/section8.2/8.2.1/wrong/my_case0.sv
24 class bear extends uvm_object;
25    virtual function void hungry();
26       $display("I am a bear, I am hungry");
27    endfunction
28    function void hungry2();
29       $display("I am a bear, I am hungry2");
30    endfunction
31
32    `uvm_object_utils(bear)
33    function new(string name = "bear");
34       super.new(name);
35    endfunction
36 endclass
```

在 build_phase 中使用 bear 重载 bird：

代码清单　8-18

```
文件: src/ch8/section8.2/8.2.1/wrong/my_case0.sv
81 function void my_case0::build_phase(uvm_phase phase);
...
86    set_type_override_by_type(bird::get_type(), bear::get_type());
...
92 endfunction
```

则会给出如下错误提示：

```
UVM_FATAL @ 0: reporter [FCTTYP] Factory did not return an object of type 'bird'.
A component of type 'bear' was returned instead. Name=bird_inst Parent=null
contxt=
```

如果重载的类与被重载的类之间有派生关系，但是顺序颠倒了，即重载的类是被重载类的父类，那么也会出错。尝试着以 bird 重载 parrot：

代码清单　8-19

```
set_type_override_by_type(parrot::get_type(), bird::get_type());
```

那么也会给出错误提示：

```
UVM_FATAL @ 0: reporter [FCTTYP] Factory did not return an object of type
'parrot'. A component of type 'bird' was returned instead. Name=parrot_inst
Parent=null contxt=
```

❑ 第四，*component* 与 *object* 之间互相不能重载。虽然 uvm_component 是派生自 uvm_object，但是这两者的血缘关系太远了，远到根本不能重载。从两者的 new 参数的函数就可以看出来，二者互相重载时，多出来的一个 parent 参数会使 *factory* 机制无所适从。

*8.2.2　重载的方式及种类

上节介绍了使用 set_type_override_by_type 函数可以实现两种不同类型之间的重载。这个函数位于 uvm_component 中，其原型是：

代码清单　8-20

来源：UVM 源代码
```
extern static function void set_type_override_by_type
                          (uvm_object_wrapper original_type,
                           uvm_object_wrapper override_type,
                           bit replace=1);
```

这个函数有三个参数，其中第三个参数是 replace，将会在下节讲述这个参数。在实际应用中一般只用前两个参数，第一个参数是被重载的类型，第二个参数是重载的类型。

但是有时候可能并不是希望把验证平台中的 A 类型全部替换成 B 类型，而只是替换其中的某一部分，这种情况就要用到 set_inst_override_by_type 函数。这个函数的原型如下：

代码清单　8-21

来源：UVM 源代码
```
extern function void set_inst_override_by_type(string relative_inst_path,
                                uvm_object_wrapper original_type,
                                uvm_object_wrapper override_type);
```

其中第一个参数是相对路径，第二个参数是被重载的类型，第三个参数是要重载的类型。假设有如下的 *monitor* 定义：

代码清单　8-22

```
文件：src/ch8/section8.2/8.2.2/my_case0.sv
24 class new_monitor extends my_monitor;
25    `uvm_component_utils(new_monitor)
...
30    virtual task main_phase(uvm_phase phase);
31       fork
32          super.main_phase(phase);
33       join_none
34       `uvm_info("new_monitor", "I am new monitor", UVM_MEDIUM)
35    endtask
36 endclass
```

以 3.2.2 节中的 UVM 树为例，要将 env.o_agt.mon 替换成 new_monitor：

代码清单　8-23

```
set_inst_override_by_type("env.o_agt.mon", my_monitor::get_type(), new_monito
r::get_type());
```

经过上述替换后，当运行到 main_phase 时，会输出下列语句：

```
I am new_monitor
```

无论是 set_type_override_by_type 还是 set_inst_override_by_type，它们的参数都是一个 uvm_object_wrapper 型的类型参数，这种参数通过 xxx::get_type() 的形式获得。UVM 还提供了另外一种简单的方法来替换这种晦涩的写法：字符串。

与 set_type_override_by_type 相对的是 set_type_override，它的原型是：

代码清单　8-24

来源：UVM 源代码
```
  extern static function void set_type_override(string original_type_name,
                                                string override_type_name,
                                                bit    replace=1);
```

要使用 parrot 替换 bird，只需要添加如下语句：

代码清单　8-25

```
set_type_override("bird", "parrot")
```

与 set_inst_override_by_type 相对的是 set_inst_override，它的原型是：

代码清单　8-26

来源：UVM 源代码
```
  extern function void set_inst_override(string relative_inst_path,
                                         string original_type_name,
                                         string override_type_name);
```

对于上面使用 new_monitor 重载 my_monitor 的例子，可以使用如下语句：

代码清单　8-27

```
set_inst_override("env.o_agt.mon", "my_monitor", "new_monitor");
```

上述的所有函数都是 uvm_component 的函数，但是如果在一个无法使用 *component* 的地方，如在 top_tb 的 initial 语句里，就无法使用。UVM 提供了另外四个函数来替换上述的四个函数，这四个函数的原型是：

代码清单　8-28

来源：UVM 源代码
```
  extern function
    void set_type_override_by_type (uvm_object_wrapper original_type,
                                    uvm_object_wrapper override_type,
                                    bit replace=1);
  extern function
    void set_inst_override_by_type (uvm_object_wrapper original_type,
                                    uvm_object_wrapper override_type,
                                    string full_inst_path);
  extern function
    void set_type_override_by_name (string original_type_name,
                                    string override_type_name,
                                    bit replace=1);
  extern function
```

```
void set_inst_override_by_name (string original_type_name,
                                string override_type_name,
                                string full_inst_path);
```

这四个函数都位于 uvm_factory 类中，其中第一个函数与 uvm_component 中的同名函数类似，传递的参数相同。第二个对应 uvm_component 中的同名函数，只是其输入参数变了，这里需要输入一个字符串类型的 full_inst_path。这个 full_inst_path 就是要替换的实例中使用 get_full_name() 得到的路径值。第三个与 uvm_component 中的 set_type_override 类似，传递的参数相同。第四个函数对应 uvm_component 中的 set_inst_override，也需要一个 full_inst_path。

如何使用这四个函数呢？系统中存在一个 uvm_factory 类型的全局变量 *factory*。可以在 initial 语句里使用如下的方式调用这四个函数：

代码清单　8-29

```
initial begin
  factory.set_type_override_by_type(bird::get_type(), parrot::get_type());
end
```

在一个 *component* 内也完全可以直接调用 *factory* 机制的重载函数：

代码清单　8-30

```
factory.set_type_override_by_type(bird::get_type(), parrot::get_type());
```

事实上，uvm_component 的四个重载函数直接调用了 *factory* 的相应函数。

除了可以在代码中进行重载外，还可以在命令行中进行重载。对于实例重载和类型重载，分别有各自的命令行参数：

代码清单　8-31

```
<sim command> +uvm_set_inst_override=<req_type>,<override_type>,<full_inst_path>
<sim command> +uvm_set_type_override=<req_type>,<override_type>[,<replace>]
```

这两个命令行参数分别对应于 set_inst_override_by_name 和 set_type_override_by_name。对于实例重载：

代码清单　8-32

```
<sim command> +uvm_set_inst_override="my_monitor,new_monitor,uvm_test_top.en
v.o_agt.mon"
```

对于类型重载：

代码清单　8-33

```
<sim command> +uvm_set_type_override="my_monitor,new_monitor"
```

类型重载的命令行参数中有三个选项，其中最后一个 replace 表示是否可以被后面的重载覆盖。它的含义与代码清单 8-20 中的 replace 一样，将会在下节讲述。

*8.2.3 复杂的重载

8.2.1 节与 8.2.2 节的例子中讲述了简单的重载功能，即只使用一种类型重载另外一种类型。事实上，UVM 支持连续的重载。

依然以 bird 与 parrot 的例子讲述，现在从 parrot 又派生出了一个新的类 big_parrot：

代码清单 8-34

```
文件: src/ch8/section8.2/8.2.3/consecutive/my_case0.sv
52 class big_parrot extends parrot;
53   virtual function void hungry();
54     $display("I am a big_parrot, I am hungry");
55   endfunction
56   function void hungry2();
57     $display("I am a big_parrot, I am hungry2");
58   endfunction
59
60   `uvm_object_utils(big_parrot)
61   function new(string name = "big_parrot");
62     super.new(name);
63   endfunction
64 endclass
```

在 build_phase 中设置如下的连续重载，并调用 print_hungry 函数：

代码清单 8-35

```
文件: src/ch8/section8.2/8.2.3/consecutive/my_case0.sv
81 function void my_case0::build_phase(uvm_phase phase);
82   bird bird_inst;
83   parrot parrot_inst;
84   super.build_phase(phase);
85
86   set_type_override_by_type(bird::get_type(), parrot::get_type());
87   set_type_override_by_type(parrot::get_type(), big_parrot::get_type());
88
89   bird_inst = bird::type_id::create("bird_inst");
90   parrot_inst = parrot::type_id::create("parrot_inst");
91   print_hungry(bird_inst);
92   print_hungry(parrot_inst);
93 endfunction
```

最终输出的都是：

```
# I am a big_parrot, I am hungry
# I am a bird, I am hungry2
```

除了这种连续的重载外，还有一种是替换式的重载。假如从 bird 派生出了新的鸟 sparrow：

代码清单 8-36

文件: src/ch8/section8.2/8.2.3/replace/my_case0.sv

```
52 class sparrow extends bird;
53     virtual function void hungry();
54         $display("I am a sparrow, I am hungry");
55     endfunction
56     function void hungry2();
57         $display("I am a sparrow, I am hungry2");
58     endfunction
59
60     `uvm_object_utils(sparrow)
61     function new(string name = "sparrow");
62         super.new(name);
63     endfunction
64 endclass
```

在 build_phase 中设置如下重载:

代码清单 8-37

文件: src/ch8/section8.2/8.2.3/replace/my_case0.sv

```
81 function void my_case0::build_phase(uvm_phase phase);
82     bird bird_inst;
83     parrot parrot_inst;
84     super.build_phase(phase);
85
86     set_type_override_by_type(bird::get_type(), parrot::get_type());
87     set_type_override_by_type(bird::get_type(), sparrow::get_type());
88
89     bird_inst = bird::type_id::create("bird_inst");
90     parrot_inst = parrot::type_id::create("parrot_inst");
91     print_hungry(bird_inst);
92     print_hungry(parrot_inst);
93 endfunction
```

那么最终的输出结果是:

```
# I am a sparrow, I am hungry
# I am a bird, I am hungry2
# I am a parrot, I am hungry
# I am a bird, I am hungry2
```

这种替换式重载的前提是调用 set_type_override_by_type 时，其第三个 replace 参数被设置为 1（默认情况下即为 1）。如果为 0，那么最终得到的结果将会是:

```
# I am a parrot, I am hungry
# I am a bird, I am hungry2
# I am a parrot, I am hungry
# I am a bird, I am hungry2
```

在创建 bird 的实例时，*factory* 机制查询到两条相关的记录，它并不会在看完第一条记录后即直接创建一个 parrot 的实例，而是最终看完第二条记录后才会创建 sparrow 的实例。由于是在读取完最后的语句后才可以创建实例，所以其实下列的重载方式也是允许的：

代码清单　8-38

```
文件: src/ch8/section8.2/8.2.3/strange/my_case0.sv
81 function void my_case0::build_phase(uvm_phase phase);
82    bird bird_inst;
83    super.build_phase(phase);
84
85    set_type_override_by_type(bird::get_type(), parrot::get_type());
86    set_type_override_by_type(parrot::get_type(), sparrow::get_type(), 0);
87
88    bird_inst = bird::type_id::create("bird_inst");
89    print_hungry(bird_inst);
90 endfunction
```

最终输出的结果是：

```
# I am a sparrow, I am hungry
# I am a bird, I am hungry2
```

代码清单 8-38 中第 86 行的重载语句与在 8.2.1 节中总结的重载四前提中的第三条相违背，sparrow 并没有派生自 parrot，但是依然可以重载 parrot。但是这样使用依然是有条件的，最终创建出的实例是 sparrow 类型的，而最初是 bird 类型的，这两者之间依然有派生关系。代码清单 8-38 与代码清单 8-37 相比，去掉了对 parrot_inst 的实例化。因为在代码清单 8-38 中第 86 行存在的情况下，再实例化一个 parrot_inst 会出错。所以，8.2.1 节中的重载四前提的第三条应该改为：

在有多个重载时，最终重载的类要与最初被重载的类有派生关系。最终重载的类必须派生自最初被重载的类，最初被重载的类必须是最终重载类的父类。

*8.2.4　factory 机制的调试

factory 机制的重载功能很强大，UVM 提供了 print_override_info 函数来输出所有的打印信息，以上节中的 new_monitor 重载 my_monitor 为例：

代码清单　8-39

```
set_inst_override_by_type("env.o_agt.mon", my_monitor::get_type(), new_monitor::get_type());
```

验证平台中仅仅有这一句重载语句，那么调用 print_override_info 函数打印的方式为：

代码清单　8-40

```
文件: src/ch8/section8.2/8.2.4/my_case0.sv
60 function void my_case0::connect_phase(uvm_phase phase);
61    super.connect_phase(phase);
62    env.o_agt.mon.print_override_info("my_monitor");
63 endfunction
```

最终输出的信息为：

```
# Given a request for an object of type 'my_monitor' with an instance
# path of 'uvm_test_top.env.o_agt.mon', the factory encountered
# the following relevant overrides. An 'x' next to a match indicates a
# match that was ignored.
#
#   Original Type   Instance Path                     Override Type
#   -------------   -------------------------         -------------
#   my_monitor      uvm_test_top.env.o_agt.mon        new_monitor
#
# Result:
#
#   The factory will produce an object of type 'new_monitor'
```

这里会明确地列出原始类型和新类型。在调用 print_override_info 时，其输入的类型应该是原始的类型，而不是新的类型。

print_override_info 是一个 uvm_component 的成员函数，它实质上是调用 uvm_factory 的 debug_create_by_name。除了这个函数外，uvm_factory 还有 debug_create_by_type，其原型为：

代码清单　8-41

来源：UVM 源代码

```
extern function
    void debug_create_by_type (uvm_object_wrapper requested_type,
                               string parent_inst_path="",
                               string name="");
```

使用它对 new_monitor 进行调试的代码为：

代码清单　8-42

```
factory.debug_create_by_type(my_monitor::get_type(), "uvm_test_top.env.o_agt.
mon");
```

其输出与使用 print_override_info 相同。

除了上述两个函数外，uvm_factory 还提供 print 函数：

代码清单　8-43

来源：UVM 源代码
```
extern function void print (int all_types=1);
```

这个函数只有一个参数，其取值可能为 0、1 或 2。当为 0 时，仅仅打印被重载的实例和类型，其打印出的信息大体如下：

```
#### Factory Configuration (*)
#
# Instance Overrides:
#
```

```
#   Requested Type   Override Path                Override Type
#   -------------    -------------------------    ------------
#   my_monitor       uvm_test_top.env.o_agt.mon   new_monitor
#
# No type overrides are registered with this factory
```

当为 1 时，打印参数为 0 时的信息，以及所有用户创建的、注册到 factory 的类的名称。当为 2 时，打印参数为 1 时的信息，以及系统创建的、所有注册到 factory 的类的名称（如 uvm_reg_item）。

除了上述这些函数外，还有另外一个重要的工具可以显示出整棵 UVM 树的拓扑结构，这个工具就是 uvm_root 的 print_topology 函数。UVM 树在 build_phase 执行完成后才完全建立完成，因此，这个函数应该在 build_phase 之后调用：

代码清单 8-44

```
uvm_top.print_topology();
```

最终显示的结果（部分）为：

```
----------------------------------------------------------------
Name                        Type            Size  Value
----------------------------------------------------------------
<unnamed>                   uvm_root        -     @158
  uvm_test_top              my_case0        -     @455
    env                     my_env          -     @469
...
    i_agt                   my_agent        -     @481
...
    mon                     my_monitor      -     @822
...
    o_agt                   my_agent        -     @489
    mon                     new_monitor     -     @865
...
```

从这个拓扑结构中可以清晰地看出，env.o_agt.mon 被重载成了 new_monitor 类型。print_topology 这个函数非常有用，即使在不进行 *factory* 机制调试的情况下，也可以通过调用它来显示整个验证平台的拓扑结构是否与自己预期的一致。因此可以把其放在所有测试用例的基类 base_test 中。

8.3 常用的重载

*8.3.1 重载 transaction

在有了 *factory* 机制的重载功能后，构建 CRC 错误的测试用例就多了一种选择。假设有如下的正常 *sequence*，此 *sequence* 被作为某个测试用例的 default_sequence：

代码清单　8-45

```
文件: src/ch8/section8.3/8.3.1/my_case0.sv
 4 class normal_sequence extends uvm_sequence #(my_transaction);
   ...
20    virtual task body();
21        repeat (10) begin
22            `uvm_do(m_trans)
23        end
24        #100;
25    endtask
26
27    `uvm_object_utils(normal_sequence)
28 endclass
```

这里的 my_transaction 使用 8.1.2 节中代码清单 8-7 的定义。现在要构建一个新的测试用例，这是一个异常的测试用例，要测试 CRC 错误的情况。可以从这个 *transaction* 派生一个新的 *transaction*：

代码清单　8-46

```
文件: src/ch8/section8.3/8.3.1/my_case0.sv
31 class crc_err_tr extends my_transaction;
   ...
37    constraint crc_err_cons{
38        crc_err == 1;
39    }
40 endclass
```

如果使用 8.1.2 节代码清单 8-13 的方法，那么需要新建一个 *sequence*，然后将这个 *sequence* 作为新的测试用例的 default_sequence：

代码清单　8-47

```
class abnormal_sequence extends uvm_sequence #(my_transaction);
    crc_err_tr tr;
    virtual task body();
        repeat(10) begin
            `uvm_do(tr)
        end
    endtask
endclass

function void my_case0::build_phase(uvm_phase phase);
    ...
    uvm_config_db#(uvm_object_wrapper)::set(this,
                            "env.i_agt.sqr.main_phase",
                            "default_sequence",
                            abnormal_sequence::type_id::get());
endfunction
```

但是有了 *factory* 机制的重载功能后，可以不用重新写一个 abnormal_sequence，而继续使用 normal_sequence 作为新的测试用例的 default_sequence，只是需要将 my_transaction 使用 crc_err_tr 重载：

代码清单 8-48

```
文件: src/ch8/section8.3/8.3.1/my_case0.sv
52 function void my_case0::build_phase(uvm_phase phase);
53    super.build_phase(phase);
54
55    factory.set_type_override_by_type(my_transaction::get_type(), crc_err_
      tr::get_type());
56    uvm_config_db#(uvm_object_wrapper)::set(this,
57                                 "env.i_agt.sqr.main_phase",
58                                 "default_sequence",
59                                 normal_sequence::type_id::get());
60 endfunction
```

经过这样的重载后，normal_sequence 产生的 *transaction* 就是 CRC 错误的 *transaction*。这比新建一个 CRC 错误的 *sequence* 的方式简练了很多。

*8.3.2 重载 sequence

transaction 可以重载，同样的，*sequence* 也可以重载。上节使用的 *transaction* 重载能工作的前提是约束也可以重载。但是很多人可能并不习惯于这种用法，而习惯于最原始的如 8.1.2 节中代码清单 8-9 的方法。

在其他测试用例中已经定义了如下的两个 *sequence*：

代码清单 8-49

```
文件: src/ch8/section8.3/8.3.2/my_case0.sv
 4 class normal_sequence extends uvm_sequence #(my_transaction);
...
20    virtual task body();
21       `uvm_do(m_trans)
22       m_trans.print();
23    endtask
24
25    `uvm_object_utils(normal_sequence)
26 endclass
27
28 class case_sequence extends uvm_sequence #(my_transaction);
...
43    virtual task body();
44       normal_sequence nseq;
45       repeat(10) begin
46          `uvm_do(nseq)
47       end
48    endtask
49 endclass
```

这里使用了嵌套的 *sequence*。case_sequence 被作为 default_sequence。现在新建一个测试用例时，可以依然将 case_sequence 作为 default_sequence，只需要从 normal_sequence 派生一个异常的 *sequence*：

代码清单　8-50

```
文件: src/ch8/section8.3/8.3.2/my_case0.sv
51 class abnormal_sequence extends normal_sequence;
...
57   virtual task body();
58     m_trans = new("m_trans");
59     m_trans.crc_err_cons.constraint_mode(0);
60     `uvm_rand_send_with(m_trans, {crc_err == 1;})
61     m_trans.print();
62   endtask
63 endclass
```

并且在 build_phase 中将 normal_sequence 使用 abnormal_sequence 重载掉：

代码清单　8-51

```
文件: src/ch8/section8.3/8.3.2/my_case0.sv
76 function void my_case0::build_phase(uvm_phase phase);
...
79   factory.set_type_override_by_type(normal_sequence::get_type(), abnorma l_
      sequence::get_type());
80   uvm_config_db#(uvm_object_wrapper)::set(this,
81                                           "env.i_agt.sqr.main_phase",
82                                           "default_sequence",
83                                           case_sequence::type_id::get());
84 endfunction
```

本节讲述的内容其实与上节的类似，都能实现同样的目的。这就是 UVM 的强大之处，对于同样的事情，它提供多种方式完成，用户可以自由选择。

*8.3.3　重载 component

8.3.1 节和 8.3.2 节分别使用重载 *transaction* 和重载 *sequence* 的方式产生异常的测试用例。其实，还可以使用重载 *driver* 的方式产生。

假设某个测试用例使用 8.3.1 节代码清单 8-45 的 normal_sequence 作为其 default_sequence。这是一个只产生正常 *transaction* 的 *sequence*，使用它构造的测试用例是一个正常的用例。现在假如要产生一个 CRC 错误的测试用例，可以依然使用这个 *sequence* 作为 default_sequence，只是需要定义如下的 *driver*：

代码清单　8-52

```
文件: src/ch8/section8.3/8.3.3/my_case0.sv
31 class crc_driver extends my_driver;
...
```

```
37    virtual function void inject_crc_err(my_transaction tr);
38       tr.crc = $urandom_range(10000000, 0);
39    endfunction
40
41    virtual task main_phase(uvm_phase phase);
42       vif.data <= 8'b0;
43       vif.valid <= 1'b0;
44       while(!vif.rst_n)
45          @(posedge vif.clk);
46       while(1) begin
47          seq_item_port.get_next_item(req);
48          inject_crc_err(req);
49          drive_one_pkt(req);
50          seq_item_port.item_done();
51       end
52    endtask
53 endclass
```

然后在 build phase 中将 my_driver 使用 crc_driver 重载：

代码清单　8-53

```
文件: src/ch8/section8.3/8.3.3/my_case0.sv
65 function void my_case0::build_phase(uvm_phase phase);
...
68    factory.set_type_override_by_type(my_driver::get_type(), crc_driver::g
   et_type());
69    uvm_config_db#(uvm_object_wrapper)::set(this,
70                                   "env.i_agt.sqr.main_phase",
71                                   "default_sequence",
72                                   normal_sequence::type_id::get());
73 endfunction
```

在本节所举的例子中看不出重载 driver 的优势，因为 CRC 错误是一个非常普通的异常测试用例。对于那些特别异常的测试用例，异常到使用 sequence 实现起来非常麻烦的情况，重载 driver 就会显示出其优势。

除了 driver 可以重载外，scoreboard 与参考模型等都可以重载。尤其对于参考模型来说，处理异常的激励源是相当耗时的一件事情。可能对于一个 DUT 来说，其 80% 的代码都是用于处理异常情况，作为模拟 DUT 的参考模型来说，更是如此。如果将所有的异常情况都用一个参考模型实现，那么这个参考模型代码量将会非常大。但是如果将其分散为数十个参考模型，每一个处理一种异常情况，当建立相应异常的测试用例时，将正常的参考模型由它替换掉。这样，可使代码清晰，并增加了可读性。

8.3.4　重载 driver 以实现所有的测试用例

重载 driver 使得一些在 sequence 中比较难实现的测试用例轻易地在 driver 中实现。那么如果放弃 sequence，只使用 factory 机制实现测试用例可能吗？答案确实是可能的。当不

用 *sequence* 时，那么要在 *driver* 中控制发送包的种类、数量，对于 *objection* 的控制又要从 *sequence* 中回到 *driver* 中，恰如 2.2.3 节那样，似乎一切都回到了起点。

但是不推荐这么做：

- 引入 *sequence* 的原因是将数据流产生的功能从 *driver* 中独立出来。取消 *sequence* 相当于一种倒退，会使得 *driver* 的职能不明确，与现代编程中模块化、功能化的趋势不合。

- 虽然用 *driver* 实现某些测试用例比 *sequence* 更加方便，但是对于另外一些测试用例，在 *sequence* 里做起来会比 *driver* 中更加方便。

- *sequence* 的强大之处在于，它可以在一个 *sequence* 中启动另外的 *sequence*，从而可以最大程度地实现不同测试用例之间 *sequence* 的重用。但是对于 *driver* 来说，要实现这样的功能，只能将一些基本的产生激励的函数写在基类 *driver* 中。用户会发现到最后这个 *driver* 的代码量非常恐怖。

- 使用 *virtual sequence* 可以协调、同步不同激励的产生。当放弃 *sequence* 时，在不同的 *driver* 之间完成这样的同步则比较难。

基于以上原因，请不要将所有的测试用例都使用 *driver* 重载实现。只有将 *driver* 的重载与 *sequence* 相结合，才与 UVM 的最初设计初衷相符合，也才能构建起可重用性高的验证平台。完成同样的事情有很多种方式，应综合考虑选择最合理的方式。

8.4　factory 机制的实现

8.4.1　创建一个类的实例的方法

在 2.2.2 节中，UVM 根据 run_test 的参数 my_driver 创建了一个 my_driver 的实例，这是 *factory* 机制的一大功能。

在一般的面向对象的编程语言中，要创建一个类的实例有两种方法，一种是在类的可见的作用范围之内直接创建：

代码清单　8-54

```
class A
  ...
endclass

class B;
  A a;
  function new();
    a = new();
  endfunction
endclass
```

另外一种是使用参数化的类：

代码清单 8-55

```
class parameterized_class # (type T)
   T t;
   function new();
      t = new();
   endfunction
endclass

class A;
   ...
endclass

class B;
   parameterized_classs#(A) pa;
   function new();
      pa = new();
   endfunction
endclass
```

这样 pa 实例化的时候，其内部就创建了一个属于 A 类型的实例 t。但是，如何通过一个字符串来创建一个类？当然了，这里的前提是这个字符串代表一个类的名字。

代码清单 8-56

```
class A;
   ...
endclass

class B;
   string type_string;
   function new();
      type_string = "A";
      //how to create an instance of A according to type_string???
   endfunction
endclass
```

没有任何语言会内建一种如上的机制：即通过一个字符串来创建此字符串所代表的类的一个实例。如果要实现这种功能，需要自己做，*factory* 机制正是用于实现上述功能。

*8.4.2 根据字符串来创建一个类

factory 机制根据字符串创建类的实例是如此强大，那么它是如何实现的呢？要实现这个功能，需要用到参数化的类。假设有如下的类：

代码清单 8-57

```
class registry#(type T=uvm_object, string Tname="");
   T inst;
   string name = Tname;
endclass
```

在定义一个类（如 my_driver）时，同时声明一个相应的 registry 类及其成员变量：

代码清单 8-58

```
class my_driver
  typedef registry#(my_driver, "my_driver") this_type;
  local static this_type me = get();
  static function this_type get();
    if(me != null) begin
     me = new();
     global_tab[me.name] = me;
    end
    return me;
  endfunction
```

向这个 registry 类传递了新定义类的类型及类的名称，并创建了这个 registry 类的一个实例。在创建实例时，把实例的指针和"my_driver"的名字放在一个联合数组 global_tab 中。上述的操作基本就是 uvm_*_utils 宏所实现的功能，只是 uvm_*_utils 宏做得更多、更好。

当要根据类名"my_driver"创建一个 my_driver 的实例时，先从 global_tab 中找到"my_driver"索引对应的 registry#(my_driver, "my_driver") 实例的指针 me_ptr，然后调用 me_ptr.inst = new() 函数，最终返回 me_ptr.inst。整个过程如下：

代码清单 8-59

```
function uvm_component create_component_by_name(string name)
  registry#(uvm_object, "") me_ptr;
  me_ptr = global_tab[name];
  me_ptr.inst = new("uvm_test_top", null);
  return me_ptr.inst;
endfunction
```

基本上使用 *factory* 机制根据类名创建一个类的实例的方式就是这样。真正的 *factory* 机制实现起来会复杂很多，这里只是为了说明而将它们简化到了极致。

8.4.3 用 factory 机制创建实例的接口

factory 机制提供了一系列接口来创建实例。

create_object_by_name，用于根据类名字创建一个 *object*，其原型为：

代码清单 8-60

```
来源：UVM 源代码
function uvm_object uvm_factory::create_object_by_name (string
                                       requested_type_name,
                                  string parent_inst_path="",
                                  string name="");
```

一般只使用第一个参数：

代码清单 8-61

```
my_transaction tr;
void'($cast(tr, factory.create_object_by_name("my_transaction")));
```

create_object_by_type，根据类型创建一个 *object*，其原型为：

代码清单 8-62

来源：UVM 源代码

```
function uvm_object uvm_factory::create_object_by_type (uvm_object_wrapper
                                                requested_type,
                                                string parent_inst_path="",
                                                string name="");
```

一般也只使用第一个参数：

代码清单 8-63

```
my_transaction tr;
void'($cast(tr, factory.create_object_by_type(my_transaction::get_type())));
```

create_component_by_name，根据类名创建一个 *component*，其原型为：

代码清单 8-64

来源：UVM 源代码

```
function uvm_component uvm_factory::create_component_by_name (string
                                                requested_type_name,
                                                string parent_inst_path="",
                                                string name,
                                                uvm_component parent);
```

有四个参数，第一个参数是字符串类型的类名，第二个参数是父结点的全名，第三个参数是为这个新的 *component* 起的名字，第四个参数是父结点的指针。在调用这个函数时，这四个参数都要使用：

代码清单 8-65

```
my_scoreboard scb;
void' ($cast(scb, factory.create_component_by_name("my_transaction", get_full
_name(), "scb", this)));
```

这个函数一般只在一个 *component* 的 new 或者 build_phase 中使用。如果是在一个 *object* 中被调用，则很难确认 parent 参数；如果是在 connect_phase 之后调用，由于 UVM 要求 *component* 在 build_phase 及之前实例化完毕，所以会调用失败。

uvm_component 内部有一个函数是 create_component，就是调用的这个函数：

代码清单 8-66

来源：UVM 源代码

```
function uvm_component uvm_component::create_component (
                                                string requested_type_name,
                                                string name);
```

只有两个参数，factory.create_component_by_name 中剩余的两个参数分别就是 this 和 this.get_full_name()。

create_component_by_type，根据类型创建一个 *component*，其原型为：

代码清单 8-67

```
来源：UVM 源代码
function uvm_component uvm_factory::create_component_by_type (uvm_object_wrap per
                                                requested_type,
                                string parent_inst_path="",

                                string name,
                                uvm_component parent);
```

其参数与 create_component_by_name 类似，也需要四个参数齐全：

代码清单 8-68

```
my_scoreboard scb;
void' ($cast(scb, factory.create_component_by_type(my_transaction::get_type(),
get_full_name(), "scb", this)));
```

8.4.4 factory 机制的本质

在没有 *factory* 机制之前，要创建一个类的实例，只能如 8.4.1 节所示使用 new 函数。

但是有了 *factory* 机制之后，除了使用 new 函数外，还可以根据类名创建这个类的一个实例；另外，还可以在创建类的实例时根据是否有重载记录来决定是创建原始的类，还是创建重载的类的实例。

所以，从本质上来看，*factory* 机制其实是对 SystemVerilog 中 new 函数的重载。因为这个原始的 new 函数实在是太简单了，功能太少了。经过 *factory* 机制的改良之后，进行实例化的方法多了很多。这也体现了 UVM 编写的一个原则，一个好的库应该提供更多方便实用的接口，这种接口一方面是库自己写出来并开放给用户的，另外一方面就是改良语言原始的接口，使得更加方便用户的使用。

第 9 章
UVM 中代码的可重用性

9.1　callback 机制

在 UVM 验证平台中，*callback* 机制的最大用处就是提高验证平台的可重用性。很多情况下，验证人员期望在一个项目中开发的验证平台能够用于另外一个项目。但是，通常来说，完全的重用是比较难实现的，两个不同的项目之间或多或少会有一些差异。如果把两个项目不同的地方使用 *callback* 函数来做，而把相同的地方写成一个完整的 *env*，这样重用时，只要改变相关的 *callback* 函数 *env* 可完全的重用。

除了提高可重用性外，*callback* 机制还用于构建异常的测试用例，VMM 用户会非常熟悉这一点。只是在 UVM 中，构建异常的测试用例有很多种方式，如 *factory* 机制的重载，*callback* 机制只是其中的一种。

9.1.1　广义的 callback 函数

在前文中介绍 my_transaction 时，曾经在其 post_randomize 中调用 calc_crc 函数：

代码清单　9-1

```
function void post_randomize();
    crc = calc_crc;
endfunction
```

my_transaction 的最后一个字段是 CRC 校验信息。假如没有 post_randomize()，那么 CRC 必须在整个 *transaction* 的数据都固定之后才能计算出来。

代码清单　9-2

```
my_transaction tr;
assert(tr.randomize());
tr.crc = tr.calc_crc();
```

执行前两句之后，tr 中的 crc 字段的值是一个随机的值，要将其设置成真正反映这个 *transaction* 数据的 CRC 信息，需要在 randoimize() 之后调用一个 calc_crc，calc_crc 是一个自定义的函数。

调用 calc_crc 的过程有点繁琐，因为每次执行 randomize 函数之后都要调用一次，如果忘记调用，将很可能成为验证平台的一个隐患，非常隐蔽且不容易发现。期望有一种方法能够在执行 randomize 函数之后自动调用 calc_crc 函数。randomize 是 SystemVerilog 提供的一个函数，同时 SystemVerilog 还提供了一个 post_randomize() 函数，当 randomize() 之后，系统会自动调用 post_randomize 函数，像如上的三句话，执行时实际如下：

代码清单　9-3

```
my_transaction tr;
assert(tr.randomize());
tr.post_randomize();
tr.crc=tr.calc_crc();
```

其中 tr.post_randomize 是自动调用的，所以如果能够重载 post_randomize 函数，在其中执行 calc_crc 函数，那么就可以达到目的了：

代码清单　9-4

```
function void my_transaction::post_randomize();
   super.post_randomize();
   crc=this.calc_crc();
endfunction
```

post_randomize 就是 SystemVerilog 提供的一个 callback 函数。这也是最简单的 callback 函数。

post_randomize 的例子似乎与本节引语中提到的 *callback* 机制不同，引语中强调两个项目之间。不过如果将 SystemVerilog 语言的开发过程作为一个项目 A，验证人员使用 SystemVerilog 开发的是项目 B。A 的开发者预料到 B 可能会在 randomize 函数完成后做一些事情，于是 A 给 SystemVerilog 添加了 post_randomize 函数。B 如 A 所料，使用了这个 callback 函数。

post_randomize 函数是 SystemVerilog 提供的广义的 callback 函数。UVM 也为用户提供了广义的 callback 函数 / 任务：pre_body 和 post_body，除此之外还有 pre_do、mid_do 和 post_do。相信很多用户已经从中受益了。

9.1.2　callback 机制的必要性

世界是丰富多彩的，而程序又是固定的。程序的设计者有时不是程序的使用者，所以作为程序的使用者来说，总是希望程序的设计者能够提供一些接口来满足自己的应用需求。作为这两者之间的一个协调，*callback* 机制出现了。如上面所示的例子，如果 SystemVerilog 的设计者一意孤行，他将会只提供 randomize 函数，此函数执行完成之后就完成任务了，不做任何事情。幸运的是，他听取了用户的意见，加入了一个 post_randomize 的 callback 函数，这样可以使用户实现各自的想法。

由上面的例子可以看出，第一，程序的开发者其实是不需要 *callback* 机制的，它完全是由程序的使用者要求的。第二，程序的开发者必须能够准确地获取使用者的需求，知道使用者希望在程序的什么地方提供 callback 函数接口，如果无法获取使用者的需求，那么程序的开发者只能尽可能地预测使用者的需求。

对于 VIP（Verification Intellectual Property）来说，一个很容易预测到的需求是在 *driver* 中，在发送 transaction 之前，用户可能会针对 transaction 做某些动作，因此应该提供一个 pre_tran 的接口，如用户 A 可能在 pre_tran 中将要发送内容的最后 4 个字节设置为发送的包的序号，这样在包出现比对错误时，可以快速地定位，B 用户可能在整个包发送之前先在线路上发送几个特殊的字节，C 用户可能将整个包的长度截去一部分，D 用户……总之不同的用户会有不同的需求。正是 *callback* 机制的存在，满足了这种需求，扩大了 VIP 的应用范围。

除了上述情形外，还存在构建异常测试用例的需求。在前面已经展示过多种构建异常测试用例的方式。如果在 *driver* 中实现测试用例，那么需要使用多个分支来处理这些异常情况。在有 *callback* 机制的情况下，把异常测试用例的代码使用 callback 函数实现，而正常测试用例则正常处理。使用这种方式，可以让 *driver* 的代码看上去非常简洁。在没有 *factory* 机制的重载功能之前，使用 callback 函数构建异常测试用例是最好的实现方式。

9.1.3 UVM 中 callback 机制的原理

9.1.1 节讲述了广义上的 callback 函数。但是 *callback* 这个字眼对于 UVM 来说有其特定的含义。考虑如下的 callback 函数 / 任务：

代码清单   9-5

```
task my_driver::main_phase();
  ...
  while(1) begin
    seq_item_port.get_next_item(req);
    pre_tran(req);
    ...
  end
endtask
```

假设这是一个成熟的 VIP 中的 *driver*，那么考虑如何实现 pre_tran 的 callback 函数 / 任务呢？它应该是 my_driver 的一个函数 / 任务。如果按照上面 post_randomize 的经验，那么应该从 my_driver 派生一个类 new_driver，然后重写 pre_tran 这个函数 / 任务。但这种想法是行不通的，因为这是一个完整的 VIP，虽然从 my_driver 派生了 new_driver，但是这个 VIP 中正常运行时使用的依然是 my_driver，而不是 new_driver。new_driver 这个派生类根本就没有实例化过，所以 pre_tran 从来不会运行。当然，这里可以使用 *factory* 机制的重载功能，但是那样是 *factory* 机制的功能，而不是 *callback* 机制的功能，所以暂不考虑 *factory* 机制的重载功能。

为了解决这个问题，尝试新引入一个类：

代码清单　9-6

```
task my_driver::main_phase();
    ...
    while(1) begin
        seq_item_port.get_next_item(req);
        A.pre_tran(req);
        ...
    end
endtask
```

这样可以避免重新定义一次 my_driver，只需要重新定义 A 的 pre_tran 即可。重新派生 A 的代价是要远小于 my_driver 的。

在使用的时候，只要从 A 派生一个类并将其实例化，然后重新定义其 pre_tran 函数，此时 *callback* 机制的目的就达到了。虽然看起来似乎一切顺利，但实际却忽略了一点。因为从 A 派生了一个类，并实例化，但是作为 my_driver 来说，怎么知道 A 派生了一个类呢？又怎么知道 A 实例化了呢？为了应付这个问题，UVM 中又引入了一个类，假设这个类称为 A_pool，意思就是专门存放 A 或者 A 的派生类的一个池子。UVM 约定会执行这个池子中所有实例的 pre_tran 函数 / 任务，即：

代码清单　9-7

```
task my_driver::main_phase();
    ...
    while(1) begin
        seq_item_port.get_next_item(req);
        foreach(A_pool[i]) begin
            A_pool[i].pre_tran(req);
        end
        ...
    end
endtask
```

这样，在使用的时候，只要从 A 派生一个类并将其实例化，然后加入到 A_pool 中，那么系统运行到上面的 foreach(A_pool[i]) 语句时，将会知道加入了一个实例，于是就会调用其 pre_tran 函数（任务）。

有了 A 和 A_pool，真正的 *callback* 机制就可以实现了。UVM 中的 *callback* 机制与此类似，不过其代码实现非常复杂。

*9.1.4　callback 机制的使用

要实现真正的 pre_tran，需要首先定义上节所说的类 A：

代码清单　9-8

文件：src/ch9/section9.1/9.1.4/callbacks.sv

```
4 class A extends uvm_callback;
5   virtual task pre_tran(my_driver drv, ref my_transaction tr);
6   endtask
7 endclass
```

A 类一定要从 uvm_callback 派生，另外还需要定义一个 pre_tran 的任务，此任务的类型一定是 virtual 的，因为从 A 派生的类需要重载这个任务。

接下来声明一个 A_pool 类：

代码清单 9-9

文件: src/ch9/section9.1/9.1.4/callbacks.sv
```
9 typedef uvm_callbacks#(my_driver, A) A_pool;
```

A_pool 的声明相当简单，只需要一个 typedef 语句即可。另外，在这个声明中除了要指明这是一个 A 类型的池子外，还要指明这个池子将会被哪个类使用。在本例中，my_driver 将会使用这个池子，所以要将此池子声明为 my_driver 专用的。之后，在 my_driver 中要做如下声明：

代码清单 9-10

文件: src/ch9/section9.1/9.1.4/my_driver.sv
```
4 typedef class A;
5
6 class my_driver extends uvm_driver#(my_transaction);
...
10   `uvm_component_utils(my_driver)
11   `uvm_register_cb(my_driver, A)
...
24 endclass
```

这个声明与 A_pool 的类似，要指明 my_driver 和 A。在 my_driver 的 main_phase 中调用 pre_tran 时并不如上节所示的那么简单，而是调用了一个宏来实现：

代码清单 9-11

文件: src/ch9/section9.1/9.1.4/my_driver.sv
```
26 task my_driver::main_phase(uvm_phase phase);
...
31   while(1) begin
32     seq_item_port.get_next_item(req);
33     `uvm_do_callbacks(my_driver, A, pre_tran(this, req))
34     drive_one_pkt(req);
35     seq_item_port.item_done();
36   end
37 endtask
```

uvm_do_callbacks 宏的第一个参数是调用 pre_tran 的类的名字，这里自然是 my_driver，第二个参数是哪个类具有 pre_tran，这里是 A，第三个参数是调用的是函数 / 任务，这里是 pre_tran，在指明是 pre_tran 时，要顺便给出 pre_tran 的参数。

到目前为止是 VIP 的开发者应该做的事情，作为使用 VIP 的用户来说，需要做如下事情：

首先从 A 派生一个类：

代码清单 9-12

```
文件: src/ch9/section9.1/9.1.4/my_case0.sv
24 class my_callback extends A;
25
26   virtual task pre_tran(my_driver drv, ref my_transaction tr);
27     `uvm_info("my_callback", "this is pre_tran task", UVM_MEDIUM)
28   endtask
29
30   `uvm_object_utils(my_callback)
31 endclass
```

其次，在测试用例中将 my_callback 实例化，并将其加入 A_pool 中：

代码清单 9-13

```
文件: src/ch9/section9.1/9.1.4/my_case0.sv
53 function void my_case0::connect_phase(uvm_phase phase);
54   my_callback my_cb;
55   super.connect_phase(phase);
56
57   my_cb = my_callback::type_id::create("my_cb");
58   A_pool::add(env.i_agt.drv, my_cb);
59 endfunction
```

my_callback 的实例化是在 connect_phase 中完成的，实例化完成后需要将 my_cb 加入 A_pool 中。同时，在加入时需要指定是给哪个 my_driver 使用的。因为很可能整个 base_test 中实例化了多个 my_env，从而有多个 my_driver 的实例，所以要将 my_driver 的路径作为 add 函数的第一个参数。

至此，一个简单的 *callback* 机制示例就完成了。这个示例几乎涵盖 UVM 中所有可能用到的 callback 机制的知识，大部分 *callback* 机制的使用都与这个例子相似。

总结一下，对于 VIP 的开发者来说，预留一个 callback 函数 / 任务接口时需要做以下几步：

❑ 定义一个 A 类，如代码清单 9-8 所示。

❑ 声明一个 A_pool 类，如代码清单 9-9 所示。

❑ 在要预留 callback 函数 / 任务接口的类中调用 uvm_register_cb 宏，如代码清单 9-10 所示。

❑ 在要调用 callback 函数 / 任务接口的函数 / 任务中，使用 uvm_do_callbacks 宏，如代码清单 9-11 所示。

对于 VIP 的使用者来说，需要做如下几步：

❑ 从 A 派生一个类，在这个类中定义好 pre_tran，如代码清单 9-12 所示。

❑ 在测试用例的 connect_phase（或者其他 *phase*，但是一定要在代码清单 9-11 使用此 callback 函数 / 任务的 phase 之前）中将从 A 派生的类实例化，并将其加入 A_pool 中，如代码清单 9-13 所示。

本节的 my_driver 是自己写的，my_case0 也是自己写的。完全不存在 VIP 与 VIP 使用者的情况。不过换个角度来说，可能有两个验证人员共同开发一个项目，一个负责搭建测试平台（testbench）及 my_driver 等的代码，另外一位负责创建测试用例。负责搭建测试平台的验证人员为搭建测试用例的人员留下了 callback 函数 / 任务接口。即使 my_driver 与测试用例都由同一个人来写，也是完全可以接受的。因为不同的测试用例肯定会引起不同的 driver 的行为。这些不同的行为差异可以在 *sequence* 中实现，也可以在 *driver* 中实现。在 *driver* 中实现时既可以用 *driver* 的 *factory* 机制重载，也可以使用本节所讲的 *callback* 机制。9.1.6 节将探讨只使用 *callback* 机制来搭建所有测试用例的可能。

*9.1.5 子类继承父类的 callback 机制

考虑如下一种情况，某公司有前后两代产品。其中第一代产品已经成熟，有一个已经搭建好的验证平台，现在要在此基础上开发第二代产品，需要搭建一个新的验证平台。这个新的验证平台大部分与旧的验证平台一致，只是需要扩展 my_driver 的功能，即需要从原来的 *driver* 中派生一个新的类 new_driver。另外，需要保证第一代产品的所有测试用例在尽量不改动的前提下能在新的验证平台上通过。在第一代产品的测试用例中，大量使用了 *callback* 机制，类似代码清单 9-12 和代码清单 9-13 所示。由于一个 callback 池（即 A_pool）在声明的时候指明了这个池子只能装载用于 my_driver 的 *callback*，如代码清单 9-9 所示。那么怎样才能使原来的 callback 函数 / 任务能够用于 new_driver 中呢？

这就牵扯到了子类继承父类的 callback 函数 / 任务问题。my_driver 使用上节中的定义，在此基础上派生新的类 new_driver：

代码清单 9-14

```
文件: src/ch9/section9.1/9.1.5/my_driver.sv
57 class new_driver extends my_driver;
58    `uvm_component_utils(new_driver)
59    `uvm_set_super_type(new_driver, my_driver)
...
65 endclass
66
67 task new_driver::main_phase(uvm_phase phase);
...
72    while(1) begin
73       seq_item_port.get_next_item(req);
74       `uvm_info("new_driver", "this is new driver", UVM_MEDIUM)
75       `uvm_do_callbacks(my_driver, A, pre_tran(this, req))
76       drive_one_pkt(req);
77       seq_item_port.item_done();
78    end
79 endtask
```

这里使用了 uvm_set_super_type 宏，它把子类和父类关联在一起。其第一个参数是子类，第二个参数是父类。在 main_phase 中调用 uvm_do_callbacks 宏时，其第一个参数是 my_driver，而不是 new_driver，即调用方式与在 my_driver 中一样。

在 my_agent 中实例化此 new_driver：

代码清单　9-15

```
文件：src/ch9/section9.1/9.1.5/my_agent.sv
22 function void my_agent::build_phase(uvm_phase phase);
23    super.build_phase(phase);
24    if (is_active == UVM_ACTIVE) begin
25       sqr = my_sequencer::type_id::create("sqr", this);
26       drv = new_driver::type_id::create("drv", this);
27    end
28    mon = my_monitor::type_id::create("mon", this);
29 endfunction
```

这样，上节中的 my_case0 不用经过任何修改就可以在新的验证平台上通过。

9.1.6　使用 callback 函数 / 任务来实现所有的测试用例

从 9.1.4 节中得知，可以在 pre_tran 中做很多事情，那么是否可以将 driver 中的 drive_one_pkt 也移到 pre_tran 中呢？答案是可以的。更进一步，将 seq_item_port.get_nex_item 移到 pre_tran 中也是可以的。

其实完全可以不用 *sequence*，只用 callback 函数 / 任务就可以实现所有的测试用例。假设 A 类定义如下：

代码清单　9-16

```
文件：src/ch9/section9.1/9.1.6/callbacks.sv
 4 class A extends uvm_callback;
 5    my_transaction tr;
 6
 7    virtual function bit gen_tran();
 8    endfunction
 9
10    virtual task run(my_driver drv, uvm_phase phase);
11       phase.raise_objection(drv);
12
13       drv.vif.data <= 8'b0;
14       drv.vif.valid <= 1'b0;
15       while(!drv.vif.rst_n)
16          @(posedge drv.vif.clk);
17
18       while(gen_tran()) begin
19          drv.drive_one_pkt(tr);
20       end
21       phase.drop_objection(drv);
22    endtask
23 endclass
```

在 my_driver 的 main_phase 中，去掉所有其他代码，只调用 A 的 run：

代码清单　9-17

```
文件: src/ch9/section9.1/9.1.6/my_driver.sv
26 task my_driver::main_phase(uvm_phase phase);
27     `uvm_do_callbacks(my_driver, A, run(this, phase))
28 endtask
```

在建立新的测试用例时，只需要从 A 派生一个类，并重载其 gen_tran 函数：

代码清单　9-18

```
文件: src/ch9/section9.1/9.1.6/my_case0.sv
 4 class my_callback extends A;
 5     int pkt_num = 0;
 6
 7     virtual function bit gen_tran();
 8         `uvm_info("my_callback", "gen_tran", UVM_MEDIUM)
 9         if(pkt_num < 10) begin
10             tr = new("tr");
11             assert(tr.randomize());
12             pkt_num++;
13             return 1;
14         end
15         else
16             return 0;
17     endfunction
18
19     `uvm_object_utils(my_callback)
20 endclass
```

在这种情况下，新建测试用例相当于重载 gen_tran。如果不满足要求，还可以将 A 类的 run 任务重载。

在这个示例中完全丢弃了 *sequence* 机制，在 A 类的 run 任务中进行控制 *objection*，激励产生在 gen_tran 中。

9.1.7　callback 机制、sequence 机制和 factory 机制

上一节使用 callback 函数 / 任务实现所有的测试用例，几乎完全颠覆了这本书从头到尾一直在强调的 *sequence* 机制。在 8.3.4 节也见识到了使用 *factory* 机制重载 *driver* 来实现所有测试用例的情况。

callback 机制、*sequence* 机制和 *factory* 机制在某种程度上来说很像：它们都能实现搭建测试用例的目的。只是 *sequence* 机制是 UVM 一直提倡的生成激励的方式，UVM 为此做了大量的工作，如构建了许多宏、嵌套的 *sequence*、*virtual sequence*、可重用性等。

8.3.4 节中列出的那四条理由，依然适用于 *callback* 机制。虽然 *callback* 机制能够实现所有的测试用例，但是某些测试用例用 *sequence* 来实现则更加方便。*virtual sequence* 的协

调功能在 *callback* 机制中就很难实现。

callback 机制、*sequence* 机制和 *factory* 机制并不是互斥的,三者都能分别实现同一目的。当这三者互相结合时,又会产生许多新的解决问题的方式。如果在建立验证平台和测试用例时,能够择优选择其中最简单的一种实现方式,那么搭建出来的验证平台一定是足够强大、足够简练的。实现同一事情有多种方式,为用户提供了多种选择,高扩展性是UVM 取得成功的一个重要原因。

9.2 功能的模块化:小而美

9.2.1 Linux 的设计哲学:小而美

在广大 IC 开发者中,使用 Linux 的用户占据了绝大部分,尤其对于验证人员来说更是如此。Linux 如此受欢迎的部分原因之一是它提供了众多的小工具,如 ls 命令、grep 命令、wc 命令、echo 命令等,使用这些命令的组合可以达到多种多样的目的。这些小工具的共同点是每个都非常小,但是功能清晰。它们是 Linux 设计哲学中小而美的典型代表。

与小而美相对的就是大而全。比如下述命令就完全可以使用一个命令实现:

代码清单　9-19

```
ls | grep "aaa" | wc
```

这个命令组合起来相当于集合了 ls、grep、wc 三个命令的参数,将这个命令命名为lsgrepwc。当查看这个命令的用法时,很多用户会被冗长的参数列表吓坏。当看到一个参数时,用户要自己判断这个参数属于三个功能中的哪一个。这多出来的判断时间就是用户为大而全付出的时间。

小而美的本质是功能模块化、标准化,但是小不一定意味着美。以前面的 ls 与 grep 命令为例,如果当初命令设计者取了 ls 一半的功能和 grep 一半的功能组成命令 lgr,剩下的功能再拼凑成 sep,这两个是什么命令?恐怕没有几个人会知道,这样的设计不知道会令多少用户崩溃。所以小而美的前提是功能模块划分要合理,一个不合理的划分是谈不上美的。

同时,小而美也不能无限制地追求小。以 ls 为例,如果将 ls、ls-a、ls-1 分别当成三个不同的命令,那么也是一种不合理的划分。这三个新的命令有太多共同的参数,比如--color 参数等。拆分的同时,参数却是原样拷贝到三个新的命令中,造成了参数的冗余。

在验证平台的设计中,要尽量做到小而美,避免大而全。

9.2.2 小而美与 factory 机制的重载

factory 机制重要的一点是提供重载功能。一般来说,如果要用 B 类重载 A 类,那么 B类是要派生自 A 类的。在派生时,要保留 A 类的大部分代码,只改变其中一小部分。

假设原始 A_driver 的 drive_one_pkt 任务如下:

```
task A_driver::drive_one_pkt;
   drive_preamble();
   drive_sfd();
   drive_data();
endtask
```

上述代码将一个 drive_one_pkt 任务又分成了三个子任务。现在如果要构造一个 sfd 错误的例子，那么只需要从 A_driver 派生一个 B_driver，并且重载其 drive_sfd 任务即可。

如果上述代码不是分成三个子任务，而是一个完整的任务：

```
task A_driver::drive_one_pkt;
   //drive preamble
   ...
   //drive sfd
   ...
   //drive data
   ...
endtask
```

那么在 B_driver 中需要重载的是 drive_one_pkt 这个任务：

```
task B_driver::drive_one_pkt;
   //drive preamble
   ...
   //drive new sfd
   ...
   //drive data
   ...
endtask
```

此时，drive preamble 和 drive data 部分代码需要复制到新的 drive_one_pkt 中。对于程序员来说，要尽量避免复制的使用：

- ❏ 在复制中由于不小心，很容易出现各种各样的错误。虽然这些错误只是短期的，马上就能修订，但是毕竟要为此花费额外的时间。
- ❏ 从长远来看，如果 drive data 相关的代码稍微有一点变动，此时 A_driver 和 B_driver 的 drive_one_pkt 都需要修改，这又需要额外花费时间。同样的代码只在验证平台上出现一处，如果要重用，将它们封装成可重载的函数 / 任务或者类。

9.2.3 放弃建造强大 sequence 的想法

UVM 的 *sequence* 功能非常强大，很多用户喜欢将他们的 *sequence* 写得非常完美，他们的目的是建造通用的 *sequence*，有些用户甚至执着于一个 *sequence* 解决验证平台中所有的问题，在使用时，只需要配置参数即可。

以一个 my_sequence 为例，有些用户可能希望这个 *sequence* 具有下列功能：

- 能够产生正常的以太网包
- 通过配置参数产生 CRC 错误的包
- 通过配置参数产生 sfd 错误的包
- 通过配置参数产生 preamble 错误的包
- 通过配置参数产生 CRC 与 sfd 同时错误的包
- 通过配置参数产生 CRC 与 preamble 同时错误的包
- 通过配置参数产生 sfd 与 preamble 同时错误的包
- 通过配置参数产生 CRC、sfd 与 preamble 同时错误的包
- 通过配置参数控制错误的概率
- 通过配置参数选择要发送的数据是随机化的还是从文件读取
- 通过配置参数选择如果从文件读取，那么是多文件还是单文件
- 通过配置参数选择如果从文件读取，那么使用哪一种文件格式
- 通过配置参数选择是否将发送出去的包写入文件中
- 通过配置参数选择长包、中包、短包各自的阈值长度
- 通过配置参数选择长包、中包、短包的发送比例
- 通过配置参数选择是否在包的负载中加入当前要发送的包的序号，以便于调试

……

上述 *sequence* 确实是一个非常通用、强悍的 *sequence*。但是这个 *sequence* 存在两个问题：

第一，这个 *sequence* 的代码量非常大，分支众多，后期维护相当麻烦。如果代码编写者与维护者不是同一个人，那么对于维护者来说，简直就是灾难。即使代码编写者与维护者是同一个人，那么在一段时间之后，自己也可能被自己以前写的东西感到迷惑不已。

第二，使用这个 *sequence* 的人面对如此多的参数，他要如何选择呢？他有时只想使用其中最基本的一个功能，但是却不知道怎么配置，只能所有的参数都看一遍。如果看一遍能看懂还好，但是有时候即使看两三遍也看不懂。

如果用户非常坚持上述超级强大的 *sequence*，那么请一定要做到以下两点之一：

- 有一份完整的文档介绍它
- 有较多的代码注释

文档的重视程度因各个公司而异，目前国内外的 IC 公司对于验证文档重视的普遍不够，很少有公司会为一个 *sequence* 建立专门的文档。当代码完成后，很少会有代码编写者愿意再写文档。即使公司制度规定必须写，文档的质量也有高低之分，且存在文档的后期维护问题。当 *sequence* 建立后，为其建了一个文档，但是后来 *sequence* 升级，文档却没有升级。文档与代码不一致，这也是目前 IC 公司中经常存在的问题。

代码的注释则与代码编写者的编码习惯有关。就目前来说，仅有少数编码习惯好的人能够做到质量较好的注释。验证人员编写的代码通常比较灵活，并且更新频率较快。当设计变更时，相关的验证代码就要变更。很多验证人员并没有写注释的习惯，即使有写注释，但是当后来代码变更时，注释可能已经落伍了。

因此，还是强烈建议不要使用强大的 *sequence*。可以将一个强大的 *sequence* 拆分成小的 *sequence*，如：

❑ normal_sequence
❑ crc_err_sequence
❑ rd_from_txt_sequence
……

尽量做到一看名字就知道这个 *sequence* 的用处，这样可以最大程度上方便自己，方便大家。

9.3　参数化的类

9.3.1　参数化类的必要性

代码的重用分为很多层次。凡是在某个项目中开发的代码用于其他项目，都可以称为重用，如：

A 用户在项目 P 中的代码被 A 用户自己用于项目 P

A 用户在项目 P 中的代码被 A 用户自己用于项目 Q

A 用户在项目 P 中的代码被 B 用户用于项目 Q

A 用户在项目 P 中开发的代码被 B 用户或者更多的用户用于项目 P 或项目 Q

以上四种应用场景对代码可重用性的要求逐渐提高。在第一种中，可能只是几个 *sequence* 被几个不同的测试用例使用；在最后一种中，可能 A 用户开发的是一个总线功能模型，大家都会重用这些代码。

为了增加代码的可重用性，参数化的类是一个很好的选择。UVM 中广泛使用了参数化的类。对用户来说，使用最多的参数化的类莫过于 uvm_sequence 了，其原型为：

代码清单　9-23

```
来源：UVM 源代码
virtual class uvm_sequence #(type REQ = uvm_sequence_item,
                            type RSP = REQ) extends uvm_sequence_base;
```

在派生 uvm_sequence 时指定参数的类型，即 *transaction* 的类型，可以方便地产生 *transaction* 并建立测试用例。除了 uvm_sequence 外，还有 uvm_analysis_port 等，不再一一列举。

相比普通的类，参数化的类在定义时会有些复杂，其古怪的语法可能会使人望而却步。

并不是说所有的类一定要定义成参数化的类。对于很多类来说，根本没有参数可言，如果定义成参数化的类，根本没有任何优势可言。所以，定义成参数化的类的前提是，这个参数是有意义的、可行的。2.3.1 节的 my_transaction 是没有任何必要定义成一个参数化的类的。相反，一个总线 *transaction*（如 7.1.1 节的 bus_transaction）可能需要定义成参数化的类，因为总线位宽可能是 16 位的、32 位的或 64 位的。

*9.3.2　UVM 对参数化类的支持

UVM 对参数化类的支持首先体现在 *factory* 机制注册上。在 3.1.4 节和 3.1.5 节已经提到了 uvm_object_param_utils 和 uvm_component_param_utils 这两个用于参数化的 *object* 和参数化的 *component* 注册的宏。

UVM 的 config_db 机制可以用于传递 virtual interface。SystemVerilog 支持参数化的 *interface*：

代码清单　9-24

```
文件: src/ch9/section9.3/9.3.2/bus_if.sv
 4 interface bus_if#(int ADDR_WIDTH=16, int DATA_WIDTH=16)(input clk, input rst_n);
 5
 6    logic          bus_cmd_valid;
 7    logic          bus_op;
 8    logic [ADDR_WIDTH-1:0]  bus_addr;
 9    logic [DATA_WIDTH-1:0]  bus_wr_data;
10    logic [DATA_WIDTH-1:0]  bus_rd_data;
11
12 endinterface
```

config_db 机制同样支持传递参数化的 *interface*：

代码清单　9-25

```
uvm_config_db#(virtual bus_if#(16, 16))::set(null, "uvm_test_top.env.bus_agt.
mon", "vif" bif);
uvm_config_db#(virtual bus_if#(ADDR_WIDTH, DATA_WIDTH))::get(this, "", "vif", vif)
```

sequence 机制同样支持参数化的 *transaction*：

代码清单　9-26

```
class bus_sequencer#(int ADDR_WIDTH=16, int DATA_WIDTH=16) extends uvm_sequen
cer #(bus_transaction#(ADDR_WIDTH, DATA_WIDTH));
```

很多参数化的类都有默认的参数，用户在使用时经常会使用默认的参数。但是 UVM 的 *factory* 机制不支持参数化类中的默认参数。换言之，假如有如下的 *agent* 定义：

代码清单　9-27

```
class bus_agent#(int ADDR_WIDTH=16, int DATA_WIDTH=16) extends uvm_agent ;
```

在声明 *agent* 时可以按照如下写法来省略参数：

代码清单　9-28

```
bus_agent  bus_agt;
```

但是在实例化时，必须将省略的参数加上：

代码清单　9-29

```
bus_agt = bus_agent#(16, 16)::type_id::create("bus_agt", this);
```

9.4　模块级到芯片级的代码重用

*9.4.1　基于 env 的重用

现代芯片的验证通常分为两个层次，一是模块级别（block level，也称为 IP 级别、unit 级别）验证，二是芯片级别（也称为 SOC 级别）验证。一个大的芯片在开发时，是分成多个小的模块来开发的。每个模块开发一套独立的验证环境，通常每个模块有一个专门的验证人员负责。当在模块级别验证完成后，需要做整个系统的验证。

为了简单起见，假设某芯片分成了三个模块，如图 9-1 所示。

这三个模块在模块级别验证时，分别有自己的 *driver* 和 *sequencer*，如图 9-2 所示。

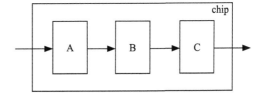

图 9-1　具有三个模块的简单芯片

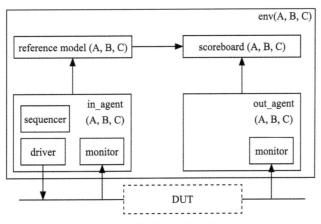

图 9-2　模块级别验证平台

当在芯片级别验证时，如果采用 *env* 级别的重用，那么 B 和 C 中的 *driver* 分别取消，这可以通过设置各自 i_agt 的 is_active 来控制，如图 9-3 所示。

仔细观察图 9-3，发现 o_agt(A) 和 i_agt(B) 两者监测的是同一接口，换言之，二者应该是同一个 *agent*。在模块级别验证时，i_agt(B) 被配置为 active 模式，在图 9-3 中被配置为

passive 模式。被配置为 passive 模式的 i_agt(B) 其实和 o_agt(A) 完全一样，二者监测同一接口，对外发出同样的 *transaction*。或者说，其实可以将 i_agt(B) 取消，model(B) 的数据来自 o_agt(A)。o_agt(B) 和 i_agt(C) 也是同样的情况。取消了 i_agt(B) 和 i_agt(C) 的芯片级别验证平台如图 9-4 所示。

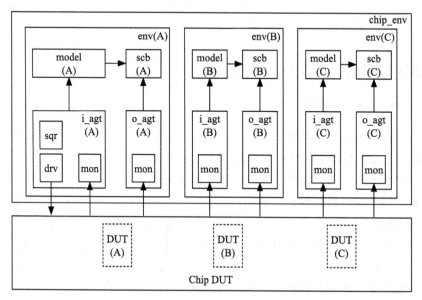

图 9-3　芯片级别验证平台一

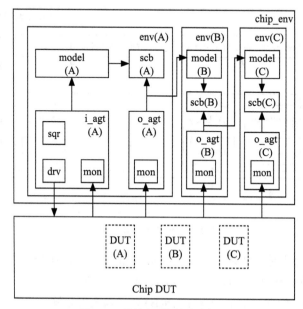

图 9-4　芯片级别验证平台二

在验证平台中，每个模块验证环境需要在其 *env* 中添加一个 analysis_port 用于数据输出；添加一个 analysis_export 用于数据输入；在 *env* 中设置 in_chip 用于辨别不同的数据来源：

代码清单　9-30

```
文件：src/ch9/section9.4/9.4.1/ip/my_env.sv
 4 class my_env extends uvm_env;
 …
11    bit in_chip;
12    uvm_analysis_port#(my_transaction) ap;
13    uvm_analysis_export#(my_transaction) i_export;
 …
24    virtual function void build_phase(uvm_phase phase);
25       super.build_phase(phase);
26       if(!in_chip) begin
27          i_agt = my_agent::type_id::create("i_agt", this);
28          i_agt.is_active = UVM_ACTIVE;
29       end
 …
38       if(in_chip)
39          i_export = new("i_export", this);
40    endfunction
 …
45 endclass
46
47 function void my_env::connect_phase(uvm_phase phase);
48    super.connect_phase(phase);
49    ap = o_agt.ap;
50    if(in_chip) begin
51       i_export.connect(agt_mdl_fifo.analysis_export);
52    end
53    else begin
54       i_agt.ap.connect(agt_mdl_fifo.analysis_export);
55    end
 …
61 endfunction
```

在 chip_env 中，实例化 env_A、env_B、env_C，将 env_B 和 env_C 的 in_chip 设置为 1，并将 env_A 的 ap 口与 env_B 的 i_export 相连，将 env_B 的 ap 与 env_C 的 i_export 相连接：

代码清单　9-31

```
文件：src/ch9/section9.4/9.4.1/chip/chip_env.sv
 3 class chip_env extends uvm_env;
 4    `uvm_component_utils(chip_env)
 5
 6    my_env        env_A;
 7    my_env        env_B;
 8    my_env        env_C;
 9
 …
```

```
16 endclass
17
18 function void chip_env::build_phase(uvm_phase phase);
19   super.build_phase(phase);
20   env_A = my_env::type_id::create("env_A", this);
21   env_B = my_env::type_id::create("env_B", this);
22   env_B.in_chip = 1;
23   env_C = my_env::type_id::create("env_C", this);
24   env_C.in_chip = 1;
25 endfunction
26
27 function void chip_env::connect_phase(uvm_phase phase);
28   super.connect_phase(phase);
29   env_A.ap.connect(env_B.i_export);
30   env_B.ap.connect(env_C.i_export);
31 endfunction
```

图 9-3 与图 9-4 所示的两种芯片级别验证平台各有其优缺点。在图 9-3 所示的验证平台上，各个 *env* 之间没有数据交互，从而各个 *env* 不必设置 analysis_port 及 analysis_export，在连接上简单些。但是，还是推荐使用图 9-4 所示的验证平台。

❏ 整个验证平台中消除了冗余的 *monitor*，这在一定程度上可以加快仿真速度。

❏ 不同模块的验证环境之间有数据交互时，可以互相检查对方接口数据是否合乎规范。
如 A 的数据送给了 B，而 B 无法正常工作，那么要么是 A 收集的数据是错的，不符合 B 的要求，要么就是 A 收集的数据是对的，但是 B 对接口数据理解有误。

*9.4.2　寄存器模型的重用

在上一节的重用中，并没有考虑总线的重用。一般来说，每个模块会有自己的寄存器配置总线。在集成到芯片时，芯片有自己的配置总线，这些配置总线经过仲裁之后分别连接到各个模块，如图 9-5 所示。

在图 7-1 中，bus_agt 是作为 *env* 的一部分的。但是从图 9-5 可以看出，这样的一个 *env* 是不可重用的。因此，为了提高可重用性，在模块级别时，图 7-1 的 bus_agt 应该从 *env* 中移到 base_test 中，如图 9-6 所示。

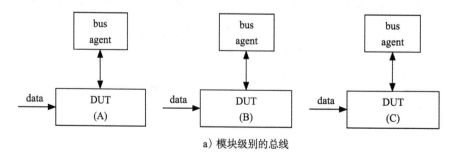

a）模块级别的总线

图 9-5　从模块到芯片的总线连接变换

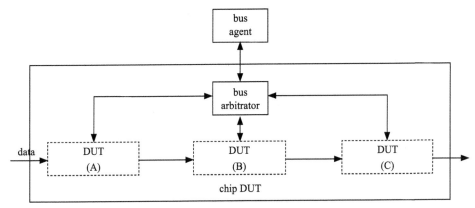

b）芯片级别的总线

图 9-5 （续）

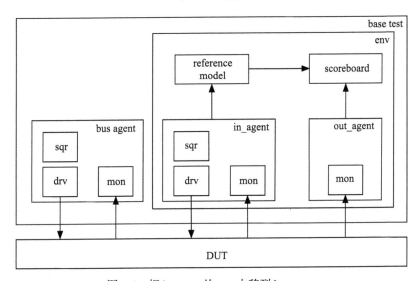

图 9-6 把 bus_agt 从 *env* 中移到 base_test

与 bus_agt 对应的是寄存器模型。在模块级别验证时，每个模块有各自的寄存器模型。很多用户习惯于在 *env* 中实例化寄存器模型：

代码清单 9-32

```
class my_env extends uvm_env;
   reg_model      rm;
   ...
endclass
function void my_env::build_phase(uvm_phase phase);
   super.build_phase(phase);
   rm = reg_model::type_id::create("rm", this);
   ...
endfunction
```

但是如果要实现 *env* 级别的重用，是不能在 *env* 中实例化寄存器模型的。每个模块都有各自的偏移地址，如 A 的偏移地址可能是 'h0000，而 B 的偏移地址是 'h4000，C 的偏移地址是 'h8000（即 16 位地址的高两位用于辨识不同模块）。如果在 *env* 级别例化了寄存器模型，那么在芯片级时，是不能指定其偏移地址的。因此，在模块级别验证时，需要如 7.2.3 节那样，在 base_test 中实例化寄存器模型，在 *env* 中设置一个寄存器模型的指针，在 base_test 中对它赋值。

为了在芯片级别使用寄存器模型，需要建立一个新的寄存器模型：

代码清单　9-33

```
文件: src/ch9/section9.4/9.4.2/chip/chip_reg_model.sv
 4 class chip_reg_model extends uvm_reg_block;
 5    rand reg_model A_rm;
 6    rand reg_model B_rm;
 7    rand reg_model C_rm;
 8
 9    virtual function void build();
10       default_map = create_map("default_map", 0, 2, UVM_BIG_ENDIAN, 0);
...
15       default_map.add_submap(A_rm.default_map, 16'h0);
...
21       default_map.add_submap(B_rm.default_map, 16'h4000);
...
27       default_map.add_submap(C_rm.default_map, 16'h8000);
28    endfunction
...
31 endclass
```

这个新的寄存器模型中只需要加入各个不同模块的寄存器模型并设置偏移地址和后门访问路径。建立芯片级寄存器模型的方式与 7.4.1 节建立多层次的寄存器模型一致。上面代码中的 reg_model 即 7.2.3 节中的寄存器模型。

在 chip_env 中实例化此寄存器模型，并将各个模块的寄存器模型的指针赋值给各个 env 的 p_rm：

代码清单　9-34

```
文件: src/ch9/section9.4/9.4.2/chip/chip_env.sv
21 function void chip_env::build_phase(uvm_phase phase);
22    super.build_phase(phase);
23    env_A  = my_env::type_id::create("env_A", this);
24    env_B  = my_env::type_id::create("env_B", this);
25    env_B.in_chip = 1;
26    env_C  = my_env::type_id::create("env_C", this);
27    env_C.in_chip = 1;
28    bus_agt = bus_agent::type_id::create("bus_agt", this);
29    bus_agt.is_active = UVM_ACTIVE;
30    chip_rm = chip_reg_model::type_id::create("chip_rm", this);
31    chip_rm.configure(null, "");
```

```
32    chip_rm.build();
33    chip_rm.lock_model();
34    chip_rm.reset();
35    reg_sqr_adapter = new("reg_sqr_adapter");
36    env_A.p_rm = this.chip_rm.A_rm;
37    env_B.p_rm = this.chip_rm.B_rm;
38    env_C.p_rm = this.chip_rm.C_rm;
39 endfunction
```

加入寄存器模型后，整个验证平台的框图变为图 9-7 所示的形式。

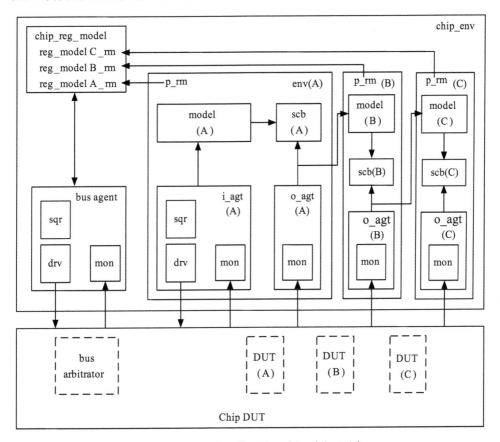

图 9-7　加入寄存器模型的芯片级别验证平台

9.4.3　virtual sequence 与 virtual sequencer

对于 9.4.1 节的例子来说，每个模块的 *virtual sequencer* 分为两种情况，一种是只适用于模块级别，不能用于芯片级别；另外一种是适用于模块和芯片级别。前者的代表是 B 和 C 的 *virtual sequencer*，后者的代表是 A 中的 *virtual sequencer*。B 和 C 的 *virtual sequencer* 不能出现在芯片级的验证环境中，所以，不应该在 *env* 中实例化 *virtual sequencer*，而应该在 base_test 中实例化。A 模块比较特殊，它是一个边界模块，所以它的 virtual sequence 可以用于芯片级别验证中。

但是，9.4.1 节是一个简单的例子。现代的大型芯片可能不只一个边界输入，如图 9-8 所示。

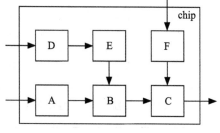

D 和 F 分别是边界输入模块。在整个芯片的 *virtual sequencer* 中，应该包含 A、D 和 F 的 *sequencer*。因此 A、D 和 F 的 *virtual sequencer* 是不能直接用于芯片级验证的。无论是像 B、C、E 这样的内部模块还是 A、D、F 这样的边界输入模块，统一推荐其 *virtual sequencer* 在 base_test 中实例化。在芯片级别建立自己的 *virtual sequencer*。

图 9-8   具有多个输入的芯片

与 *virtual sequencer* 相对应的是 *virtual sequence*，通常来说，*virtual sequence* 都使用 uvm_declare_p_sequencer 宏来指定 *sequencer*。这些 *sequencer* 在模块级别是存在的，但是在芯片级根本不存在，所以这些 *virtual sequence* 无法用于芯片级别验证。

有两种模块级别的 *sequence* 可以直接用于芯片级别的验证。

一种如 A、D 和 F 这样的边界输入端的普通的 *sequence*（不是 *virtual sequence*），以 A 的某 *sequence* 为例，在模块级别可以这样使用它：

代码清单   9-35

```
class A_vseq extends uvm_sequence;
  virtual task body();
    A_seq aseq;
    `uvm_do_on(aseq, p_sequencer.p_sqr)
    ...
  endtask
endclass
```

在芯片级别这样使用它：

代码清单   9-36

```
class chip_vseq extends uvm_sequence;
  virtual task body();
    A_seq aseq;
    D_seq dseq;
    F_seq fseq;
    fork
      `uvm_do_on(aseq, p_sequencer.p_a_sqr)
      `uvm_do_on(aseq, p_sequencer.p_d_sqr)
      `uvm_do_on(aseq, p_sequencer.p_f_sqr)
    join
    ...
  endtask
endclass
```

另外一种是寄存器配置的 *sequence*。这种 *sequence* 一般在定义时不指定 *transaction* 类型。如果这些 *sequence* 做成如下的形式，也是无法重用的：

代码清单　9-37

```
class A_cfg_seq extends uvm_sequence;
  virtual task body();
    p_sequencer.p_rm.xxx.write();
    ...
  endtask
endclass
```

要想能够在芯片级别重用，需要使用如下的方式定义：

代码清单　9-38

```
class A_cfg_seq extends uvm_sequence;
  A_reg_model  p_rm;

  virtual task body();
    p_rm.xxx.write();
    ...
  endtask
endclass
```

在模块级别以如下的方式启动它：

代码清单　9-39

```
class A_vseq extends uvm_sequence;
  virtual task body();
    A_cfg_seq c_seq;
    c_seq = new("c_seq");
    c_seq.p_rm = p_sequencer.p_rm;
    c_seq.start(null);
  endtask
endclass
```

在芯片级别以如下的方式启动：

代码清单　9-40

```
class chip_vseq extends uvm_sequence;
  virtual task body();
    A_cfg_seq A_c_seq;
    A_c_seq = new("A_c_seq");
    A_c_seq.p_rm = p_sequencer.p_rm.A_rm;
    A_c_seq.start(null);
    ...
  endtask
endclass
```

除了这种指针传递的形式外，还可以如 7.8.1 节那样通过 get_root_blocks 来获得。在芯片级时，root block 已经和模块级别不同，单纯靠 get_root_blocks 已经无法满足要求。此时需要 find_blocks、find_block、get_blocks 和 get_block_by_name 等函数，这里不再一一介绍。

第 10 章
UVM 高级应用

10.1　interface

10.1.1　interface 实现 driver 的部分功能

在之前所有的例子中，*interface* 的定义都非常简单，只是单纯地定义几个 logic 类型变量而已：

代码清单　10-1

```
interface my_if(input clk, input rst_n);
    logic [7:0] data;
    logic valid;
endinterface
```

但是实际上 *interface* 能做的事情远不止如此。在 *interface* 中可以定义任务与函数。除此之外，还可以在 *interface* 中使用 always 语句和 initial 语句。

在现代高速数据接口中，如 USB3.0、1394b、Serial ATA、PCI Express、HDMI、DisplayPort，数据都是以串行的方式传输的。以传输一个 8bit 的数据为例，出于多种原因的考虑，这些串行传输的数据并不是简单地将这 8bit 从 bit0 到 bit7 轮流发送出去，而是要经过一定的编码，如 8b10b 编码，这种编码技术将 8bit 的数据以 10bit 来表示，从而可以增加数据传输的可靠性。

从 8bit 到 10bit 的转换有专门的算法完成。通常来说，可以在 *driver* 中完成这种转换，并将串行的数据驱动到接口上：

代码清单　10-2

```
task my_driver::drive_one_pkt(my_transaction tr);
    byte unsigned    data_q[];
    bit[9:0]    data10b_q[];
    int    data_size;

    data_size = tr.pack_bytes(data_q) / 8;
    data10b_q = new[data_size];
    for(int i = 0; i < data_size; i++)
```

```
      data10b_q[i] = encode_8b10b(data_q[i]);
   for ( int i = 0; i < data_size; i++ ) begin
     @(posedge vif.p_clk);
     for(int j = 0; j < 10; j++) begin
       @(posedge vif.s_clk);
       vif.sdata <= data10b_q[i][j];
     end
   end
 endtask
```

上述代码中 p_clk 为并行的时钟，而 s_clk 为串行的时钟，后者是前者的 10 倍频率。

这些事情完全可以在 *interface* 中完成。由于 8b10b 转换的动作适用于任意要驱动的数据，换言之，这是一个"always"的动作，因此可以在 *interface* 中使用 always 语句：

代码清单　10-3

```
interface my_if(input p_clk, input s_clk, input rst_n);
   logic      sdata;
   logic[7:0] data_8b;
   logic[9:0] data_10b;

   always@(posedge p_clk) begin
     data_10b <= encode_8b10b(data_8b);
   end

   always@(posedge p_clk) begin
     for(int i = 0; i < 10; i++) begin
       @(posedge s_clk);
       sdata <= data_10b[i];
     end
   end
endinterface
```

相应的，数据在 *driver* 中可以只驱动到 *interface* 的并行接口上即可：

代码清单　10-4

```
task my_driver::drive_one_pkt(my_transaction tr);
   byte unsigned   data_q[];
   int   data_size;

   data_size = tr.pack_bytes(data_q) / 8;
   for ( int i = 0; i < data_size; i++ ) begin
     @(posedge vif.p_clk);
     vif.data_8b <= data_q[i];
   end
endtask
```

除了在 *interface* 中使用 always 语句外，类似 assign 等语句也都可以在 *interface* 中使用：

代码清单　10-5

```
interface my_if(input p_clk, input s_clk, input rst_n);
    assign data_10b = (err_8b10b ? data_10b_wrong : data_10b_right);
    ...
endinterface
```

在 *interface* 中还可以实例化其他 *interface*，如对于上例，由于 8b10b 转换是一个比较独立的功能，可以将它们放在一个 *interface* 中：

代码清单　10-6

```
interface if_8b10b();
    function bit[9:0] encode(bit[7:0] data_8b);
        ...
    endfunction
    function bit[7:0] decode(bit[9:0] data_10b);
        ...
    endfunction
endinterface
```

然后在 *interface* 中实例化这个新的 *interface*，并调用其中的函数：

代码清单　10-7

```
interface my_if(input p_clk, input s_clk, input rst_n);
    ...
    if_8b10b encode_if();
    always@(posedge p_clk) begin
        data_10b <= encode_if.encode(data_8b);
    end
    ...
endinterface
```

这个新加入的 *interface* 与 DUT 根本没有任何接触，它只是为了提高代码的可重用性，单纯起到了一个封装的作用。在项目中可以实例化这个 *interface* 用于编码，在其他项目中，如一个需要 10b 到 8b 解码的项目中，可以实例化它用于解码。

interface 可以代替 *driver* 做很多事情，但是并不能代替 *driver* 做所有的事情。*interface* 只适用于做一些低层次的转换，如上述的 8b10b 转换、曼彻斯特编码等。这些转换动作是与 *transaction* 完全无关的。

使用 *interface* 代替 *driver* 的第一个好处是可以让 *driver* 从底层繁杂的数据处理中解脱出来，更加专注于处理高层数据。第二个好处是有更多的数据出现在 *interface* 中，这会对调试起到很大的帮助。代码清单 10-3 中 *interface* 内 sdata、data10b、data8b 的信号是在波形文件中有记录的，因此可以使用查看波形的软件查看其中的信号。如果 8b10b 编码的工作是在 *driver* 中完成的，换言之，*interface* 中只有 data10b 或者 sdata，那么最后的波形文件中一般不会有 data8b 的信息（除非根据仿真工具做某些特殊的、复杂的设置，否则 *driver* 中的变量很难记录在波形文件中），这会增加调试的难度。这种调试既包括对 RTL 的调试，

也包括 *driver* 的调试。

不过,当使用 *interface* 完成这些转换后,如果想构造这些转换异常的测试用例,则稍显麻烦。如构造一个 8b10b 转换的错误,需要在 *interface* 中加入一个标志位 err_8b10b,根据此标志位的数据决定向数据线上发送何种数据。

而如果这种转换是在 *driver* 完成的,有两种选择,一是在正常的 *driver* 中加入异常 *driver* 的处理代码;二是重新编写一个全新的异常 *driver*,将原来的 *driver* 使用 *factory* 机制重载掉。

无论是哪种方式都能实现其目的。相比来说,在 *interface* 上实现转换能够更有助于调试,这一优势完全可以弥补其劣势。

*10.1.2 可变时钟

有时在验证平台中需要频率变化的时钟。可变时钟有三种,第一种是在不同测试用例之间时钟频率不同,但是在同一测试用例中保持不变。在一些应用中,如 HDMI 协议中,其图像的时钟信号就根据发送(接收)图像的分辨率的变化而变化。当不同的测试用例测试不同分辨率的图像时,就需要在不同测试用例中设置不同的时钟频率。

第二种是在同一个测试用例中存在时钟频率变换的情况。芯片上的时钟是由 PLL 产生的。但是 PLL 并不是一开始就会产生稳定的时钟,而是会有一段过渡期,在这段过渡期内,其时钟频率是一直变化的。有时候不关心这段过渡期时,而只关心过渡期前和过渡期后的时钟频率。

第三种可变时钟和第二种很像,但是它既关心过渡期前后的时钟,也关心 PLL 在过渡期的行为。为了模仿这段过渡期内频率对芯片的影响,就需要一个可变时钟模型。除此之外,在正常工作时,理论上 PLL 会输出稳定的时钟,但是在实际使用中,PLL 的时钟频率总是在某个范围内以某种方式(如正弦)变化,如设置为 27M 的时钟可能在 26.9M ~ 27.1M 变换。为了模仿这种变化,也需要一个可变时钟模型。

在通常的验证平台中,时钟都是在 top_tb 中实现的:

代码清单   10-8

```
initial begin
  clk = 0;
  forever begin
    #100 clk = ~clk;
  end
end
```

这种时钟都是固定的。在传统的实现方式中,如果要实现第一种可变时钟,可以将上述模块独立成一个文件:

代码清单   10-9

```
`ifndef TEST_CLK
```

```
`define TEST_CLK
initial begin
  clk = 0;
  forever begin
    #100 clk = ~clk;
  end
end
`endif
```

然后将上述文件通过 inlude 的方式包含在 top_tb 中:

代码清单　10-10

```
module top_tb();
  ...
  `include "test_clk.sv"
  ...
endmodule
```

当需要可变时钟时, 只需要重新编写一个 test_clk.v 文件即可。这种方式是 Verilog 搭建的验证平台中经常用到的做法。

除了上述这种 Verilog 式的方式外, 要实现第一种可变的时钟, 可以使用 config_db, 在测试用例中设置时钟周期:

代码清单　10-11

```
文件: src/ch10/section10.1/10.1.2/simple/my_case0.sv
 35 function void my_case0::build_phase(uvm_phase phase);
 ...
 42    uvm_config_db#(real)::set(this, "", "clk_half_period", 200.0);
 43 endfunction
```

在 top_tb 中使用 config_db::get 得到设置的周期:

代码清单　10-12

```
文件: src/ch10/section10.1/10.1.2/simple/top_tb.sv
 36 initial begin
 37    static real clk_half_period = 100.0;
 38    clk = 0;
 39    #1;
 40    if(uvm_config_db#(real)::get(uvm_root::get(), "uvm_test_top", "clk_half_
         period", clk_half_period))
 41      `uvm_info("top_tb", $sformatf("clk_half_period is %0f", clk_half_per
         iod), UVM_MEDIUM)
 42    forever begin
 43      #(clk_half_period*1.0ns) clk = ~clk;
 44    end
 45 end
```

在这种设置的方式中, 使用了 3.5.6 节所讲述的非直线的获取。my_case0 中的 config_db::set 看起来比较奇怪: 这是一个设置给自己的参数。但是真正使用这个参数是在 top_tb

中，而不是在 my_case0 中。由于 config_db::set 是在 0 时刻执行，而如果 config_db::get 也在 0 时刻执行，那么可能无法得到设置的数值，所以在 top_tb 中，在 config_db::get 前有 1 个时间单位的延迟。

这种生成可变时钟的方式只适用于第一种可变时钟。对于第二种可变时钟，可以使用如下方式：

代码清单　10-13

文件：src/ch10/section10.1/10.1.2/complex/top_tb.sv
```
36 initial begin
37     static real clk_half_period = 100.0;
38     clk = 0;
39     fork
40         forever begin
41             uvm_config_db#(real)::wait_modified(uvm_root::get(), "uvm_test_to
               p", "clk_half_period");
42             void'(uvm_config_db#(real)::get(uvm_root::get(), "uvm_test_top", "
               clk_half_period", clk_half_period));
43             `uvm_info("top_tb", $sformatf("clk_half_period is %0f", clk_half_p
               eriod), UVM_MEDIUM)
44         end
45         forever begin
46             #(clk_half_period*1.0ns) clk = ~clk;
47         end
48     join
49 end
```

在测试用例中可以随着时间的变换而设置不同的时钟：

代码清单　10-14

文件：src/ch10/section10.1/10.1.2/complex/my_case0.sv
```
44 task my_case0::main_phase(uvm_phase phase);
45     #100000;
46     uvm_config_db#(real)::set(this, "", "clk_half_period", 200.0);
47     #100000;
48     uvm_config_db#(real)::set(this, "", "clk_half_period", 150.0);
49 endtask
```

但是，使用这种 config_db 的方式很难实现第三种可变时钟。要实现第三种时钟，可以专门编写一个时钟接口：

代码清单　10-15

文件：src/ch10/section10.1/10.1.2/component/clk_if.sv
```
4 interface clk_if();
5     logic clk;
6 endinterface
```

在 top_tb 中实例化这个接口，并在需要时钟的地方以如下的方式引用：

代码清单 10-16

```
文件: src/ch10/section10.1/10.1.2/component/top_tb.sv
27 clk_if cif();
...
31 dut my_dut(.clk(cif.clk),
32            .rst_n(rst_n),
...
```

为可变时钟从 uvm_component 派生一个类：

代码清单 10-17

```
文件: src/ch10/section10.1/10.1.2/component/clk_model.sv
 4 class clk_model extends uvm_component;
 5   `uvm_component_utils(clk_model)
 6
 7   virtual clk_if  vif;
 8   real  half_period = 100.0;
...
14   function void build_phase(uvm_phase phase);
15     super.build_phase(phase);
16     if(!uvm_config_db#(virtual clk_if)::get(this, "", "vif", vif))
17       `uvm_fatal("clk_model", "must set interface for vif")
18     void'(uvm_config_db#(real)::get(this, "", "half_period", half_perio
     d));
19     `uvm_info("clk_model", $sformatf("clk_half_period is %0f", half_peri od),
     UVM_MEDIUM)
20   endfunction
21
22   virtual task run_phase(uvm_phase phase);
23     vif.clk = 0;
24     forever begin
25       #(half_period*1.0ns) vif.clk = ~vif.clk;
26     end
27   endtask
28 endclass
```

在 env 中，实例化此类：

代码清单 10-18

```
文件: src/ch10/section10.1/10.1.2/component/my_env.sv
 4 class my_env extends uvm_env;
...
10   clk_model  clk_sys;
...
20   virtual function void build_phase(uvm_phase phase);
...
28     clk_sys = clk_model::type_id::create("clk_sys", this);
...
```

```
33    endfunction
...
38 endclass
```

在这种使用方式中，时钟接口被封装在了一个 *component* 中。在需要新的时钟模型时，只需要从 clk_model 派生一个新的类，然后在新的类中实现时钟模型。使用 *factory* 机制的重载功能将 clk_model 用新的类重载掉。通过这种方式，可以将时钟设置为任意想要的行为。

10.2 layer sequence

*10.2.1 复杂 sequence 的简单化

在网络传输中，以太网包是最底层的包，在其上还有 IP 包、UDP 包、TCP 包等。现在只考虑 IP 包与 mac 包。my_transaction（mac 包）在前文中已经定义过了，下面给出 IP 包的定义：

代码清单　10-19

```
文件: src/ch10/section10.2/10.2.1/ip_transaction.sv
 4 class ip_transaction extends uvm_sequence_item;
 5
 6    //ip header
 7    rand    bit [3:0]  version;//protocol version
 8    rand    bit [3:0]  ihl;// ip header length
 9    rand    bit [7:0]  diff_service; // service type, tos(type of service)
10    rand    bit [15:0] total_len;// ip telecom length, include payload, byte
11    rand    bit [15:0] iden;//identification
12    rand    bit [2:0]  flags;//flags
13    rand    bit [12:0] frag_offset;//fragment offset
14    rand    bit [7:0]  ttl;// time to live
15    rand    bit [7:0]  protocol;//protocol of data in payload
16    rand    bit [15:0] header_cks;//header checksum
17    rand    bit [31:0] src_ip; //source ip address
18    rand    bit [31:0] dest_ip;//destination ip address
19    rand    bit [31:0] other_opt[];//other options and padding
20    rand    bit [7:0]  payload[];//data
...
60 endclass
```

在以太网的发送中，IP 包整体被作为 mac 包的负荷。现在要求在发送的 mac 包中指定 IP 地址等数据，这需要约束 mac 包 pload 的值：

代码清单　10-20

```
virtual task body();
   my_transaction m_tr;
   repeat (10) begin
     assert(ip_tr.randomize() with {ip_tr.src_ip == 'h9999;
     ip_tr.dest_ip == 'h10000;})
```

```
            m_tr = new("m_tr");
            assert(m_tr.randomize());
            {m_tr.pload[15], m_tr.pload[14], m_tr.pload[13], m_tr.pload[12]} == 32
            'h9999;
            {m_tr.pload[19], m_tr.pload[18], m_tr.pload[17], m_tr.pload[16]} == 32
            'h10000;
            `uvm_send(m_tr)
        end
        #100;
    endtask
```

在 ip_transaction 如此多的域中，如果要对其中某一项进行约束，那么需要仔细计算每一项在 my_transaction 的 pload 中的位置，稍微一不小心就很容易搞错。如果需要约束多项，那么更加麻烦。既然定义了 ip_transaction，这个过程完全可以简化：

代码清单　　10-21

文件: src/ch10/section10.2/10.2.1/my_case0.sv
```
19    virtual task body();
20        my_transaction m_tr;
21        ip_transaction ip_tr;
22        byte unsigned     data_q[];
23        int   data_size;
24        repeat (10) begin
25            ip_tr = new("ip_tr");
26            assert(ip_tr.randomize() with {ip_tr.src_ip == 'h9999; ip_tr.dest_
              ip == 'h10000;})
27            ip_tr.print();
28            data_size = ip_tr.pack_bytes(data_q) / 8;
29            m_tr = new("m_tr");
30            assert(m_tr.randomize with{m_tr.pload.size() == data_size;});
31            for(int i = 0; i < data_size; i++) begin
32                m_tr.pload[i] = data_q[i];
33            end
34            `uvm_send(m_tr)
35        end
36        #100;
37    endtask
```

先将 ip_tr 实例化，并调用 randomize 令其随机化，并在随机化时施加一定的约束。随机完成后，使用 pack_bytes 函数将所有数据打包成一个动态数组作为 my_transaction 的 pload。这个过程比前面的简单多了，但是这样写成的代码可重用性不高。假如现在要测一种 CRC 错误的情况，那么需要将上述代码改写为：

代码清单　　10-22

```
virtual task body();
    my_transaction m_tr;
    ip_transaction ip_tr;
    byte unsigned     data_q[];
```

```
      int  data_size;
      repeat (10) begin
        ip_tr = new("ip_tr");
        assert(ip_tr.randomize() with {ip_tr.src_ip == 'h9999; ip_tr.dest_ip =
        = 'h10000;})
        ip_tr.print();
        data_size = ip_tr.pack_bytes(data_q) / 8;
        m_tr = new("m_tr");
        assert(m_tr.randomize with{m_tr.pload.size() == data_size; m_tr.crc_er
        r == 1});
        for(int i = 0; i < data_size; i++) begin
           m_tr.pload[i] = data_q[i];
        end
        `uvm_send(m_tr)
      end
      #100;
    endtask
```

上述代码只是改变了代码清单 10-21 中的第 30 行，而与 ip_transaction 相关部分的第 25 ～ 28 行完全没有变过，变的只是 my_transaction 部分。同样的，如果要施加给 DUT IP checksum 错误的包：

代码清单　10-23

```
virtual task body();
      my_transaction m_tr;
      ip_transaction ip_tr;
      byte unsigned     data_q[];
      int  data_size;
      repeat (10) begin
        ip_tr = new("ip_tr");
        assert(ip_tr.randomize() with {ip_tr.src_ip == 'h9999; ip_tr.dest_ip =
        = 'h10000;})
        ip_tr.header_cks = $urandom_range(10000, 0);
        ip_tr.print();
        data_size = ip_tr.pack_bytes(data_q) / 8;
        m_tr = new("m_tr");
        assert(m_tr.randomize with{m_tr.pload.size() == data_size;});
        for(int i = 0; i < data_size; i++) begin
           m_tr.pload[i] = data_q[i];
        end
        `uvm_send(m_tr)
      end
      #100;
    endtask
```

这里只是对代码清单 10-21 的第 26 行与第 27 行之间插入一句对 header_cks 赋随机值的语句。与 mac 相关的代码不需要做任何变更。

代码清单 10-21、代码清单 10-22 和代码清单 10-23 中的代码几乎完全相同，但却是不同的测试用例。同样的代码在不同的地方出现，这是非常不合理的。要提高代码的可重用性，一种办法是将与 ip 相关的代码写成一个函数，而与 mac 相关的代码写成另外一个函数，将这些基本的函数放在 base_sequence 中。在新建测试用例时，从 base_sequence 派生新的 sequence，并调用之前写好的函数。

另外一种办法是使用 *layer sequence*。在代码清单 10-21 中，同一个 *sequence* 中产生了两种不同的 *transaction*，虽然这两种 *transaction* 之间有必然的联系（ip_transaction 作为 my_transaction 的 pload），但是将它们放在一起并不合适。最好的办法是将它们分离，一个 *sequence* 负责产生 ip_transaction，另外 *sequence* 负责产生 my_transaction，前者将产生的 ip_transaction 交给后者。这就是 *layer sequence*。

*10.2.2 layer sequence 的示例

产生 ip_transaction 的 *sequence* 如下：

代码清单 10-24

```
文件: src/ch10/section10.2/10.2.2/my_case0.sv
 4 class ip_sequence extends uvm_sequence #(ip_transaction);
 ...
20    virtual task body();
21       ip_transaction ip_tr;
22       repeat (10) begin
23          `uvm_do_with(ip_tr, {ip_tr.src_ip == 'h9999; ip_tr.dest_ip ==
             'h10000;})
24       end
25       #100;
26    endtask
27
28    `uvm_object_utils(ip_sequence)
29 endclass
```

其相应的 *sequencer* 如下：

代码清单 10-25

```
文件: src/ch10/section10.2/10.2.2/ip_sequencer.sv
 4 class ip_sequencer extends uvm_sequencer #(ip_transaction);
 5
 6    function new(string name, uvm_component parent);
 7       super.new(name, parent);
 8    endfunction
 9
10    `uvm_component_utils(ip_sequencer)
11 endclass
```

这个 *sequencer* 需要在 my_agent 中实例化，在这种情况下，my_agent 中有两个 *sequencer*：

代码清单　10-26

```
文件: src/ch10/section10.2/10.2.2/my_agent.sv
23 function void my_agent::build_phase(uvm_phase phase);
24    super.build_phase(phase);
25    if (is_active == UVM_ACTIVE) begin
26       ip_sqr = ip_sequencer::type_id::create("ip_sqr", this);
27       sqr = my_sequencer::type_id::create("sqr", this);
28       drv = my_driver::type_id::create("drv", this);
29    end
30    mon = my_monitor::type_id::create("mon", this);
31 endfunction
```

要 使 用 *layer sequence*，最 关 键 的 问 题 是 如 何 将 ip_transaction 能 够 交 给 产 生 my_transaction 的 *sequence*。由 于 ip_transaction 是 由 一 个 *sequence* 产 生 的，模 仿 *driver* 从 *sequencer* 获 取 *transaction* 的 方 式，在 my_sequencer 中 加 入 一 个 端 口，并 将 其 实 例 化：

代码清单　10-27

```
文件: src/ch10/section10.2/10.2.2/my_sequencer.sv
 4 class my_sequencer extends uvm_sequencer #(my_transaction);
 5    uvm_seq_item_pull_port #(ip_transaction) ip_tr_port;
...
11    function void build_phase(uvm_phase phase);
12       super.build_phase(phase);
13       ip_tr_port = new("ip_tr_port", this);
14    endfunction
...
17 endclass
```

在 my_agent 中，将 这 个 端 口 和 ip_sqr 的 相 关 端 口 连 接 在 一 起：

代码清单　10-28

```
文件: src/ch10/section10.2/10.2.2/my_agent.sv
33 function void my_agent::connect_phase(uvm_phase phase);
34    super.connect_phase(phase);
35    if (is_active == UVM_ACTIVE) begin
36       drv.seq_item_port.connect(sqr.seq_item_export);
37       sqr.ip_tr_port.connect(ip_sqr.seq_item_export);
38    end
39    ap = mon.ap;
40 endfunction
```

之 后 在 产 生 my_transaction 的 *sequence* 中：

代码清单　10-29

```
文件: src/ch10/section10.2/10.2.2/my_case0.sv
31 class my_sequence extends uvm_sequence #(my_transaction);
...
37    virtual task body();
38       my_transaction m_tr;
```

```
39        ip_transaction ip_tr;
40        byte unsigned      data_q[];
41        int   data_size;
42        while(1) begin
43          p_sequencer.ip_tr_port.get_next_item(ip_tr);
44          data_size = ip_tr.pack_bytes(data_q) / 8;
45          m_tr = new("m_tr");
46          assert(m_tr.randomize with{m_tr.pload.size() == data_size;});
47          for(int i = 0; i < data_size; i++) begin
48            m_tr.pload[i] = data_q[i];
49          end
50          `uvm_send(m_tr)
51          p_sequencer.ip_tr_port.item_done();
52        end
53     endtask
54
55     `uvm_object_utils(my_sequence)
56     `uvm_declare_p_sequencer(my_sequencer)
57 endclass
```

由于需要用到 *sequencer* 中的 ip_tr_port，所以要使用 declare_p_sequencer 宏声明 *sequencer*。这个 *sequence* 被做成了一个无限循环的 *sequence*，因为它需要时刻从 ip_tr_port 得到新的 ip_transaction，这类似于 *driver* 中的无限循环。由于设置了无限循环，所以不能在其中提起或者撤销 *objection*。*objection* 要在 ip_sequence 中控制。

之后，需要启动这两个 *sequence*。可以使用 default_sequence 的形式：

代码清单　10-30

```
文件: src/ch10/section10.2/10.2.2/my_case0.sv
70 function void my_case0::build_phase(uvm_phase phase);
71    super.build_phase(phase);
72
73    uvm_config_db#(uvm_object_wrapper)::set(this,
74                            "env.i_agt.ip_sqr.main_phase",
75                            "default_sequence",
76                            ip_sequence::type_id::get());
77    uvm_config_db#(uvm_object_wrapper)::set(this,
78                            "env.i_agt.sqr.main_phase",
79                            "default_sequence",
80                            my_sequence::type_id::get());
81 endfunction
```

也可以使用 default_sequence 的形式，前提是 vsqr 中已经有成员变量指向相应的 *sequencer*：

代码清单　10-31

```
class case0_vseq extends uvm_sequence;
  virtual task body();
    ip_sequence ip_seq;
```

```
    my_sequence my_seq;
    fork
        `uvm_do_on(my_seq, p_sequencer.p_my_sqr)
    join_none
    `uvm_do_on(ip_seq, p_sequencer.p_ip_sqr)
  endtask
endclass
```

当后面构建 CRC 错误包的激励时，只需要建立 crc_sequence，并在 my_sequecer 上启动。而此时 ip_sequencer 上依然是 ip_sequence，不受影响。

当需要构建 checksum 错误的激励时，也只需要建立 cks_err_seq，并在 ip_sequencer 上启动，此时 my_sequencer 上启动的是 my_sequence，不受影响。

layer sequence 对于初学者来说会比较复杂。在上一节中，*layer sequence* 只是解决问题的一种策略，另外一种策略是在 base_sequence 中写函数 / 任务。在这个例子中，相比 base_sequence，*layer sequence* 并没有明显的优势。但是当问题非常复杂时，*layer sequence* 会逐渐体现出其优势。在大型的验证平台中，*layer sequence* 的应用非常多。

*10.2.3 layer sequence 与 try_next_item

在上一节中，最终的 my_driver 使用 get_next_item 从 my_sequencer 中得到数据：

代码清单　10-32

```
文件: src/ch10/section10.2/10.2.2/my_driver.sv
22 task my_driver::main_phase(uvm_phase phase);
...
27    while(1) begin
28       seq_item_port.get_next_item(req);
29       drive_one_pkt(req);
30       seq_item_port.item_done();
31    end
32 endtask
```

在 2.4.2 节的末尾曾经提过，与 get_next_item 相比，try_next_item 更加接近实际情况。在实际应用中，try_next_item 用得更多。现在将 get_next_item 改为 try_next_item：

代码清单　10-33

```
task my_driver::drive_idle();
  `uvm_info("my_driver", "item is null", UVM_MEDIUM)
  @(posedge vif.clk);
endtask

task my_driver::main_phase(uvm_phase phase);
  ...
  while(1) begin
    seq_item_port.try_next_item(req);
    if(req == null) begin
```

```
          drive_idle();
        end
        else begin
          `uvm_info("my_driver", "get one pkt", UVM_MEDIUM)
          drive_one_pkt(req);
          seq_item_port.item_done();
        end
      end
endtask
```

重新运行上节的例子，会发现在前后两个有效的 req 之间，my_driver 总会打印一句 "item is null"，说明 *driver* 没有得到 *transaction*：

```
UVM_INFO my_driver.sv(39) @ 81100000: uvm_test_top.env.i_agt.drv [my_driver] get
one pkt
UVM_INFO my_driver.sv(24) @ 166300000: uvm_test_top.env.i_agt.drv [my_driver]
item is null
UVM_INFO my_driver.sv(39) @ 166500000: uvm_test_top.env.i_agt.drv [my_driver]
get one pkt
```

当 my_driver 没有得到 *transaction* 时，它只是等待一个时钟，相当于空闲一个时钟。在某些协议中，除非故意出现空闲，否则这样正常的驱动数据中出现的空闲将会导致时序错误。避免这个问题的一个办法是不用 try_next_item，而使用 get_next_item。但是正如一开始说的，try_next_item 更接近真实的情况。使用 get_next_item 有两个问题：

一是某些协议并不是上电复位后马上开始发送正常数据，而是开始发送一些空闲数据 *sequence*，这些数据有特定的要求，并不是一成不变的（即代码清单 10-33 中的 drive_idle 中应该发送具体的数据，而不只是纯粹延时）。当空闲数据 *sequence* 发送完毕后，经过某些交互开始发送正常的数据。一旦开始发送正常数据，就不能再在正常数据中间插入空闲数据。对于这种情况，如果使用 get_next_item，那么将难以处理在上电复位后要求发送的空闲数据 *sequence*。

二是当 drop_objection 后的 drain_time（请参考 5.2.4 节）的这段时间也要求发送空闲数据 *sequence*。但是此时 *sequence* 已经不提供 *transaction* 了，所以 my_driver 无法按照要求驱动这些空闲数据 *sequence*。

所以还是应该使用 try_next_item。在代码清单 10-24 的 ip_sequence 与代码清单 10-29 的 my_sequence 并没有插入任何的时延，所以 my_driver 应该一直得到有效的 req，而不应该出现这种得不到 *transaction* 的情况。那么问题出在什么地方？

SystemVerilog 是按照事件驱动进行仿真的。在每一个时刻有很多事件。为了处理这众多的事件，SystemVerilog 使用时间槽来管理它们。如图 10-1 所示，时间轴上方为 n 时刻的部分时间槽，时间轴下方为 n+1 时刻的部分时间槽。在 n 时刻的时间槽 p 中，*driver* 驱动数据并调用 item_done，以及调用 try_next_item 试图获取下一个 transaction。my_sequencer 一方面使 try_next_item 等待一个时间槽，另外一方面将 item_done 转发给 my_sequence（事实上，并不是简单的转发，而是通知 my_sequence 当前的 *transaction* 已经被 *driver* 驱动完毕，

可以产生下一个 *transaction*，为了方便，可以认为转发 item_done）。这里为什么要令 try_next_item 等待一个时间槽呢？因为 my_sequence 收到 item_done 的信息，向其 *sequencer* 递交产生下一个 *transaction* 的请求，及最后生成 *transaction* 交给 *sequencer* 是需要时间来完成的。my_sequence 收到 item_done 后，也向 ip_sequencer 发出 item_done 信息，并使用 get_next_item 获取下一个 item。ip_sequencer 把 item_done 转发给 ip_sequence。ip_sequence 收到 item_done 后，结束上一个 uvm_do，开始下一个 uvm_do，产生新的 item。上述这一切都是在时间槽 p 中完成的。

driver	item_done(), try_next_item()	sequencer 的 item 缓存中没有数据，try_next_item 没有得到 item。@(posedge clk)	
my_sequencer	转发 item_done，让 try_next_item 等一个时间槽	在本时间槽开始时，其 item 缓存中依然是空的。	在本时间槽开始时，其 item 缓存中已经有了 sequence 的 item。等待 item_done。
my_sequence	上一个 uvm_do 结束, item_done(), get_next_item()	get_next_item 得到了 item，处理数据，下一个 uvm_do 生成 item	等待 item_done。
ip_sequencer	转发 item_done，让 get_next_item 处于等待状态	在本时间槽开始时，其 item 缓存中已经有了 sequence 的 item。等待 item_done。	等待 item_done。
ip_sequence	上一个 uvm_do 结束，下一个 uvm_do 开始，产生新的 item	等待 item_done	等待 item_done

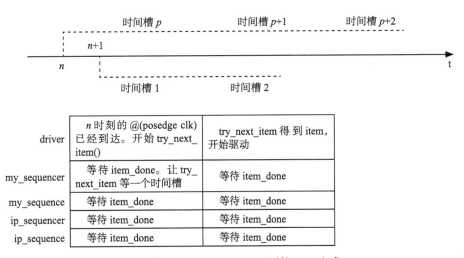

driver	n 时刻的 @(posedge clk) 已经到达。开始 try_next_item()	try_next_item 得到 item，开始驱动
my_sequencer	等待 item_done。让 try_next_item 等一个时间槽	等待 item_done
my_sequence	等待 item_done	等待 item_done
ip_sequencer	等待 item_done	等待 item_done
ip_sequence	等待 item_done	等待 item_done

图 10-1　*layer sequence* 下的 item 生成

在时间槽 p 结束时（或者说时间槽 p+1 开始时），ip_sequencer 的 item 缓存中已经有数据了，此时 my_sequence 的 get_next_item 得到了数据。但是此时，my_sequencer 的 item 缓存中依然是空的。*driver* 发出的 try_next_item 在这个时间槽发现 my_sequencer 的 item 缓存为空，于是直接返回 null，*driver* 得到 null 后，开始 drive_idle，即等待下一个时钟的上升沿。

在时间槽 $p+1$ 结束时（或者说时间槽 $p+2$ 开始时），my_sequence 已经将生成的数据送入 my_sequencer 的 item 缓存了。但是此时 *driver* 并没有向 my_sequencer 索要数据，而是处于 @(posedge clk) 的状态。

在 $n+1$ 时刻，下一个时钟的上升沿到来。在 $n+1$ 时刻的时间槽 1，*driver* 开始 try_next_item。此时 my_sequencer 收到了这个请求，虽然此时它的缓存中是非空的，但是依然让 try_next_item 等待一个时间槽。在 $n+1$ 时刻的时间槽 2，*driver* 的 try_next_item 如愿得到了想要的 *transaction*。

从上述过程可以看出，主要问题在于 n 时刻时 *driver* 的 try_next_item 调用过早。如果不是在时间槽 p 调用，而是在时间槽 $p+1$ 调用，那么在时间槽 $p+2$ 时，try_next_item 就可以由 my_sequencer 的 item 缓存中得到 *transaction* 了。在 UVM 中，这可以通过调用任务 uvm_wait_for_nba_region 来实现：

代码清单　10-34

```
文件: src/ch10/section10.2/10.2.3/my_driver.sv
23 task my_driver::drive_idle();
24    `uvm_info("my_driver", "item is null", UVM_MEDIUM)
25    @(posedge vif.clk);
26 endtask
27
28 task my_driver::main_phase(uvm_phase phase);
...
33    while(1) begin
34      uvm_wait_for_nba_region();
35      seq_item_port.try_next_item(req);
36      if(req == null) begin
37         dirve_idle();
38      end
39      else begin
40         drive_one_pkt(req);
41         seq_item_port.item_done();
42      end
43    end
44 endtask
```

*10.2.4　错峰技术的使用

上节通过增加 uvm_wait_for_nba_region 的方式能够解决问题，但是它并不是一个完美的解决方案。假如上述 layer sequence 又多了一层，如图 10-2 所示。

在这种情况下，从 udp_seq 发出 item 到 *driver* 的 try_next_item 能够检测到需要 2 个时间槽的延时。只增加一个 uvm_wait_for_nba_region 是没有用处的，需要再增加一个。当 *layer sequence* 的层数再增加时，相应的也需要再增加。这种解决方案显得非常的丑陋。

上述问题的关键在于 item_done 和 try_next_item 是在同一时刻被调用，这导致了时间槽的竞争。如果能够将它们错开调用，那么这个问题也将不会是问题：

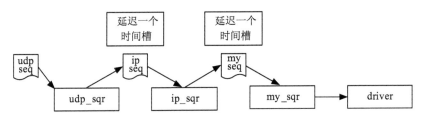

图 10-2 多重 *layer sequence*

代码清单   10-35

```
文件: src/ch10/section10.2/10.2.4/my_driver.sv
23 task my_driver::drive_idle();
24    `uvm_info("my_driver", "item is null", UVM_MEDIUM)
25 endtask
26
27 task my_driver::main_phase(uvm_phase phase);
...
32    while(1) begin
33       @(posedge vif.clk);
34       seq_item_port.try_next_item(req);
35       if(req == null) begin
36          drive_idle();
37       end
38       else begin
39          drive_one_pkt(req);
40          seq_item_port.item_done();
41       end
42    end
43 endtask
```

在 item_done 被调用后，并不是立即调用 try_next_item，而是等待下一个时钟的上升沿到来后再调用。在这种情况下，图 10-1 将会变为图 10-3 所示形式。

driver	item_done(), @(posedge clk)		
my_sequencer	转发 item_done，让 try_next_item 等一个时间槽	在本时间槽开始时，其 item 缓存中依然是空的。	在本时间槽开始时，其 item 缓存中已经有了 item。等待 item_done。
my_sequence	上一个 uvm_do 结束，item_done(), get_next_item()	get_next_item 得到了 item，处理数据，下一个 uvm_do 生成 item	等待 item_done。
ip_sequencer	转发 item_done，让 get_next_item 处于等待状态	在本时间槽开始时，其 item 缓存中已经有了 item。等待 item_done。	等待 item_done。
ip_sequence	上一个 uvm_do 结束，下一个 uvm_do 开始，产生新的 item	等待 item_done	等待 item_done

图 10-3 错峰技术下 *transaction* 的生成

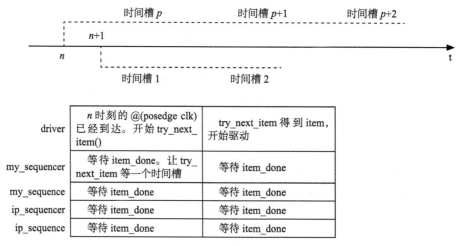

图 10-3 （续）

10.3 sequence 的其他问题

*10.3.1 心跳功能的实现

在某些协议中，需要 *driver* 每隔一段时间向 DUT 发送一些类似心跳的信号。这些心跳信号的包与其他的普通的包并没有本质上的区别，其使用的 *transaction* 也都是普通的 *transaction*。

发送这种心跳包有两种选择，一种是在 *driver* 中实现，*driver* 负责包的产生、发送：

代码清单 10-36

```
task my_driver::main_phase(uvm_phase phase);
  fork
    while(1) begin
      #delay;
      drive_heartbeat_pkt();
    end
    while(1) begin
      seq_item_port.get_next_item(req);
      drive_one_pkt(req);
      seq_item_port.item_done();
    end
  join
endtask
```

另外一种是在 *sequence* 中实现，这个 *sequence* 被做成一种无限循环的 *sequence*，这个 *sequence* 精确地计时，当需要发送心跳包时，生成一个心跳包并发送出去：

代码清单 10-37

```
class heartbeat_sequence extends uvm_sequence #(my_transaction);
   virtual task body();
      while(1) begin
        #delay;
        `uvm_do(heartbeat_tr)
      end
   endtask
endclass
```

使用 *sequence* 的实现方式需要在 *sequence* 中引入时序，这可能会让只在 *sequence* 中写 uvm_do 宏的用户感觉相当不习惯。虽然在上述示例代码中使用了绝对延时，但是一般在代码中最好不要使用绝对延时，而使用 *virtual sequence*。一般在 *sequencer* 中通过 config_db::get 得到 *virtual sequence*，在 *sequence* 中使用 p_sequencer.vif 的形式引用：

代码清单 10-38

```
virtual task body();
   my_transaction heartbeat_tr;
   while(1) begin
      repeat(10000) @(posedge p_sequencer.vif.clk);
      grab();
      `uvm_do(heartbeat_tr)
      ungrab();
   end
endtask
```

一个 *driver* 除了发送心跳包之外，它还会发送一些其他包。这就意味着要在这个 *driver* 相应的 *sequener* 上启动多个 *sequence*。在这些 *sequence* 产生的 *transaction* 中，心跳包优先级较高，当前正在发送的包在发送完成后应该立即发送心跳包，所以在上述 *sequence* 中应使用 grab 功能。

如果使用 *virtual sequence* 启动此 *sequence*，需要使用 fork join_none 的方式：

代码清单 10-39

```
文件: src/ch10/section10.3/10.3.1/my_case0.sv
43 class case0_vseq extends uvm_sequence #(my_transaction);
...
59   virtual task body();
60      case0_sequence normal_seq;
61      heartbeat_sequence heartbeat_seq;
62      heartbeat_seq = new("heartbeat_seq");
63      heartbeat_seq.starting_phase = this.starting_phase;
64      fork
65         heartbeat_seq.start(p_sequencer.p_sqr);
66      join_none
67      `uvm_do_on(normal_seq, p_sequencer.p_sqr)
68   endtask
...
72 endclass
```

normal_seq 为另外一个启动的 *sequence*，不能使用如下的方式启动：

代码清单　10-40

```
virtual task body();
   case0_sequence normal_seq;
   heartbeat_sequence heartbeat_seq;
   fork
      `uvm_do_on(heartbeat_seq, p_sequencer.p_sqr)
      `uvm_do_on(normal_seq, p_sequencer.p_sqr)
   join
endtask
```

因为心跳 *sequence* 是无限循环的。上述的启动方式会导致整个 body 无法停止。

使用 fork join_none 的形式启动心跳 *sequence* 的一个问题是 *driver* 可能正在发送一个心跳包，但是此时 virtual_sequence 的 *objection* 被撤销了，main_phase 停止，退出仿真。在某些 DUT 的实现中，这种只发送了一半的包是不允许的，可能会导致最终检查结果异常。为了避免这种情况的出现，在心跳 *sequence* 中要发送 *transaction* 前 *raise objection*，在发送完后 *drop objection*：

代码清单　10-41

```
文件: src/ch10/section10.3/10.3.1/my_case0.sv
 4 class heartbeat_sequence extends uvm_sequence #(my_transaction);
...
10    virtual task body();
11       my_transaction heartbeat_tr;
12       while(1) begin
13          repeat(100) @(posedge p_sequencer.vif.clk);
14          grab();
15          starting_phase.raise_objection(this);
16          `uvm_do_with(heartbeat_tr, {heartbeat_tr.pload.size == 50;})
17          `uvm_info("hb_seq", "this is a heartbeat transaction", UVM_MEDIUM)
18          starting_phase.drop_objection(this);
19          ungrab();
20       end
21    endtask
...
25 endclass
```

这种方式在启动的时候要谨记如代码清单 10-39 所示给此心跳 *sequence* 的 starting_phase 赋值。

如果不使用手工方式启动此 *sequence*，也可以使用 default_sequence 的方式启动。此时相当于 my_sequencer 上以两种不同的方式启动了两个 *sequence*：一是以 default_sequence 的形式启动，二是在 virtual_sequence 中启动。

无论在 *sequence* 还是在 *driver* 中实现心跳包的功能，都是完全可以的。由于心跳包需要和另外的包竞争 *driver*，所以如果使用 *driver* 实现心跳包，则需要手工实现这种仲裁功能。而如果在 *sequence* 中实现，则由于 UVM 的 *sequence* 机制天生具有仲裁的功能，用户可以省略仲裁的代码。

在 *sequence* 中实现的另一个好处是可以更加容易地控制心跳频率的改变。例如测试一个心跳包异常的测试用例，使其每隔 5 个心跳包少发一个心跳包，此时只需要重写一个 *sequence* 即可。这个新的 *sequence* 对老的心跳 *sequence* 没有任何影响，同时也不需要对 *driver* 进行任何变更。

sequence 与 *driver* 共同组合起来用于控制激励源的发送。当要控制某种特定激励源的发送时，这种控制功能既可以由 *driver* 实现，也可以由 *sequence* 实现。在某些情况下，可以将 *driver* 的一些行为移到 *sequence* 中实现，这会使得验证平台的编写更加简单。UVM 提供了强大的灵活性，同样的一件事情可以使用多种方式实现。

10.3.2　只将 virtual_sequence 设置为 default_sequence

在 3.5.8 节中介绍 cofig_db 机制时，曾经介绍 config_db 机制最大的问题在于其 set 函数的第二个参数是一个字符串，而 UVM 本身不对这个字符串所代表的路径是否有效做任何检查。这会导致一些莫名其妙的问题。在 7.1.1 节引入了 bus_agt，假如在 *env* 中使用如下的代码将其实例化：

代码清单　10-42

```
virtual function void build_phase(uvm_phase phase);
   super.build_phase(phase);
   bus_agt = bus_agent::type_id::create("bus_agt", this);
   i_agt   = my_agent::type_id::create ("i_agt  ", this);
   ...
endfunction
```

这个实例化不存在任何问题，并且充分考虑到了代码的美观性，对双引号进行了对齐。在某个测试用例中，可以使用如下的方式分别为他们设置 default_sequence：

代码清单　10-43

```
function void my_case0::build_phase(uvm_phase phase);
   super.build_phase(phase);
   uvm_config_db#(uvm_object_wrapper)::set(this,
                                   "env.i_agt.sqr.main_phase",
                                   "default_sequence",
                                   case0_seq::type_id::get());
   uvm_config_db#(uvm_object_wrapper)::set(this,
                                   "env.bus_agt.sqr.main_phase",
                                   "default_sequence",
                                   case0_bus_seq::type_id::get());
endfunction
```

运行上述测试用例，发现 bus_agt 的 *sequencer* 上设置的 default_sequence 启动了，但是 i_agt 的 *sequencer* 上设置的 default_sequence 则没有启动。这是为什么？

这个 bug 非常隐蔽。当将 bus_agt 和 i_agt 实例化的时候，为了美观，在 i_agt 的名字后加了空格，而 UVM 将双引号之间的字符串都当做 i_agt 的名字。假如在 i_agt.sqr 中调用 get_full_name 函数，那么得到的结果如下：

```
uvm_test_top.env.i_agt .sqr
```

可以很清晰地看到空格是名字的一部分。这种 bug 让人防不胜防，如果运气好，可能马上就会发现这个 bug，但是如果不好，可能要一两个小时才能发现。或许会有读者说，这一切都是由代码美观引起的。其实代码美观本身并没有错，并不能因为这一处小小的 bug 而放弃对代码美观的追求。

真正的问题还在于 config_db 机制不对 set 函数的第二个参数提供检查。当 config_db::set 用的越多，这种 bug 出现的机率也就越大。因此，应该尽量避免 config_db::set 的使用。在本节中，即尽量少设置 default_sequence，只将 *virtual sequence* 设置为 default_sequence。

如果只将 *virtual sequence* 设置为 default_sequence，那么所有其他的 *sequence* 都在其中启动。其中带来的一个好处是向 *sequence* 传递参数更加方便。6.6.1 节介绍了在 *sequence* 中使用 config_db 机制来获取运行所需要的参数。上面已经见识过 config_db 机制可能带来的隐患。如果使用 *virtual sequence* 启动一个 *sequence*，那么可以使用如下的方式为其赋值：

代码清单　10-44

```
class case_vseq extends uvm_sequence;
   virtual task body();
      normal_seq nseq;
      nseq = new();
      nseq.xxx = yyy;
      nseq.start(p_sequencer.p_sqr)
   endtask
endclass
```

这在很大程度上避免了 config_db 的字符串引出的问题。

10.3.3　disable fork 语句对原子操作的影响

在网络通信系统中有各种各样的计数器。通常来说，这些计数器的类型是 7.2.1 节介绍的 W1C，即写 1 清零。由于是 W1C，那么对于这个计数器来说，就存在如下的情况：总线正在对其进行写清操作，同时 DUT 内部正在累加此计数器。在这种极端情况下，可能会导致计数器计数错误或者直接挂起，后续完全无法再正常计数。因此需要对这种情况做测试。

在 *virtual sequence* 中开启如下两个进程：

代码清单　10-45

```
class caw_vseq extends uvm_sequence;
   caw_seq    demo_s;
   logic[31:0] rdata;
```

```
      virtual task body();
         uvm_status_e status;
         if(starting_phase != null)
            starting_phase.raise_objection(this);
         demo_s = caw_seq::type_id::create("demo_s");
         fork
            begin
               demo_s.start(p_sequencer.p_cp_sqr);
            end
            while(1) begin
               p_sequencer.p_rm.counter.write(status, 1, UVM_FRONTDOOR);

            end
         join_any
         disable fork;
         p_sequencer.p_rm.counter.read(status, rdata, UVM_FRONTDOOR);
         demo_s.start(p_sequencer.p_cp_sqr);
         p_sequencer.p_rm.counter.read(status, rdata, UVM_FRONTDOOR);
         if(starting_phase != null)
            starting_phase.drop_objection(this);
      endtask
   endclass
```

上述代码看似解决了问题，但是出现了一个新的情况是程序无法终止。在此测试用例中，在运行 disable fork 语句之后读取计数器时，会发现此寄存器正在写，于是一直等待。究其原因在于 UVM 的寄存器模型的 write 操作是原子操作，如果只是使用 disable fork 语句野蛮地终止，那么此原子操作尚未完成，于是虽然进程终止了，但是其中的一些原子操作标志位并没有清除，从而出现错误。

正确的解决方法是：

代码清单 10-46

```
class caw_vseq extends uvm_sequence;
   caw_seq      demo_s;
   semaphore    m_atomic = new(1);
   logic[31:0] rdata;
   virtual task body();
      uvm_status_e status;
      if(starting_phase != null)
         starting_phase.raise_objection(this);
      demo_s = caw_seq::type_id::create("demo_s");
      fork
         begin
            demo_s.start(p_sequencer.p_cp_sqr);
            m_atomic.get(1);
         end
         while(1) begin
            if(m_atomic.try_get(1)) begin
               p_sequencer.p_rm.counter.write(status, 1, UVM_FRONTDOOR);
               m_atomic.put(1);
```

```
            end
         else begin
            break;
         end
      end
   join
   p_sequencer.p_rm.counter.read(status, rdata, UVM_FRONTDOOR);
   demo_s.start(p_sequencer.p_cp_sqr);
   p_sequencer.p_rm.counter.read(status, rdata, UVM_FRONTDOOR);
   if(starting_phase != null)
      starting_phase.drop_objection(this);
   endtask
endclass
```

通过使用 semaphore，每次写 counter 寄存器之前都会试图从 semaphore 中得到一个键值，如果无法得到，则表示另外一个进程（demo_s 进程）已经执行完毕，此时 while 循环也没有必要进行下去，直接终止。

10.4　DUT 参数的随机化

验证中有两大问题：一是向 DUT 灌输不同的激励，二是为 DUT 配置不同的参数。对于前者，本书一直在介绍如何发送不同的激励，本节介绍如何在 UVM 中为 DUT 配置不同的参数。

10.4.1　使用寄存器模型随机化参数

在 7.7.3 节曾经介绍过可以使用寄存器模型的随机化及 update 来为 DUT 选择一组随机化的参数：

代码清单　10-47

```
assert(p_rm.randomize());
p_rm.updata(status, UVM_FRONTDOOR);
```

上述方式随机化出来的参数可能是任意组合。但是，在很多情况下用户希望的是一种特定的组合。如对于一个压缩算法来说，它可以有有损压缩、无损压缩及不压缩三种模式。在建立测试用例时，需要为这个算法模块至少建立四个测试用例：有损压缩的、无损压缩的、不压缩的及以上三种随机组合的。在建立前三个测试用例时，需要将参数随机化的范围缩小。

如何缩小随机化的范围？这里提供三种方式：

一是只将需要随机化的寄存器调用 randomize 函数，其他不调用。在调用时指定约束：

代码清单　10-48

```
assert(p_rm.reg1.randomize() with { reg_data.value == 5'h3;});
assert(p_rm.reg2.randomize() with { reg_data.value >= 7'h9;});
```

二是在调用整体的 randomize 函数时，为需要指定参数的寄存器指定约束：

代码清单　10-49

```
assert(p_rm.randomize() with {reg1.reg_data.value == 5'h3;
                              reg2.reg_data.value >= 7'h9});
```

第三种方式则是借助于 *factory* 机制的重载功能，从需要随机的寄存器中派生一个新的类，在新的类中指定约束，最后再使用重载替换掉原先寄存器模型中相应的寄存器：

代码清单　10-50

```
class dreg1 extends my_reg1;
   constraint{
     reg_data.value == 5'h3;
   }
endclass
class dreg2 extends my_reg2;
   constraint{
       reg_data.value >= 7'h9;
   }
endclass
```

*10.4.2　使用单独的参数类

上节提供了使用寄存器模型来随机化 DUT 参数的方式。考虑需要一种跨越寄存器的约束，如需要寄存器 a 中的 field0 的值与寄存器 b 中 field0 的值的和大于 100。上节介绍的三种方式中，只有第二种能够实现：

代码清单　10-51

```
assert(p_rm.randomize() with {rega.field0.value + regb.field0.value >=100;});
```

由于这个约束对所有的测试用例都适用，因此期望它能够写在寄存器模型的 constraint 里：

代码清单　10-52

```
class reg_model extends uvm_reg_block;
  constraint reg_ab_cons{
    rega.field0.value + regb.field0.value >=100;
  }
endclass
```

对于寄存器模型来说，如果这个寄存器模型是自己手工创建的，那么在其中加入 constraint 没有任何问题。但是通常来说，在 IC 公司中，寄存器模型都是由一些脚本命令自动创建的。在一个验证平台中，需要用到寄存器的地方有如下三个，一是 RTL 代码中，二是 SystemVerilog 中，三是 C 语言中。必须时刻保持这三处的寄存器完全一致。当一处有更新时，其他两处必须相应更新。寄存器成百上千个，如果全部手工来做这些事情，将会非常耗费时间和精力。因此一般的 IC 公司会将寄存器的描述放在一个源文件中，如 word 文档、excel 文件、xml 文档中，然后使用脚本从中提取寄存器信息，并分别生成相应的 RTL

代码、UVM 中的寄存器模型及 C 语言中的寄存器模型。当寄存器更新时，只更新源文件即可，其他的可以自动更新。这种方式省时省力，是主流的方式。

在使用脚本创建寄存器模型的情况下，在寄存器模型中加入 constraint 就比较困难。因为很难在源文件（如 word 文档等）中描述约束，尤其是存在跨寄存器的约束时。所以有很多生成寄存器模型的工具并不支持约束。

为了解决这个问题，可以针对 DUT 中需要随机化的参数建立一个 dut_parm 类，并在其中指定默认约束：

代码清单　10-53

```
文件: src/ch10/section10.4/10.4.2/dut_parm.sv
  4 class dut_parm extends uvm_object;
  5    reg_model p_rm;
...
 12    rand bit[15:0] a_field0;
 13    rand bit[15:0] b_field0;
 14
 15    constraint ab_field_cons{
 16       a_field0 + b_field0 >= 100;
 17    }
 18
 19    task update_reg();
 20       p_rm.rega.write(status, a_field0, UVM_FROTDOOR);
 21       p_rm.regb.write(status, b_field0, UVM_FROTDOOR);
 22    endtask
 23 endclass
```

这段代码中指定了一个 update_reg 任务，它用于当参数随机化完成后，把相关的参数更新到 DUT 中。

在 *virtual sequence* 中，可以实例化这个新的类，随机化并调用 update_reg 任务：

代码清单　10-54

```
文件: src/ch10/section10.4/10.4.2/my_case0.sv
 19 class case0_cfg_vseq extends uvm_sequence;
...
 33    virtual task body();
 34       dut_parm pm;
 35       pm = new("pm");
 36       assert(pm.randomize());
 37       pm.p_rm = p_sequencer.p_rm;
 38       pm.update_reg();
 39    endtask
...
 46 endclass
```

这种专门的参数类的形式在跨寄存器的约束较多时特别有用。

10.5 聚合参数

10.5.1 聚合参数的定义

在验证平台中用到的参数有两大类，一类是验证环境与 DUT 中都要用到的参数，这些参数通常都对应 DUT 中的寄存器，10.4.2 节中已经将这些参数组织成了一个参数类；另外一类是验证环境中独有的，比如 *driver* 中要发送的 preamble 数量的上限和下限。本节讲述如何组织这类参数。

对于一个大的项目来说，要配置的参数可能有千百个。如果全部使用 config_db 的写法，那么就会出现下面这种情况：

代码清单　10-55

```
classs base_test extends uvm_test;
  function void build_phase(uvm_phase phase);
    super.build_phase(phase);
    uvm_config_db#(int)::set(this, "path1", "var1", 7);
    ...
    uvm_config_db#(int)::set(this, "path1000", "var1000", 999);
  endfunction
endclass
```

可以想像，这 1000 句 set 函数写下来将会是多么壮观的一件事情。但是壮观的同时也显示出了这是多么麻烦的一件事情。

一种比较好的方法就是将这 1000 个变量放在一个专门的类里面来实现：

代码清单　10-56

```
class my_config extends uvm_object;
  rand int var1;
  ...
  rand int var1000;
  constraint default_cons{
    var1 = 7;
    ...
    var1000 = 999;
  }
  `uvm_object_utils_begin(my_config)
    `uvm_field_int(var1, UVM_ALL_ON)
    ...
    `uvm_field_int(var1000, UVM_ALL_ON)
  `uvm_object_utils_end
endclass
```

经过上述定义之后，可以在 base_test 中这样写：

代码清单　10-57

```
classs base_test extends uvm_test;
  my_config cfg;
```

```
    function void build_phase(uvm_phase phase);
        super.build_phase(phase);
        cfg = my_config::type_id::create("cfg");
        uvm_config_db#(my_config)::set(this, "env.i_agt.drv", "cfg", cfg);
        uvm_config_db#(my_config)::set(this, "env.i_agt.mon", "cfg", cfg);
        ...
    endfunction
endclass
```

这样，省略了绝大多数的 set 语句。在 *driver* 中以如下的方式使用这个聚合参数类：

代码清单　10-58

```
class my_driver extends uvm_driver#(my_transaction);
    my_config cfg;
    `uvm_component_utils_begin(my_driver)
        `uvm_field_object(cfg, UVM_ALL_ON | UVM_REFERENCE)
    `uvm_component_utils_end
    extern task main_phase(uvm_phase phase);
endclass
task my_driver::main_phase(uvm_phase phase);
    while(1) begin
        seq_item_port.get_next_item(req);
        pre_num = $urand_range(cfg.pre_num_min, cfg.pre_num_max);
        ...//drive this pkt, and the number of preamble is pre_num
        seq_item_port.item_done();
    end
endtask
```

如果在某个测试用例中想要改变某个变量的值，可以这样做：

代码清单　10-59

```
class case100 extends base_test;
    function void build_phase(uvm_phase phase);
        super.build_phase(phase);
        cfg.pre_num_max = 100;
        cfg.pre_num_min = 8;
        ...
    endfunction
endclass
```

10.5.2　聚合参数的优势与问题

使用聚合参数后，可以将此参数类的指针放在 *virtual sequencer* 中：

代码清单　10-60

```
class my_vsqr extends uvm_sequencer;
    my_config cfg;
    ...
endclass
classs base_test extends uvm_test;
```

```
    my_config cfg;
    my_vsqr vsqr;
    function void build_phase(uvm_phase phase);
       super.build_phase(phase);
       cfg = my_config::type_id::create("cfg");
       vsqr = my_vsqr::type_id::create("vsqr", this);
       vsqr.cfg = this.cfg;
       ...
    endfunction
endclass
```

这样，当 *sequence* 要动态地改变某个验证平台中的变量值时，可以使用如下的方式：

代码清单　10-61

```
class vseq extends uvm_sequence;
  `uvm_object_utils(vseq)
  `uvm_declare_p_sequencer(vsequencer)
  task body();
     ...//send some transaction
     p_sequencer.cfg.pre_num_max = 99;
     ...//send other transaction
  endtask
endclass
```

聚合参数方便了在 *sequence* 中改变验证平台参数。在某些情况下，甚至可以将 *interface* 也放入此聚合参数类中：

代码清单　10-62

```
文件：src/ch10/section10.5/10.5.2/my_config.sv
 3 class my_config extends uvm_object;
 4    `uvm_object_utils(my_config)
 5    virtual my_if vif;
 6
 7    function new(string name = "my_config");
 8       super.new(name);
 9       $display("%s", get_full_name());
10       if(!uvm_config_db#(virtual my_if)::get(null, get_full_name(), "vif",
          vif))
11          `uvm_fatal("my_config", "please set interface")
12
13    endfunction
14
15 endclass
```

这样，无论是在 *driver* 中还是 *monitor* 中，都可以直接使用 cfg.vif，而不必再使用 config_db 来得到 *interface*：

代码清单　10-63

```
文件：src/ch10/section10.5/10.5.2/my_driver.sv
20 task my_driver::main_phase(uvm_phase phase);
```

```
21     cfg.vif.data <= 8'b0;
22     cfg.vif.valid <= 1'b0;
23     while(!cfg.vif.rst_n)
24        @(posedge cfg.vif.clk);
...
30 endtask
```

同样的，如果将这个 cfg 的指针赋值给普通的 *sequencer*，那么在 10.3.1 节中心跳 *sequence* 的实现中，*sequencer* 也不必再使用 uvm_config_db::get 得到接口。

在代码清单 10-62 中，使用 config_db 的形式得到 vif。这里出现了 uvm_config_db::get()，由于 my_config 是一个 *object*，而不是 *component*，所以 get_full_name 得到的结果是其实例化时指定的名字。所以，base_test 中实例化 cfg 的名字要与 top_tb 中 config_db::set 的路径参数一致。如：

代码清单　10-64

```
function void base_test::build_phase(uvm_phase phase);
    ...
    cfg = new("cfg");
endfunction
module top_tb;
...
initial begin
    uvm_config_db#(virtual my_if)::set(null, "cfg", "vif", input_if);
end
endmodule
```

或者：

代码清单　10-65

```
function void base_test::build_phase(uvm_phase phase);
    ...
    cfg = new({get_full_name(), ".cfg"});
endfunction
module top_tb;
...
initial begin
    uvm_config_db#(virtual my_if)::set(null, "uvm_test_top.cfg", "vif", input_if);
end
endmodule
```

其实，这里最方便的还是使用直接赋值的形式。在 top_tb 中将 *interface* 通过 config_db::set 的方式传递给 base_test，在 base_test 中实例化 cfg 后就可以直接赋值：

代码清单　10-66

```
function void base_test::build_phase(uvm_phase phase);
    ...
    cfg = new("cfg");
    cfg.vif = this.vif.
endfunction
```

这种将所有参数聚合起来的做法可以大大方便验证平台的搭建。将这个聚合类的指针赋值给任意 *component*，这样这些 *component* 再也不需要使用 config_db::get 函数来获取参数了。当验证平台的某个组件（如 *driver*）要增加一个参数时，只需要在这个聚合类中加入此参数，在测试用例中直接为其赋值，然后在验证平台（如 *driver*）中就可以直接使用：

代码清单　10-67

```
class my_config extends uvm_object;
    rand int new_var;
    …
endclass

function void my_case0::build_phase(uvm_phase phase);
    …
    cfg.new_var = 1;
endfunction

task my_driver::main_phase(uvm_phase phase);
    if(cfg.new_var)
      …
endtask
```

假如不使用聚合类，而使用 config_db，那么需要在测试用例中进行设置：

代码清单　10-68

```
function void my_case0::build_phase(uvm_phase phase);
    …
    uvm_config_db#(int)::set(this, "uvm_test_top.env.i_agt.drv", "new_var", 1);
endfunction
```

在 *driver* 中增加一个变量，并且使用 get 语句获取它：

代码清单　10-69

```
function void my_driver::build_phase(uvm_phase phase);
    …
    void'(uvm_config_db#(int)::get(this, "", "new_var", new_var);
endfunction
task my_driver::main_phase(uvm_phase phase);
    if(new_var)
      …
endtask
```

可以看出使用聚合类减少了 config_db::set 的使用，也会大大降低出错的概率。

不过聚合参数也不是完美的。聚合参数的本质上是将一些属于某个 uvm_component 的变量变成对所有的 uvm_component 可见，从而使得这些变量错误地被其他 uvm_component 修改。

另外，聚合参数整合了整个验证平台的参数，这在一定程度上降低了验证平台的可重用性。9.4 节中讲述了 *env* 级别的重用，聚合参数类对于这种重用没有任何问题。但是在实际中，能够做到 *env* 级别重用的 IC 公司并不多。很多公司使用的是基于 *agent* 的重用。假如某个 *agent* 中需要的参数只占据聚合参数类的 10% 的参数，现在这个 *agent* 被其他项目重用，那么在新的项目中也需要实例化这个聚合参数类。但是在新的项目中，这个聚合参数类其中可能 90% 的参数是无用的。解决这个问题的方式是缩小聚合参数的粒度，将一个聚合参数类分成多个小的聚合参数类，如将 *agent* 的所有的参数定义为一个聚合参数类，在大的聚合参数类中实例化这个小的聚合参数类。只是这样一来，可能每个聚合参数类中只有一两个参数。与直接使用 config_db 相比，并没有方便多少。

10.6　config_db

10.6.1　换一个 phase 使用 config_db

在本书前面的介绍中，使用 config_db 几乎都是在 build_phase 中。由于其 config_db::set 的第二个参数是字符串，所以经常出错。一个 *component* 的路径可以通过 get_full_name() 来获得。要想避免 config_db::set 第二个参数引起的问题，一种可行的想法是把这个参数使用 get_full_name()。如在测试用例中对 *driver* 中某个参数进行设置：

代码清单　10-70

```
uvm_config_db#(int)::set(null, env.i_agt.drv.get_full_name(), "pre_num", 100);
```

若要对 *sequence* 的某个参数设置，可以：

代码清单　10-71

```
uvm_config_db#(int)::set(null, {env.i_agt.sqr.get_full_name(), ".*"}, "pre_num",
100);
```

但是在 build_phase 时，整棵 UVM 树还没有形成，使用 env.i_agt.drv 的形式进行引用会引起空指针的错误。所以，要想这么使用，有两种方法，一种是所有的实例化工作都在各自的 new 函数中完成：

代码清单　10-72

```
function base_test::new(string name, uvm_component parent);
   super.new(name, parent);
   env = my_env::type_id::create("env", this);
endfunction
function my_env::new(string name, uvm_component parent);
   super.new(name, parent);
   i_agt = my_agent::type_id::create("i_agt", this);
   o_agt = my_agent::type_id::create("o_agt", this);
   ...
endfunction
...
```

在这种情况下，当整个验证平台运行到 build_phase 时，UVM 树已经实例化完毕，在

uvm_confg_db::set 中使用 get_full_name 没有任何问题。

第二种方式是将 uvm_config_db::set 移到 connect_phase 中去。由于 connect_phase 是由下向上执行的，base_test（或者测试用例）的 connect_phase 几乎是最后执行的，因此应该在 end_of_elaboration_phase 或者 start_of_simulation_phase 调用 uvm_config_db::get。

代码清单　10-73

```
function void my_case0::connect_phase(uvm_phase phase);
    uvm_config_db#(int)::set(null, env.i_agt.drv.get_full_name();, "pre_num", 100);
endfunction

function void my_driver::end_of_elaboration_phase(uvm_phase phase);
    void'(uvm_config_db#(int)::get(this, "", "pre_num", pre_num));
endfunction
```

以上介绍的两种方式，都对 top_tb 中的 config_db::set 无效，因为在 top_tb 中都很难使用类似 env.i_agt.sqr.get_full_name() 的方式来获得一个路径值。幸运的是，top_tb 中的 config_db::set 语句不多，且它们相对比较固定，通常不会出问题。

*10.6.2　config_db 的替代者

在 3.5.8 节及 10.3.2 节中，读者已经见识到 config_db::set 函数的第二个参数带来的不便，因此要尽量减少 config_db 的使用。

那么有没有可能完全不使用 config_db？

这其实是完全可以的。config_db 设置的参数有两种，一种是结构性的参数，如控制 *driver* 是否实例化的参数 is_active：

代码清单　10-74

```
function void my_agent::build_phase(uvm_phase phase);
    super.build_phase(phase);
    if (is_active == UVM_ACTIVE) begin
        sqr = my_sequencer::type_id::create("sqr", this);
        drv = my_driver::type_id::create("drv", this);
    end
    mon = my_monitor::type_id::create("mon", this);
endfunction
```

对于这种参数，可以在实例化 *agent* 时同时指明其 is_active 的值：

代码清单　10-75

```
virtual function void build_phase(uvm_phase phase);
    super.build_phase(phase);
    if(!in_chip) begin
        i_agt = my_agent::type_id::create("i_agt", this);
        i_agt.is_active = UVM_ACTIVE;
    end
```

```
    ...
    endfunction
```

这是本书一直使用的方式。对于在 build_phase 中设置的一些非结构性的参数，如向某个 *driver* 中传递某个参数：

代码清单　10-76

```
uvm_config_db#(int)::set(this, "env.i_agt.drv", "pre_num", 100);
```

可以完全在 build_phase 之后的任意 *phase* 中使用绝对路径引用进行设置：

代码清单　10-77

```
function void my_case0::connect_phase(uvm_phase phase);
    env.i_agt.drv.pre_num = 100;
endfunction
```

对于那些向 *sequence* 中传递的参数，如 10.3.2 节所示，可以在 *virtual sequence* 中启动 *sequence*，并通过赋值的方式传递。

但是这样的前提是 *virtual sequence* 已经启动。那么如何启动 *virtual sequence* 呢？在本书的大部分例子中都是通过 default_sequence 来启动的：

代码清单　10-78

```
function void my_case0::build_phase(uvm_phase phase);
    super.build_phase(phase);
    uvm_config_db#(uvm_object_wrapper)::set(this,
                                    "v_sqr.main_phase",
                                    "default_sequence",
                                    case0_vseq::type_id::get());
endfunction
```

但是其实可以在测试用例的 main_phase 中手工启动此 *sequence*：

代码清单　10-79

```
task my_case0::main_phase(uvm_phase phase);
    case0_vseq vseq;
    super.main_phase(phase);
    vseq = new("vseq");
    vseq.starting_phase = phase;
    vseq.start(vsqr);
endtask
```

这样可以不用再在 build_phase 中设置 default_sequence。

如何为 6.6.2 节 *sequence* 中的 set 语句寻找替代者呢？可以通过 uvm_root::get() 得到 UVM 树真正的根 uvm_top，从 uvm_top 的孩子中找到 base_test（大多数情况下 uvm_top 只有一个名字为 uvm_test_top 的孩子，不过也不能排除有多个孩子的情况）的实例，并通过绝对路径引用赋值：

代码清单　10-80

```
文件: src/ch10/section10.6/10.6.2/my_case0.sv
33 class case0_vseq extends uvm_sequence;
...
50     virtual task body();
51         my_transaction tr;
52         drv0_seq seq0;
53         drv1_seq seq1;
54         base_test test_top;
55         uvm_component children[$];
56         uvm_top.get_children(children);
57         foreach(children[i]) begin
58             if($cast(test_top, children[i])) ;
59         end
60         if(test_top == null)
61             `uvm_fatal("case0_vseq", "can't find base_test 's instance")
62         fork
63             `uvm_do_on(seq0, p_sequencer.p_sqr0);
64             `uvm_do_on(seq1, p_sequencer.p_sqr1);
65             begin
66                 #10000;
67                 //uvm_config_db#(bit)::set(uvm_root::get(), "uvm_test_top.env0.
                    scb", "cmp_en", 0);
68                 test_top.env0.scb.cmp_en = 0;
69                 #10000;
70                 //uvm_config_db#(bit)::set(uvm_root::get(), "uvm_test_top.env0.
                    scb", "cmp_en", 1);
71                 test_top.env0.scb.cmp_en = 1;
72             end
73         join
74         #100;
75     endtask
76 endclass
```

至于在 top_tb 中使用 config_db 对 *interface* 进行的传递，可以使用绝对路径的方式：

代码清单　10-81

```
unction void base_test::connect_phase(uvm_phase phase);
    env0.i_agt.drv.vif = testbench.input_if0;
    ...
endfunction
```

这里用到了绝对路径。如果不使用绝对路径，可以通过静态变量来实现。新建一个类，将此验证平台中所有可能用到的 *interface* 放入此类中作为成员变量：

代码清单　10-82

```
文件: src/ch10/section10.6/10.6.2/if_object.sv
 3 class if_object extends uvm_object;
   ...
```

```
10      static if_object me;
11
12      static function if_object get();
13         if(me == null) begin
14            me = new("me");
15         end
16         return me;
17      endfunction
18
19      virtual my_if input_vif0;
20      virtual my_if output_vif0;
21      virtual my_if input_vif1;
22      virtual my_if output_vif1;
23 endclass
```

在 top_tb 中为这个类的 *interface* 赋值：

代码清单　10-83

```
文件: src/ch10/section10.6/10.6.2/top_tb.sv
19 module top_tb;
...
57 initial begin
58    if_object if_obj;
59    if_obj = if_object::get();
60    if_obj.input_vif0 = input_if0;
61    if_obj.input_vif1 = input_if1;
62    if_obj.output_vif0 = output_if0;
63    if_obj.output_vif1 = output_if1;
64 end
65
66 endmodule
```

get 函数是 if_object 的一个静态函数，通过它可以得到 if_object 的一个实例，并对此实例中的 *interface* 进行赋值。

在 base_test 的 connect_phase（或 build_phase 之 后 的 其 他 任 一 phase）对 所 有 的 *interface* 进行赋值：

代码清单　10-84

```
文件: src/ch10/section10.6/10.6.2/base_test.sv
28 function void base_test::connect_phase(uvm_phase phase);
29    if_object if_obj;
30    if_obj = if_object::get();
31    v_sqr.p_sqr0 = env0.i_agt.sqr;
32    v_sqr.p_sqr1 = env1.i_agt.sqr;
33    env0.i_agt.drv.vif = if_obj.input_vif0;
34    env0.i_agt.mon.vif = if_obj.input_vif0;
35    env0.o_agt.mon.vif = if_obj.output_vif0;
36    env1.i_agt.drv.vif = if_obj.input_vif1;
37    env1.i_agt.mon.vif = if_obj.input_vif1;
```

```
38    env1.o_agt.mon.vif = if_obj.output_vif1;
39 endfunction
```

使用上述方式，可以在验证平台中完全避免 config_db 的使用。

*10.6.3 set 函数的第二个参数的检查

无论如何，config_db 机制是 UVM 中一项重要的机制，上节那样完全地不用 config_db 是走向了另外一个极端。config_db 机制的最大问题在于不对 set 函数的第二个参数进行检查。本节介绍一个函数，可以在一定程度上（并不能检查所有！）实现对第二个参数有效性的检查。读者可以将这个函数加入到自己的验证平台中。

函数的代码如下：

代码清单　10-85

```
文件：src/ch10/section10.6/10.6.3/check_config.sv
112 function void check_all_config();
113    check_config::check_all();
114 endfunction
```

这个全局函数会调用 check_config 的静态函数 check_all：

代码清单　10-86

```
文件：src/ch10/section10.6/10.6.3/check_config.sv
 77    static function void check_all();
 78       uvm_component c;
 79       uvm_resource_pool rp;
 80       uvm_resource_types::rsrc_q_t rq;
 81       uvm_resource_types::rsrc_q_t q;
 82       uvm_resource_base r;
 83       uvm_resource_types::access_t a;
 84       uvm_line_printer printer;
 85
 86
 87       c = uvm_root::get();
 88       if(!is_inited)
 89          init_uvm_nodes(c);
 90
 91       rp = uvm_resource_pool::get();
 92       q = new;
 93       printer=new();
 94
 95       foreach(rp.rtab[name]) begin
 96          rq = rp.rtab[name];
 97          for(int i = 0; i < rq.size(); ++i) begin
 98             r = rq.get(i);
 99             //$display("r.scope = %s", r.get_scope());
100             if(!path_reachable(r.get_scope)) begin
```

```
101                      `uvm_error("check_config", "the following config_db::set's
                         path is not reachable in your verification environment, please
                         check")
102                         r.print(printer);
103                         r.print_accessors();
104                  end
105              end
106          end
107      endfunction
```

这个函数先根据 is_inited 的值来调用 init_nodes 函数，将 uvm_nodes 联合数组初始化。is_inited 和 uvm_nodes 是 check_config 的两个静态成员变量：

代码清单　10-87

文件: src/ch10/section10.6/10.6.3/check_config.sv
```
 4 class check_config extends uvm_object;
 5    static uvm_component uvm_nodes[string];
 6    static bit is_inited = 0;
```

在 init_nodes 函数中使用递归的方式遍历整棵 UVM 树，并将树上所有的结点加入到 uvm_nodes 中。uvm_nodes 的索引是相应结点的 get_full_name 的值，而存放的值就是相应结点的指针：

代码清单　10-88

文件: src/ch10/section10.6/10.6.3/check_config.sv
```
13    static function void init_uvm_nodes(uvm_component c);
14        uvm_component children[$];
15        string cname;
16        uvm_component cn;
17        uvm_sequencer_base sqr;
18
19        is_inited = 1;
20        if(c != uvm_root::get()) begin
21            cname = c.get_full_name();
22            uvm_nodes[cname] = c;
23            if($cast(sqr, c)) begin
24                string tmp;
25                $sformat(tmp, "%s.pre_reset_phase", cname);
26                uvm_nodes[tmp] = c;
...
39                $sformat(tmp, "%s.main_phase", cname);
40                uvm_nodes[tmp] = c;
...
47                $sformat(tmp, "%s.post_shutdown_phase", cname);
48                uvm_nodes[tmp] = c;
49            end
50        end
51        c.get_children(children);
52        while(children.size() > 0) begin
53            cn = children.pop_front();
```

```
54          init_uvm_nodes(cn);
55      end
56   endfunction
```

初始化的工作只进行一次。当下一次调用此函数时将不会进行初始化。在初始化完成后，check_all 函数将会遍历 config_db 库中的所有记录。对于任一条记录，检查其路径参数，并将这个参数与 uvm_nodes 中所有的路径参数对比，如果能够匹配，说明这条路径在验证平台中是可达的。这里调用了 path_reachable 函数：

代码清单　10-89

```
文件: src/ch10/section10.6/10.6.3/check_config.sv
58   static function bit path_reachable(string scope);
59      bit err;
60      int match_num;
61
62      match_num = 0;
63      foreach(uvm_nodes[i]) begin
64         err = uvm_re_match(scope, i);
65         if(err) begin
66            //$display("not_match: name is %s, scope is %s", i, scope);
67         end
68         else begin
69            //$display("match: name is %s, scope is %s", i, scope);
70            match_num++;
71         end
72      end
73
74      return (match_num > 0);
75   endfunction
```

config_db::set 的第二个参数支持通配符，所以 path_reachable 通过调用 uvm_re_match 函数来检查路径是否匹配。uvm_re_match 是 UVM 实现的一个函数，它能够检查两条路径是否一样。当 uvm_nodes 遍历完成后，如果匹配的数量为 0，说明路径根本不可达，此时将会给出一个 UVM_ERROR 的提示。

在 UVM 中使用很多的是 default_sequence 的设置：

代码清单　10-90

```
uvm_config_db#(uvm_object_wrapper)::set(this,
                            "env.i_agt.sqr.main_phase",
                            "default_sequence",
                            case0_sequence::type_id::get());
```

在这个设置的第二个参数中出现了 main_phase。如果只是将 *sequencer* 的 get_full_name 的结果与这个路径相比，那么 path_reachable 函数认为是不匹配的。所以 init_nodes 函数的第 23 ～ 49 行对于 *sequencer* 在其中加入了对各个 *phase* 的支持。

由于要遍历整棵 UVM 树的结点，所以这个 check_all_config 函数只能在 build_phase

之后才能被调用，如 connect_phase 等。

当不匹配时，它会给出一条 UVM_ERROR 的提示信息，如代码清单 10-90 中，在 i_agt 后插入一个空格，它将会给出如下错误提示：

```
UVM_ERROR check_config.sv(101) @ 0: reporter [check_config] the following config_
db::set's path is not reachable in your verification environment, please check
    default_sequence [/^uvm_test_top\.env\.i_agt \.sqr\.main_phase$/] : (class uvm_
pkg::uvm_object_wrapper) ?
    default_sequence: (<unknown>@478) @478
    --------
uvm_test_top reads: 0 @ 0  writes: 1 @ 0
```

这个函数可以在很多地方调用。如在 *sequence* 中使用 config_db::set 函数后，就可以立即调用这个函数检查有效性。

需要说明的是，这个函数有一些局限，其中之一就是不支持 config_db::set 向 *object* 传递的参数，如 10.5.2 节代码清单 10-64 和代码清单 10-65 中向 my_config 传递 *virtual interface* 出现错误就不能通过这个函数检查出来。幸运的是，这种传递参数的方式并不多见，出现错误的概率也比较低。

第 11 章
OVM 到 UVM 的迁移

11.1 对等的迁移

UVM 从 OVM 衍生而来，因此 UVM 几乎完全继承了 OVM 的所有特性。从 OVM 到 UVM 的迁移，在很大程度上只是 ovm 前缀到 uvm 前缀的变更。所有的 ovm_xxx 宏都可以变更到 uvm_xxx 宏。ovm_component 变更为 uvm_component，ovm_object 变更为 uvm_object。关于前缀的变更，UVM 在其发行包中提供了一个名字为 ovm2uvm.pl 的 perl 脚本，使用它可以轻松地完成替换。不过通常来说，这个脚本并不完美，使用它替换完成后，总会或多或少的出现一些编译错误。

UVM 与 OVM 的 *phase* 名称并不一样。UVM 中都是以 xxxx_phase 命名，但是 OVM 中并没有 _phase 的后缀。另外，UVM 中在每个 *phase* 函数 / 任务中都有一个类型为 uvm_phase、名字为 *phase* 的参数，在 OVM 中则并没有相应的参数。

如 3.5.9 节所介绍的，OVM 中配置参数使用 set_config_xxx/get_config_xxx 的方式，UVM 中依然支持这种设置方式。不过也可以将它们升级为 UVM 中专用的 config_db 的形式。

11.2 一些过时的用法

虽然 UVM 继承了 OVM 的所有用法，但是在这些用法中，UVM 对其中一些进行了升级，从而使得原先的用法过时了。本节讲述这些过时的用法。

*11.2.1 sequence 与 sequencer 的 factory 机制实现

在某些 UVM 验证平台中，*sequencer* 的定义采用如下的方式：

代码清单 11-1

```
文件: src/ch11/section11.2/11.2.1/my_sequencer.sv
4 class my_sequencer extends uvm_sequencer #(my_transaction);
5
6    function new(string name, uvm_component parent);
7       super.new(name, parent);
8       `uvm_update_sequence_lib_and_item(my_transaction)
9    endfunction
```

```
10
11     `uvm_sequencer_utils(my_sequencer)
12 endclass
```

而 *sequence* 的定义使用如下的方式：

代码清单　11-2

```
文件: src/ch11/section11.2/11.2.1/my_sequencer.sv
 3 class case0_sequence extends uvm_sequence #(my_transaction);
 4     my_transaction m_trans;
 5
 6     `uvm_sequence_utils(case0_sequence, my_sequencer)
...
21 endclass
```

这两种方式都是继承自 OVM 的用法。通过使用宏 uvm_sequence_utils，除了实现 *sequence* 的 *factory* 机制注册外，还把每个 *sequence* 和 *sequencer* 绑定在一起。这种绑定的本质是向 my_sequencer 内部的一个静态数组中加入了所有的 *sequence*。通过绑定之后，就可以实现从所有 *sequence* 中随机选取一个进行执行的功能。这一点类似于 6.8 节讲述的 *sequence library*，但是功能远远没有 *sequence library* 强大。*sequence* 及 *sequencer* 注册方式的变更是 UVM 对 OVM 最大的改变之一。

如果采用上述的方式进行 *sequence* 及 *sequencer* 的定义，那么 UVM 会给出三条警告信息：

```
    UVM_WARNING /home/landy/uvm/uvm-1.1d/src/seq/uvm_sequencer_base.svh(1436) @
0: uvm_test_top.env.i_agt.sqr [UVM_DEPRECATED] Registering sequence 'uvm_random_
sequence' with sequencer 'uvm_test_top.env.i_agt.sqr' is deprecated.
    UVM_WARNING /home/landy/uvm/uvm-1.1d/src/seq/uvm_sequencer_base.svh(1436) @ 0:
uvm_test_top.env.i_agt.sqr [UVM_DEPRECATED] Registering sequence 'uvm_exhaustive_
sequence' with sequencer 'uvm_test_top.env.i_agt.sqr' is deprecated.
    UVM_WARNING /home/landy/uvm/uvm-1.1d/src/seq/uvm_sequencer_base.svh(1436) @
0: uvm_test_top.env.i_agt.sqr [UVM_DEPRECATED] Registering sequence 'uvm_simple_
sequence' with sequencer 'uvm_test_top.env.i_agt.sqr' is deprecated.
```

这里的 uvm_random_sequence 就是实现类似于 6.8.2 节中 UVM_SEQ_LIB_RAND 算法的功能。UVM 明确地提出这种用法已经过时了。虽然 UVM 现在依然支持这种老的用法，但是 UVM 并不保证在将来依然会支持。所以尽量将这种方式升级为 2.4 节中代码清单 2-58 和代码清单 2-62 的注册方式。在这种新的方式中，去除了将 *sequence* 加入到 *sequencer* 的静态数组的功能，从而不能从所有 *sequence* 中随机选择一个进行启动。如果依然想使用这种功能，可以参考 6.8 节讲述的 *sequence library*。

11.2.2　sequence 的启动与 uvm_test_done

OVM 时代，使用如下的方式设置 default_sequence：

代码清单 11-3

```
文件: src/ch11/section11.2/11.2.2/my_case0.sv
34 function void my_case0::build_phase(uvm_phase phase);
35     super.build_phase(phase);
36     set_config_string("env.i_agt.sqr", "default_sequence", "case0_sequence");
37 endfunction
```

将 *sequence* 的名字以字符串的形式传递给 *sequencer*，*sequencer* 根据此名字调用 *factory* 机制的 creat_object_by_name 函数来创建 *sequence* 的实例，并执行此 *sequence*。这个过程是在 run_phase 中进行的，UVM 中已经丢弃了这种启动 *sequence* 的方式。应该使用 6.1.2 节中代码清单 6-6 和代码清单 6-7 的方式设置 default_sequence。

与这种启动 *sequence* 的方式相对应的是 *objection* 控制机制：

代码清单 11-4

```
文件: src/ch11/section11.2/11.2.2/my_case0.sv
 3 class case0_sequence extends uvm_sequence #(my_transaction);
 ...
11    virtual task body();
12       uvm_test_done.raise_objection(this);
13       repeat (10) begin
14          `uvm_do(m_trans)
15       end
16       #100;
17       uvm_test_done.drop_objection(this);
18    endtask
19
20    `uvm_sequence_utils(case0_sequence, my_sequencer)
21 endclass
```

uvm_test_done 是一个全局变量。在 OVM 时代，由于只有一个 run_phase，没有其他如 main_phase 等动态运行的 *phase*，所以一个 uvm_test_done 已经足够控制运行了。但是在 UVM 中，分成了多个动态运行的 *phase*，它们各自有自己的 *objection* 控制，所以 uvm_test_done 已经过时了，应该改用 2.4.3 节代码清单 2-72 的 starting_phase 来控制 *objection*。

*11.2.3 手动调用 build_phase

UVM 按照 *phase* 来控制验证平台的运行，各个 *phase* 自动执行，不需要手工的干预。但是，由于各种各样的原因，有一些从 OVM 继承的代码会出现手工调用 build_phase 的情况：

代码清单 11-5

```
文件: src/ch11/section11.2/11.2.3/base_test.sv
18 function void base_test::build_phase(uvm_phase phase);
19    super.build_phase(phase);
20    env = my_env::type_id::create("env", this);
21    env.build_phase(phase);
22 endfunction
```

上述代码中，在实例化 *env* 后，手工调用 *env* 的 build_phase。在 OVM 时代，这种用法是允许的，不会给出任何错误或者警告信息。但是在 UVM 环境中，会给出如下的警告信息：

```
UVM_WARNING @ 0: uvm_test_top.env [UVM_DEPRECATED] build()/build_phase() has been
called explicitly, outside of the phasing system. This usage of build is deprecated
and may lead to unexpected behavior.
```

因此，应该明确去除这种用法。UVM 的 *phase* 运行机制是自成一体的。这种用法会破坏掉这种自成一体的结构，并可能带来某些不可预知的结果。

这种用法的消除通常并不容易，其出现的原因通常是验证平台的高层（base_test）必须依赖于低层（*env*）中某些函数或者功能的实现。如想在 base_test 的 build_phase 中对 env.i_agt 中的某个成员变量进行赋值，而 i_agt 是在 env 的 build_phase 中实例化，所以必须在 base_test 中手动调用 env 的 build_phase。要去除这种用法，需要合理规划整个验证平台中的相关函数的执行时间，没有统一的解决方案。

11.2.4 纯净的 UVM 环境

除了上面几节讲述的一些过时的用法外，还有另外一些过时的用法。但是那些用法的应用并不多，因此这里不再讲述。

如果想要获得一个纯净的 UVM 环境，完全丢弃这些过时的用法，可以在编译 UVM 库的时候加入一个宏 UVM_NO_DEPRECATED：

代码清单　11-6

```
`define UVM_NO_DEPRECATED
```

或者使用命令行的方式：

代码清单　11-7

```
<compile command> +define+UVM_NO_DEPRECATED
```

建议读者在搭建自己的验证平台时加入这个宏，以使得自己搭建的验证平台完全符合 UVM 的规范。

附录 A
SystemVerilog 使用简介

SystemVerilog 是一种面向对象的编程语言。与非面向对象的编程语言（如 C 语言）相比，面向对象语言最重要的特点是所有的功能都要在类（class）里实现。

A.1 结构体的使用

在非面向对象编程中，最经常使用的就是函数。要实现一个功能，那么就要实现相应的函数。当要实现的功能比较简单时，函数可以轻易地完成目标。如计算一串数据流的 CRC 校验值，虽然 CRC 的算法比较复杂，但是完全可以用一个函数实现。但是，当要实现的功能比较复杂时，仅仅使用函数实现会显得比较笨拙。

假设某动物园要实现一个简单的园内动物管理系统，这个系统要具有如下的功能：

❑ 统计园内所有的动物的信息，如名字、出生年月、类别（是否能飞翔）、每天进食量、是否健康等。

❑ 打印动物园内所有动物的信息。

要实现上述的这些功能，仅仅考虑如何写函数是不够的，需要考虑如何存储这些信息，即要考虑数据结构。程序设计 = 算法 + 数据结构。所以，在程序设计的开始阶段定一个好的数据结构就相当于成功了一半。在程序设计语言中，一般都支持结构体。以 C 语言为例，可以使用 struct 声明一个结构体（这个结构体中有些信息的定义并不完善，如生日、类别等，但是作为例子足以说明问题）：

```
struct animal {
   char name[20];
   int  birthday;/*example: 20030910*/
   char category[20];/*example: bird, non_bird*/
   int  food_weight;
   int  is_healthy;
};
```

当声明了结构体后，可以定义结构变量，并将结构变量作为函数的参数来实现上述功能：

```
void print_animal(struct animal * zoo_member){
   printf("My name is %s\n", zoo_member->name);
```

```
        printf("My birthday is %d\n", zoo_member->birthday);
        printf("I am a %s\n", zoo_member->category);
        printf("I could eat %d gram food one day\n", zoo_member->food_weight);
        printf("My healthy status is %d\n", zoo_member->is_healthy);
}

void main()
{
        struct animal members[20];
        strcpy(members[0].name, "parrot");
        members[0].birthday = 20091021;
        strcpy(members[0].category, "bird");
        members[0].food_weight = 20;
        members[0].is_healthy = 1;
        print_animal(&members[0]);
}
```

A.2　从结构体到类

结构体简单地将不同类型的几个数据放在一起，使得它们的集合体具有某种特定的意义。与这个结构体相对应的是一些函数操作（上节中只列出了 print_animal 函数）。对于这些函数来说，如果没有了结构体变量，它们就无法使用；对于结构体变量来说，如果没有这些函数，那么结构体也没有任何意义。

对于二者间如此亲密的关系，面向对象的开创者们开创出了类（class）的概念。类将结构体和它相应的函数集合在一起，成为一种新的数据组织形式。在这种新的数据组织形式中，有两种成分，一种是来自结构体的数据变量，在类中被称为成员变量；另外一种来自与结构体相对应的函数，被称为一个类的接口：

```
class animal;
    string name;
    int   birthday;/*example: 20030910*/
    string category;/*example: bird, non_bird*/
    int   food_weight;
    int   is_healthy;

    function void print();
        $display("My name is %s", name);
        $display("My birthday is %d", birthday);
        $display("I am a %s", category);
        $display("I could eat %d gram food one day", food_weight);
        $display("My healthy status is %d", is_healthy);
    endfunction
endclass
```

当一个类被定义好后，需要将其实例化才可以使用。当实例化完成后，可以调用其中的函数：

```
initial begin
   animal members[20];
   members[0] = new();
   members[0].name = "parrot";
   members[0].birthday = 20091021;
   members[0].category = "bird";
   members[0].food_weight = 20;
   members[0].is_healthy = 1;
   members[0].print();
end
```

这里使用了 new 函数。new 是一个比较特殊的函数，在类的定义中，没有出现 new 的定义，但是却可以直接使用它。在面向对象编程的术语中，new 被称为构造函数。编程语言会默认提供一个构造函数，所以这里可以不定义而直接使用它。

A.3　类的封装

如果只是将结构体和函数集合在一起，那么类的优势并不明显，面向对象编程也不会如此流行。让面向对象编程流程的原因是类还额外具有一些特征。这些特征是面向对象的精髓。通常来说，类有三大特征：封装、继承和多态。本节讲述封装。

在上节的例子中，animal 中所有的成员变量对于外部来说都是可见的，所以在 initial 语句中可以直接使用直接引用的方式对其进行赋值。这种直接引用的方式在某种情况下是危险的。当不小心将它们改变后，那么可能会引起致命的问题，这有点类似于全局变量。由于对全局是可见的，所以全局变量的值可能被程序的任意部分改变，从而导致一系列的问题。

为了避免这种情况，面向对象的开发者们设计了私有变量（SystemVerilog 中为 local，其他编程语言各不相同，如 private）这一类型。当一个变量被设置为 local 类型后，那么这个变量就会具有两大特点：

❏ 此变量只能在类的内部由类的函数 / 任务进行访问。

❏ 在类外部使用直接引用的方式进行访问会提示出错。

```
class animal;
   string name;
   local int    birthday;/*example: 20030910*/
   local string category;/*example: bird, non_bird*/
   local int    food_weight;
   local int    is_healthy;
endclass
```

由于不能进行直接引用式的赋值，所以需要在类内部定义一个初始化函数来对类进行初始化：

```
function void init(string iname, int ibirthday, string icategory, int ifood_
weight, int iis_healthy);
    name = iname;
    birthday = ibirthday;
    category = icategory;
    food_weight = ifood_weight;
    is_healthy = iis_healthy;
endfunction
```

除了成员变量可以被定义为 local 类型外，函数 / 任务也可以被定义为 local 类型。这种情况通常用于某些底层函数，如 animal 有函数 A，它会调用函数 B。B 函数不会也不应被外部调用，这种情况下，就可以将其声明为 local 类型的：

```
local function void B();
    ...
endfunction
```

A.4　类的继承

面向对象编程的第二大特征就是继承。在一个动物园中，有两种动物，一种是能飞行的鸟类，一种是不能飞行的爬行动物。假设动物园中有 100 只鸟类、200 只爬行动物。在建立动物园的管理系统时，需要实例化 100 个 animal 变量，这 100 个变量的 category 都要设置为 bird，同时需要实例化 200 个 animal 变量，这 200 个变量的 category 都要设置为 non_bird。100 次或者 200 次做同样一件事情是比较容易出错的。

考虑到这种情况，面向对象编程的开创者们提出了继承的概念。分析所要解决的问题，并找出其中的共性，用这些共性构建一个基类（或者父类）；在此基础上，将问题分类，不同的分类具有各自的共性，使用这些分类的共性构建一个派生类（或者子类）。

一个动物园中所有的动物都可以抽像成上节所示的 animal 类，在 animal 类的基础上，派生（继承）出 bird 类和 non_bird 类：

```
class bird extends animal;
    function new();
        super.new();
        category = "bird";
    endfunction
endclass

class non_bird extends animal;
    function new();
        super.new();
        category = "non_bird";
    endfunction
endclass
```

当子类从父类派生后，子类天然地具有了父类所有的特征，父类的成员变量也是子类的成员变量，父类的成员函数同时也是子类的成员函数。除了具有父类所有的特征外，子类还可以有自己额外的成员变量和成员函数，如对于 bird 类，可以定义自己的 fly 函数：

```
class bird extends animal;
   function void fly();
      ...
   endfunction
endclass
```

在上一节中讲述封装时，提到了 local 类型成员变量。如果一个变量是 local 类型的，那么它是不能被外部直接访问的。如果父类中某成员变量是 local 类型，那么子类是否可以使用这些变量？答案是否定的。对于父类来说，子类算是"外人"，只是算是比较特殊的"外人"而已。如果想访问父类中的成员变量，同时又不想让这些成员变量被外部访问，那么可以将这些变量声明为 protected 类型：

```
class animal;
   string name;
   protected int  birthday;/*example: 20030910*/
   protected string category;/*example: bird, non_bird*/
   protected int  food_weight;
   protected int  is_healthy;
endclass
```

与 local 类似，protected 关键字同样可以应用于函数 / 任务中，这里不再举例。

A.5 类的多态

多态是面向对象编程中最神奇的一个特征，但是同时也是最难理解的一个特征。对于初学者来说，可以暂且跳过本节。当对 SystemVerilog 有一定使用经验时再过来看本节，效果会更好。

假设在 animal 中有函数 print_homehown：

```
class animal;
   function void print_hometown();
      $display("my hometown is on the earth!");
   endfunction
endclass
```

同时，在 bird 和 non_bird 类中也有自己的 print_hometown 函数：

```
class bird extends animal;
   function void print_hometown();
      $display("my hometown is in sky!");
   endfunction
```

```
endclass

class non_bird extends animal;
    function void print_hometown();
        $display("my hometown is on the land!");
    endfunction
endclass
```

现在，有一个名字为 print_animal 的函数：

```
function automatic void print_animal(animal p_animal);
    p_animal.print();
    p_animal.print_hometown();
endfunction
```

print_animal 的参数是一个 animal 类型的指针，如果实例化了一个 bird，并且将其传递给 print_animal 函数，这样做是完全允许的，因为 bird 是从 animal 派生的，所以 bird 本质上是个 animal：

```
initial begin
    bird members[20];
    members[0] = new();
    members[0].init("parrot", 20091021, "bird", 20, 1);
    print_animal(members[0]);
end
```

只是，这样打印出来的结果是 "my hometown is on the earth！"，而期望的结果是 "my hometown is in sky！"。如果要想得到正确的结果，那么在 print_animal 函数中调用 print_hometown 之前要进行类型转换：

```
function automatic void print_animal2(animal p_animal);
    bird p_bird;
    non_bird p_nbird;
    p_animal.print();
    if($cast(p_bird, p_animal))
        p_bird.print_hometown();
    else if($cast(p_nbird, p_animal))
        p_nbird.print_hometown();
endfunction
```

如果将 members[0] 作为参数传递给此函数，那么可以得到期待的结果。cast 是一个类型转换函数。从 animal 向 bird 或者 non_bird 类型的转换是父类向子类的类型转换，这种类型转换必须通过 cast 来完成。但是反过来，子类向父类的类型转换可以由系统自动完成，如调用 print_animal 时，members[0] 是 bird 类型的，系统自动将其转换成 animal 类型。

但是 print_animal2 的作法显得非常复杂，并且代码的可重用性不高。现在只有 bird 和 non_bird 类型，如果再多加一种类型，那么就需要重新修改这个函数。在调用 print_animal 和 print_animal2 时，传递给它们的 members[0] 本身是 bird 类型的，那么有没有一种方法可以自动调用 bird 的 print_hometown 函数呢？这个问题的答案就是虚函数。

在 animal、bird、non_bird 中分别定义 print_hometown2 函数，只是在定义时其前面要加上 virtual 关键字：

```
class animal;
   virtual function void print_hometown2();
      $display("my hometown is on the earth!");
   endfunction
endclass
class bird extends animal;
   virtual function void print_hometown2();
      $display("my hometown is in sky!");
   endfunction
endclass
class non_bird extends animal;
   virtual function void print_hometown2();
      $display("my hometown is on the land!");
   endfunction
endclass
```

在 print_animal3 中调用此函数：

```
function automatic void print_animal3(animal p_animal);
   p_animal.print();
   p_animal.print_hometown2();
endfunction
```

在 initial 语句中将 members[0] 传递给此函数后，打印出的结果就是“my hometown is in sky!”，这正是想要的结果。如果在 initial 中实例化了一个 non_bird，并将其传递给 print_animal3：

```
initial begin
   non_bird members[20];
   members[0] = new();
   members[0].init("tiger", 20091101, "non_bird", 2000, 1);
   print_animal(members[0]);
end
```

那么打印出的结果就是“my hometown is on the land!”。在 print_animal3 中，同样都是调用 print_hometown2 函数，但是输出的结果却不同，表现出不同的形态，这就是多态。多态的实现要依赖于虚函数，普通的函数，如 print_hometown 是不能实现多态的。

A.6　randomize 与 constraint

SystemVerilog 是一门用于验证的语言。验证中，很重要的一条是能够产生一些随机的激励。为此，SystemVerilog 为所有的类定义了 randomize 方法：

```
class animal;
   bit [10:0] kind;
   rand bit[5:0] data;
   rand int addr;
endclass

initial begin
   animal aml;
   aml = new();
   assert(aml.randomize());
end
```

在一个类中只有定义为 rand 类型的字段才会在调用 randomize 方法时进行随机化。上面的定义中，data 和 addr 会随机化为一个随机值，而 kind 在 randomize 被调用后，依然是默认值 0。

与 randomize 对应的是 constraint。constraint 是 SystemVerilog 中非常有特色也是非常有用的一个功能。在不加任何约束的情况下，上述 animal 中的 data 经过随机化后，其值为 0 ~ 'h3F 中的任一值。可以定义一个 constraint 对其值进行约束：

```
class animal;
   rand bit[5:0] data;
   constraint data_cons{
     data > 10;
     data < 30;
   }
endclass
```

经过上述约束后，data 在随机时，其值将会介于 10 ~ 30 之间。

除了在类的定义时对数据进行约束外，还可以在调用 randomize 时对数据进行约束：

```
initial begin
   animal aml;
   aml = new();
   assert(aml.randomize() with {data > 10; data < 30;});
end
```

附录 B
DUT 代码清单

带双路输入输出端口的 DUT：

文件：src/ch6/section6.5/dut/dut.sv

```
1 module dut(clk,
2          rst_n,
3          rxd0,
4          rx_dv0,
5          rxd1,
6          rx_dv1,
7          txd0,
8          tx_en0,
9          txd1,
10         tx_en1);
11 input clk;
12 input rst_n;
13 input[7:0] rxd0;
14 input rx_dv0;
15 input[7:0] rxd1;
16 input rx_dv1;
17 output [7:0] txd0;
18 output tx_en0;
19 output [7:0] txd1;
20 output tx_en1;
21
22 reg[7:0] txd0;
23 reg tx_en0;
24 reg[7:0] txd1;
25 reg tx_en1;
26
27 always @(posedge clk) begin
28   if(!rst_n) begin
29     txd0 <= 8'b0;
30     tx_en0 <= 1'b0;
31     txd1 <= 8'b0;
32     tx_en1 <= 1'b0;
33   end
34   else begin
```

```
35        txd0 <= rxd0;
36        tx_en0 <= rx_dv0;
37        txd1 <= rxd1;
38        tx_en1 <= rx_dv1;
39     end
40 end
41 endmodule
```

带寄存器配置总线的 DUT：

代码清单　B-2

文件: src/ch7/dut/dut.sv

```
 1 module dut(clk,rst_n,bus_cmd_valid,bus_op,bus_addr,bus_wr_data,bus_rd_dat
a,rxd,rx_dv,txd,tx_en);
 2 input        clk;
 3 input        rst_n;
 4 input        bus_cmd_valid;
 5 input        bus_op;
 6 input  [15:0] bus_addr;
 7 input  [15:0] bus_wr_data;
 8 output [15:0] bus_rd_data;
 9 input  [7:0]  rxd;
10 input         rx_dv;
11 output [7:0]  txd;
12 output        tx_en;
13
14 reg[7:0] txd;
15 reg tx_en;
16 reg invert;
17
18 always @(posedge clk) begin
19    if(!rst_n) begin
20       txd <= 8'b0;
21       tx_en <= 1'b0;
22    end
23    else if(invert) begin
24       txd <= ~rxd;
25       tx_en <= rx_dv;
26    end
27    else begin
28       txd <= rxd;
29       tx_en <= rx_dv;
30    end
31 end
32
33 always @(posedge clk) begin
34    if(!rst_n)
35       invert <= 1'b0;
36    else if(bus_cmd_valid && bus_op) begin
37       case(bus_addr)
38          16'h9: begin
```

```
39              invert <= bus_wr_data[0];
40          end
41        default: begin
42          end
43      endcase
44    end
45 end
46
47 reg [15:0]  bus_rd_data;
48 always @(posedge clk) begin
49    if(!rst_n)
50      bus_rd_data <= 16'b0;
51    else if(bus_cmd_valid && !bus_op) begin
52      case(bus_addr)
53        16'h9: begin
54            bus_rd_data <= {15'b0, invert};
55        end
56        default: begin
57            bus_rd_data <= 16'b0;
58        end
59      endcase
60    end
61 end
62
63 endmodule
```

带计数器的 DUT：

代码清单　B-3

文件: src/ch7/section7.3/dut/dut.sv

```
 1 module cadder(
 2      input  [15:0] augend,
 3      input  [15:0] addend,
 4      output [16:0] result);
 5 assign result = {1'b0, augend} + {1'b0, addend};
 6 endmodule
 7
 8 module dut(clk,
 9          rst_n,
10          bus_cmd_valid,
11          bus_op,
12          bus_addr,
13          bus_wr_data,
14          bus_rd_data,
15          rxd,
16          rx_dv,
17          txd,
18          tx_en);
19 input         clk;
20 input         rst_n;
21 input         bus_cmd_valid;
```

```
22 input          bus_op;
23 input   [15:0]  bus_addr;
24 input   [15:0]  bus_wr_data;
25 output  [15:0]  bus_rd_data;
26 input   [7:0]   rxd;
27 input          rx_dv;
28 output  [7:0]   txd;
29 output         tx_en;
30
31 reg[7:0] txd;
32 reg tx_en;
33 reg invert;
34
35 always @(posedge clk) begin
36   if(!rst_n) begin
37      txd <= 8'b0;
38      tx_en <= 1'b0;
39   end
40   else if(invert) begin
41      txd <= ~rxd;
42      tx_en <= rx_dv;
43   end
44   else begin
45      txd <= rxd;
46      tx_en <= rx_dv;
47   end
48 end
49
50 reg [31:0]  counter;
51 wire [16:0] counter_low_result;
52 wire [16:0] counter_high_result;
53 cadder low_adder(
54      .augend(counter[15:0]),
55      .addend(16'h1),
56      .result(counter_low_result));
57 cadder high_adder(
58      .augend(counter[31:16]),
59      .addend(16'h1),
60      .result(counter_high_result));
61
62 always @(posedge clk) begin
63   if(!rst_n)
64      counter[15:0] <= 16'h0;
65   else if(rx_dv) begin
66      counter[15:0] <= counter_low_result[15:0];
67   end
68 end
69
70 always @(posedge clk) begin
71   if(!rst_n)
72      counter[31:16] <= 16'h0;
```

```
73      else if(counter_low_result[16]) begin
74        counter[31:16] <= counter_high_result[15:0];
75      end
76  end
77
78  always @(posedge clk) begin
79    if(!rst_n)
80      invert <= 1'b0;
81    else if(bus_cmd_valid && bus_op) begin
82        case(bus_addr)
83          16'h5: begin
84            if(bus_wr_data[0] == 1'b1)
85                counter <= 32'h0;
86          end
87          16'h6: begin
88            if(bus_wr_data[0] == 1'b1)
89                counter <= 32'h0;
90          end
91          16'h9: begin
92            invert <= bus_wr_data[0];
93          end
94          default: begin
95          end
96        endcase
97    end
98  end
99
100 reg [15:0]  bus_rd_data;
101 always @(posedge clk) begin
102   if(!rst_n)
103     bus_rd_data <= 16'b0;
104   else if(bus_cmd_valid && !bus_op) begin
105     case(bus_addr)
106        16'h5: begin
107            bus_rd_data <= counter[31:16];
108        end
109        16'h6: begin
110            bus_rd_data <= counter[15:0];
111        end
112        16'h9: begin
113            bus_rd_data <= {15'b0, invert};
114        end
115        default: begin
116            bus_rd_data <= 16'b0;
117        end
118     endcase
119   end
120 end
121
122 endmodule
```

附录 C
UVM 命令行参数汇总

这里的命令行参数指的是运行时的命令行参数，而不是编译时的命令行参数。
打印出所有的命令行参数：

```
<sim command> +UVM_DUMP_CMDLINE_ARGS
```

指定运行测试用例的名称：

```
<sim command> +UVM_TESTNAME=<class name>
```

如：

```
<sim command> +UVM_TESTNAME=my_case0
```

在命令行中设置冗余度阈值：

```
<sim command> +UVM_VERBOSITY=<verbosity>
```

如：

```
<sim command> +UVM_VERBOSITY=UVM_HIGH
```

详见 3.4.1 节。
设置打印信息的不同行为：

```
<sim command> +uvm_set_action=<comp>,<id>,<severity>,<action>
```

如：

```
<sim command> +uvm_set_action="uvm_test_top.env.i_agt.drv,my_driver,UVM_WARNI
NG,UVM_DISPLAY|UVM_COUNT"
```

详见 3.4.4、3.4.5 节。
重载冗余度：

```
<sim command> +uvm_set_severity=<comp>,<id>,<current severity>,<new severity>
```

如：

```
<sim command> +uvm_set_severity="uvm_test_top.env.i_agt.drv,my_driver,UVM_WAR
NING,UVM_ERROR"
```

详见 3.4.2 节。

设置全局的超时时间：

`<sim command> +UVM_TIMEOUT=<timeout>,<overridable>~`

如：

`<sim command> +UVM_TIMEOUT="300ns, YES"`

详见 5.1.10 节。

ERROR 到达一定数量退出仿真：

`<sim command> +UVM_MAX_QUIT_COUNT=<count>,<overridable>`

如：

`<sim command> +UVM_MAX_QUIT_COUNT=6,NO`

详见 3.4.3 节。

打开 *phase* 的调试功能：

`<sim command> +UVM_PHASE_TRACE`

详见 5.1.9 节。

打开 *objection* 的调试功能：

`<sim command> +UVM_OBJECTION_TRACE`

详见 5.2.5 节。

打开 config_db 的调试功能：

`<sim command> +UVM_CONFIG_DB_TRACE`

详见 3.5.10 节。

打开 resource_db 的调试功能：

`<sim command> +UVM_RESOURCE_DB_TRACE`

使用 *factory* 机制重载某个实例：

`<sim command> +uvm_set_inst_override=<req_type>,<override_type>,<full_inst_pa th>`

如：

`<sim command> +uvm_set_inst_override="my_monitor,new_monitor,uvm_test_top.en v.o_ agt.mon"`

详见 8.2.3 节。

类型重载：

`<sim command> +uvm_set_type_override=<req_type>,<override_type>[,<replace>]`

如：

```
<sim command> +uvm_set_type_override="my_monitor,new_monitor"
```

第三个参数只能为 0 或者 1，默认情况下为 1。详见 8.2.3 节。

在命令行中使用 set_config：

```
<sim command> +uvm_set_config_int=<comp>,<field>,<value>
<sim command> +uvm_set_config_string=<comp>,<field>,<value>
```

如：

```
<sim command> +uvm_set_config_int="uvm_test_top.env.i_agt.drv,pre_num,'h8"
```

详见 3.5.9 节。

附录 D
UVM 常用宏汇总

宏与附录 B 介绍的运行时命令行参数不同。它有两种定义方式，一是直接在源文件中中使用 define 进行定义：

```
`define MACRO
```

或者：

```
`define MACRO 100
```

二是在编译时的命令行中使用如下的方式：

```
<compile command> +define+MACRO
```

或者：

```
<compile command> +define+MACRO=100
```

扩展寄存器模型中的数据位宽：

```
`define UVM_REG_DATA_WIDTH 128
```

详见 7.7.4 节代码清单 7-68。

扩展寄存器模型中的地址位宽：

```
`define UVM_REG_ADDR_WIDTH 64
```

详见 7.7.4 节代码清单 7-69。

自定义字选择（byteenable）位宽：

```
`define UVM_REG_BYTENABLE_WIDTH 8
```

详见 7.7.4 节代码清单 7-70。

去除 OVM 中过时的用法，使用纯净的 UVM 环境：

```
`define UVM_NO_DEPRECATED
```

除了上述通用的宏外，针对不同的仿真工具需要定义不同的宏：QUESTA、VCS、INCA 分别对应 Mentor、Synopsys 和 Cadence 公司的仿真工具。UVM 的源代码分为两部分，一部分是 SystemVerilog 代码，另外一部分是 C/C++。这两部分代码在各自编译时需要分别定义各自的宏。

推荐阅读

FreeRTOS内核实现与应用开发实战指南
基于STM32

作者: 刘火良 杨森 ISBN: 978-7-111-61825-6 定价: 99.00元

本书基于野火 STM32 全系列开发板介绍 FreeRTOS 内核实现与应用开发,全书分为两部分,第一部分先教你如何从 0 到 1 把 FreeRTOS 内核写出来,从底层的汇编开始讲解任务如何定义、如何切换,还讲解了阻塞延时如何实现、如何支持多优先级、如何实现任务延时列表以及时间片等 FreeRTOS 的核心知识点;第二部分讲解 FreeRTOS 内核组件的应用以及使用 FreeRTOS 进行多任务编程。本书内容翔实,案例丰富,配有大量示例代码,适合作为嵌入式领域科技工作者的参考书,也适合相关专业的学生学习参考。

推荐阅读

低功耗设计精解

作者：[美] 简·拉贝艾（Jan Rabaey）著 ISBN：978-7-111-63827 定价：129.00元

◎ IEEE Fellow集成电路专家基于其多年在世界知名高校和集成电路设计公司的教学材料编撰而成

◎ 本书从电路、架构、时钟、存储器、算法和系统等不同层面，阐述低功耗电路设计挑战和方法，内配大量图例，方便学生及工程师自学

基于VHDL的数字系统设计方法

作者：[美] 威廉姆·J.戴利（William J. Dally） R.柯蒂斯·哈丁（R. Curtis Harting） 托·M.阿莫特（Tor M.Aamodt）著
ISBN：978-7-111-61133 定价：129.00元

信号完整性揭秘：于博士SI设计手记

作者：于争 著 ISBN：978-7-111-43842 定价：59.00元

推 荐 阅 读

集成电路测试指南

作者：加速科技应用工程团队 ISBN：978-7-111-68392-6 定价：99.00元

将集成电路测试原理与工程实践紧密结合，测试方法和测试设备紧密结合。

内容涵盖数字、模拟、混合信号芯片等主要类型的集成电路测试。

Verilog HDL与FPGA数字系统设计（第2版）

作者：罗杰 ISBN：978-7-111-57575-7 定价：99.00元

本书根据EDA课程教学要求，以提高数字系统设计能力为目标，将数字逻辑设计和Verilog HDL有机地结合在一起，重点介绍在数字设计过程中如何使用Verilog HDL。

FPGA Verilog开发实战指南：基于Intel Cyclone IV（基础篇）

作者：刘火良 杨森 张硕 ISBN：978-7-111-67416-0 定价：199.00元

以Verilog HDL语言为基础，详细讲解FPGA逻辑开发实战。理论与实战相结合，并辅以特色波形图，真正实现以硬件思维进行FPGA逻辑开发。结合野火征途系列FPGA开发板，并提供完整源代码，极具可操作性。

FPGA Verilog开发实战指南：基于Intel Cyclone IV（进阶篇）

作者：刘火良 杨森 张硕 ISBN：978-7-111-67410-8 定价：169.00元

以Verilog HDL语言为基础，循序渐进详解FPGA逻辑开发实战。理论与实战案例结合，学习如何以硬件思维进行FPGA逻辑开发，并结合野火征途系列FPGA开发板和完整代码，极具可操作性